Xadrez

Os 2022 melhores jogadores da História
Dois novos sistemas de rating

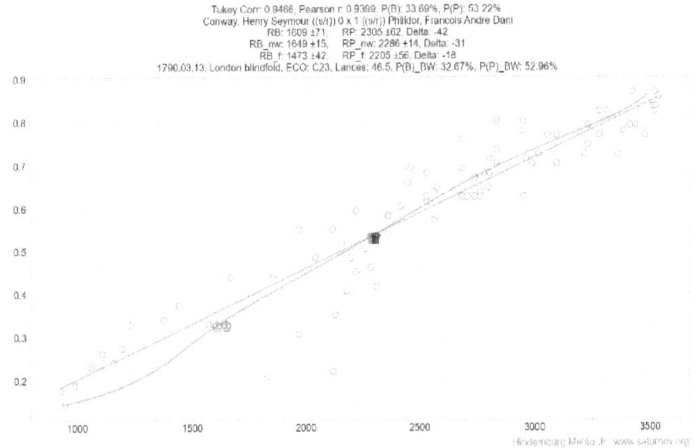

Hindemburg Melão Jr.

Primeira edição, 2022
ISBN 978-65-00-37700-2
www.sigmasociety.net

Dados Internacionais de Catalogação na Publicação (CIP)
(Câmara Brasileira do Livro, SP, Brasil)

Melão Jr., Hindemburg

Xadrez: os 2022 melhores jogadores da história: dois novos sistemas de rating / Hindemburg Melão Jr. – Pindamonhangaba, SP: Ed. do Autor, 2022.

Bibliografia.
ISBN 978-65-00-37700-2

1. Jogadores de xadrez
2. Xadrez
3. Xadrez (Jogo)
4. Xadrez – História

Índices para catálogo sistemático:

1. Xadrez 794.1

Agradecimentos

À minha amada Tamara, sem a qual nada disso faria sentido, que tem me ajudado, me incentivado e cuidado de mim com tanto carinho, lido com atenção e colaborado nas revisões, criado as capas com seu notável talento, feito numerosas e importantes sugestões, ajudado nas escolhas de títulos e muito mais.

Aos amigos João Antonio, André Gambaro, Philipe Oliveira, Victor Gabriel, Eisque Nezuka, André Asevedo Nepomuceno, Alex Takayama, Roberto Venegeroles, Silésia Delphino Tosi e Ingo Güntert, Lucas Shinji Tamayoshi que me ajudaram de diferentes maneiras.

Ao amigo Felipe Rodrigues, por sua inestimável ajuda com a tradução, multiplicando o número de leitores e transformando essa pequena obra num trabalho internacional.

Também gostaria de agradecer aos autores de trabalhos anteriores, que serviram de inspiração e referência: Georg Rasch, Allan Birnbaum, Luiz Pasquali, Dalton F. Andrade, Arpad Elo, Ivan Bratko, Matej Guid, Jeff Sonas, Rob Edwards, Mark Glickman, Miguel Ballicora, Rémi Coulom, Jean-Marc Alliot, Daniel Rensch, Kenneth Wingate Regan, Guy McCrossan Haworth, Mathieu Acher, François Esnault, Tamal Biswas, Diogo R. Ferreira, Aritz Perez, Charles Sullivan, Ashton Anderson, Jon Kleinberg, Sendhil Mullainathan.

Sumário

Apresentação 1
Introdução 11
Alguns problemas com o sistema Elo e propostas de soluções 36
Importantes questões em aberto 66
O caso de Louis Theodor Eichborn 107
François-André Danican Philidor 118
Entre Philidor e Staunton 134
Karpov–Kasparov, 1984-85 143
Fischer, Karpov e Kasparov 150
Matches controversos 160
Carlsen–Nepomniachtchi, 2021 177
Inflação 180
Medida da evolução na compreensão do jogo 194
Ilustres desconhecidos 205
Lista histórica dos jogadores número 1 do mundo 217
Os 2022 melhores de todos os tempos 221

Apresentação

A Teoria da Medida é uma das mais importantes na História da Ciência – talvez a mais importante – e a Ciência é a atividade mais importante da Humanidade. Praticamente todos os benefícios que desfrutamos hoje e que não estavam acessíveis a nossos antepassados são frutos da Ciência, assim como praticamente todos os principais avanços modernos da Ciência só foram possíveis graças à Teoria da Medida.

Para saber se uma pessoa tem diabetes é necessário medir o nível glicêmico em seu sangue. Procedimentos análogos são realizados para uma grande variedade de outras doenças, medindo indiretamente a taxa de concentração de alguma substância em algum fluido corporal com base em alguma variável correlacionada àquela que se pretende conhecer, medindo o tamanho de estruturas anormais em radiografias, medindo a temperatura, a pressão, o ritmo cardíaco, o deslocamento de uma articulação, o albedo e a rugosidade de uma mancha na pele, etc.

O uso de tais práticas não se limita à Medicina. Para avaliar a rentabilidade de um investimento, a performance de um aluno, a qualidade de vida de um país, a probabilidade de acidente de um veículo, em todos esses casos – e em muitos outros – é necessário medir algo e fazer cálculos a partir dos valores medidos, a fim de que se possa extrair as informações desejadas.

Por isso a criação de métodos acurados e consistentes para medir níveis de habilidade esportiva, escores acadêmicos, eficiência de vacinas, performances em investimentos, nível evolutivo de genótipos, qualidade de produtos, níveis de interesse de clientes, entre outros, é de suma importância, e mais ainda nas últimas décadas, num mundo no qual o volume de dados cresce aceleradamente.

Áreas como Sociologia, Psicologia, Economia, Medicina e tantas outras, nas quais as decisões eram pautadas em opiniões pessoais, estão cada vez mais aderindo ao Método Científico e ao uso de ferramentas matemáticas, por reconhecerem que este é o caminho mais promissor para se chegar à Verdade objetiva e impessoal.

Há muitos caminhos por meio do quais se pode adquirir "conhecimento", mas para que este conhecimento tenha alta probabilidade de ser representativo da realidade, é imprescindível que esteja solidamente embasado em dados experimentais e que estes dados tenham sido escrutinados por uma metodologia fartamente testada e validada.

Nesse contexto, o rating de Xadrez desempenha um papel central, pois foi no Xadrez que surgiu o primeiro sistema de ranqueamento bem fundamentado, levando os organizadores e entusiastas de outras modalidades a copiar o sistema utilizado no Xadrez, como aconteceu no caso do site https://www.eloratings.net, o melhor site de ranking de Futebol, justamente por utilizar o mesmo sistema do Xadrez, e serve como fonte de consulta aos apostadores mais sofisticados de todas as partes do mundo todo.

Por esses motivos, o desenvolvimento de novos e melhores métodos para avaliação de performances no Xadrez vai muito além de sua aplicação primária, com desdobramentos que podem contribuir para o crescimento e o aprimoramento de um vasto leque de áreas científicas, culturais, educacionais, econômicas, sociológicas e muitas outras.

No livro **"Xadrez, os 2022 melhores jogadores da História, dois novos sistemas de rating"** são apresentados um método para cálculo rating absoluto, com base na qualidade dos lances, que soluciona um problema que estava em aberto há 17 anos e vinha sendo investigado por importantes matemáticos, estatísticos e cientistas da computação. Também é apresentado um método semelhante ao tradicional, com alguns pequenos aprimoramentos para corrigir melhor a inflação.

Graças a esses novos métodos, agora poderemos dar respostas a perguntas que permaneciam abertas há décadas ou até mesmo há séculos. Por exemplo:

1. Quem foi o melhor jogador de todos os tempos?
2. Quais seriam os ratings de Greco e Philidor se vivessem hoje e jogassem da mesma maneira que na época em que viveram? E se corrigisse seus ratings pela evolução do jogo ao longo desse tempo? Eles estavam realmente muito acima dos outros jogadores na época em que viveram? Quanto?
3. Como tem sido a evolução na compreensão do jogo desde os tempos de Lucena e Damiano, no século XV, até os dias de hoje? E como tem sido a inflação desde os tempos de Staunton?
4. Qual o rating real de Louis Eichborn, o jogador que venceu quase todas as mais de 30 partidas que jogou contra Anderssen, com rating performance acima de 3000? Teria sido ele o maior jogador da História?
5. Quando Kasparov foi vencido por Deep Blue, em 1997, qual foi o nível de jogo de Deep Blue? Kasparov jogou com sua força normal?
6. Quanto a qualidade de jogo diminui em partidas com menos tempo? Um jogador com 2500 de rating, ao jogar partidas de 5 minutos terá qualidade de jogo equivalente à de um jogador com qual rating ao ritmo standard de 90 minutos?

Essas e muitas outras perguntas agora podem ser respondidas com acurácia e por um método objetivo e bem fundamentado.

Os dois novos métodos são bastante diferentes entre si e visam aferir características diferentes, mas interligadas e correlacionadas.

Método 1 – Rating Absoluto

O primeiro método possibilita calcular o "rating absoluto" com base na análise dos lances de uma partida de Xadrez, e traz à luz a solução para um problema que tem atraído a atenção de pesquisadores das principais universidades do mundo nos últimos 15 anos.

Ivan Bratko e Matej Guid foram pioneiros no estudo desse problema, com seu artigo de 2006 *"Computer Analysis of Chess Champions"*. Desde então, vários matemáticos, estatísticos e cientistas da Computação deram suas contribuições nessa área, tentando solucionar as inconsistências observadas nos resultados originais, e essas pesquisas foram importantes inspirações para os estudos apresentados nesse livro.

Quando o programa que desenvolvi para aplicar este método de cálculo de rating absoluto ficou pronto e fiz os primeiros testes para avaliar a qualidade das medidas, o resultado foi surpreendentemente positivo. Foram comparados os ratings absolutos com os ratings performance de 36 jogadores em 4 torneios diferentes, cobrindo um intervalo de rating de 1462 a 2636. A correlação observada entre rating absoluto e rating performance (baseado no rating FIDE) foi 0,88, conforme podemos observar no gráfico a seguir:

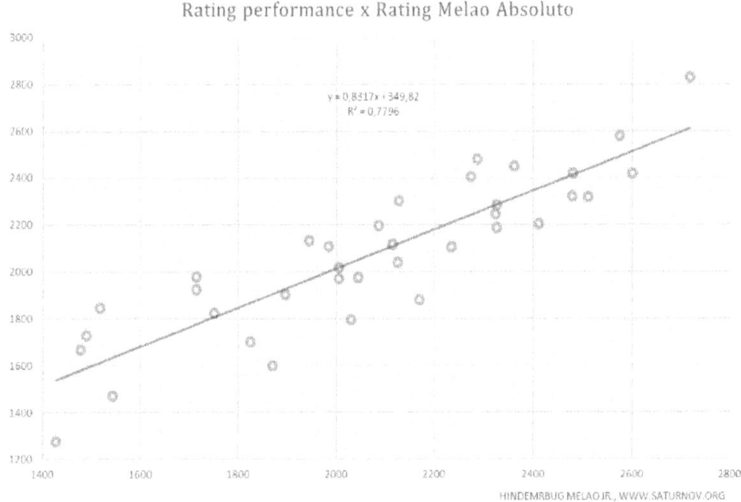

Se a amplitude de variação no rating fosse maior, a correlação se tornaria mais forte, como de fato foi verificado em outro estudo no qual comparei rating absoluto com rating performance (baseado no rating deflacionado), no qual a correlação linear foi 0,93 e a polinomial 0,94:

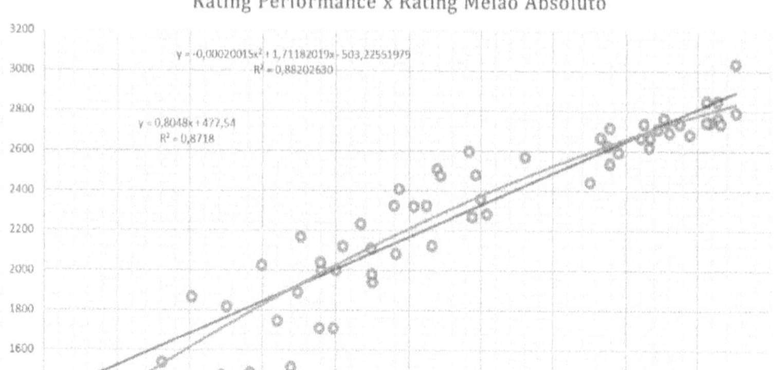

A acurácia desse método é 19 vezes superior à dos melhores métodos anteriores baseados na análise dos lances e 8 vezes superior aos métodos baseados nos resultados das partidas. Com isso, tornam-se possíveis medições altamente representativas da força real dos jogadores, com base em pequeno número de partidas, inclusive com base em apenas 1 partida ou até mesmo com base em fragmentos de 1 partida, como nos casos de Leonardo da Cutri, Ruy Lopez e outros jogadores muito antigos, permitindo medir suas forças na mesma escala em que se pode medir as forças dos jogadores atuais, livre do efeito de inflação, tornando as comparações justas, realistas e objetivas.

Esse método inclui estimativas fidedignas e acuradas da complexidade de cada posição em cada partida, eliminando distorções que privilegiavam jogadores com estilo mais simples, como Capablanca, e prejudicavam jogadores com estilo mais complexo, como Kasparov e Alekhine. Esse era um dos problemas crônicos que afetava praticamente todos os métodos de estimativa da força de jogo com base na qualidade dos lances.

Apesar das numerosas vantagens e do potencial de trazer à luz algumas respostas a questões seculares, esse método tem uma séria limitação operacional: cada partida demora cerca de 4 horas para ser analisada, portanto para analisar todas as 9,2 milhões de partidas do Megadatabase 2022, seriam necessários milhares de anos.

Por isso, e também por outros motivos, foi desenvolvido também um segundo método. Assim, o método 1 possibilita calcular os ratings de jogadores anteriores a 1843, época na qual havia poucas partidas disponíveis e os confrontos entre os jogadores não se entrelaçavam numa densa rede – necessária para que se pudesse aplicar o sistema ELO ou similar. Enquanto o método 2 possibilita calcular os ratings depois do ano 1836, quando o número de partias passa a ser suficiente, fazendo uma pequena intersecção de 1837 a 1843 para calibrar e uniformizar a escala nos dois métodos.

O rating absoluto também é aplicado em algumas amostras específicas, para dirimir dúvidas relacionadas a alguns eventos de especial interesse, como o Torneio de Candidatos 1971, Linares 1994, USA Ch 1963, AVRO 1938, WCh 1927, 1921 e 1886, entre outros.

Além de elucidar questões que permaneciam controversas sobre estes eventos, essas medidas complementares também ajudam a calibrar e unificar os escores nos dois métodos com base numa gama mais ampla de níveis de habilidade, além de viabilizar medições acuradas dos efeitos de inflação e da evolução na compreensão do jogo.

Método 2 – Rating Deflacionado

O segundo método é semelhante ao sistema Elo, mas traz uma lista de aprimoramentos que tornam os ratings um pouco mais acurados. A principal finalidade desse segundo método é possibilitar o cálculo do rating para grande número de partidas, já que o método 1 é intrinsecamente lento.

Outra utilidade importante é porque o método 1 precisa de um parâmetro de comparação para ser calibrado, mas o rating FIDE não fornece uma referência apropriada, devido à presença de distorções na escala e na distribuição dos dados. O histograma abaixo mostra a distribuição dos ratings FIDE em outubro de 2021:

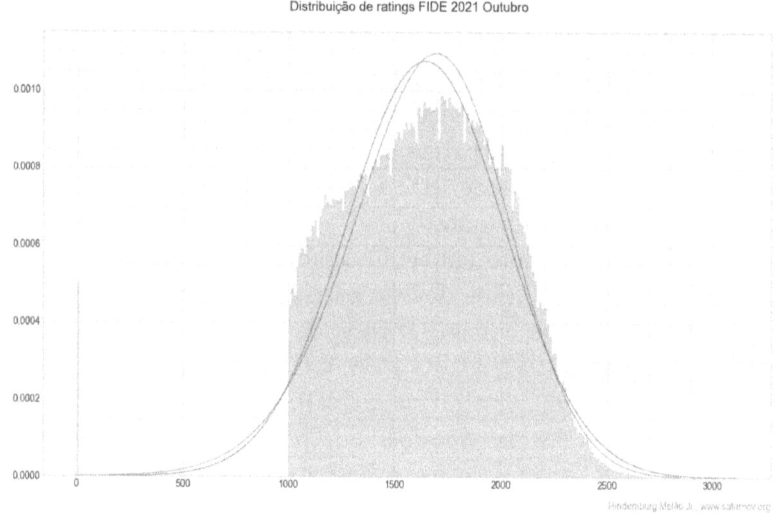

Conforme se pode ver, alguns problemas são evidentes e não se pode usar esses dados para padronizar a escala do rating absoluto. Os problemas com esse gráfico serão analisados com mais detalhes no capítulo que trata do rating deflacionado.

Comparando com o gráfico de distribuição dos ratings deflacionados, pode-se perceber uma aderência muito maior aos modelos teóricos. É importante enfatizar que esses escores ainda não foram normalizados, mesmo assim já apresentam excelente ajuste no intervalo entre -4 e +4 desvios padrão:

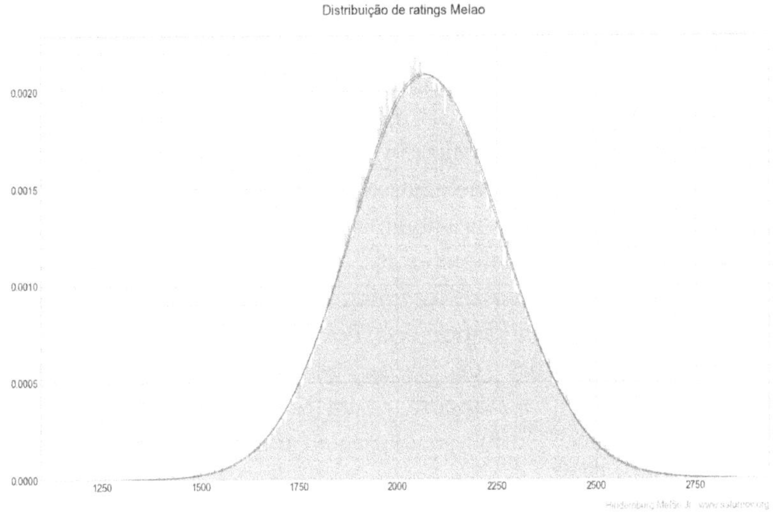

Um dos aprimoramentos foi a correção na pontuação atribuída ao empate. Arpad Elo, em seu excelente livro de 1978, comenta que tentou solucionar esse problema utilizando uma distribuição trinomial, mas os resultados não foram satisfatórios, por isso Elo preferiu deixar esse problema em aberto e atribuir 0,5 ponto para o empate, embora ele soubesse que esse escore provavelmente não era uma representação estatisticamente apropriada.

Em 2015, Miguel Ballicora propôs seu sistema Ordo, no qual solucionou uma parte importante do problema deixado em aberto por Elo, porém a solução de Ballicora ainda apresenta algumas pequenas distorções, porque a probabilidade de empate não depende apenas da diferença de rating entre os jogadores.

Há pelo menos 4 outros fatores que precisam ser considerados, caso contrário ocorrem erros que ultrapassam 83%.

A lista de Arpad Elo de jogadores antigos, publicadas em 1978, não corrigia a inflação, portanto não permitia uma comparação equidosa entre enxadristas de diferentes épocas. Isso só foi possível em 2000, com Chessmetrics. Desde então, até 2004, os ratings mais antigos calculados faziam parte do meticuloso estudo realizado por Jeff Sonas, começando o histórico em 1843 e incluindo uma cuidadosa correção do efeito de inflação, o que possibilitou, pela primeira vez, comparar jogadores de diferentes épocas.

Então Rob Edwards fez uma compilação colossal de partidas que não estavam disponíveis nos grandes bancos de dados, partidas extraídas de livros, revistas, boletins e outros documentos históricos, um trabalho literalmente "arqueológico". Com isso, conseguiu ampliar esse histórico para até o ano 1809.

Agora, com o uso combinado dos novos métodos apresentados nesse livro, torna-se possível estender esse período até o ano de 1475, bem como torna-se possível melhorar a acurácia nos ratings mais antigos, que são baseados em pequenos números de partidas. Pode-se também responder, pela primeira, de forma objetiva, à grande pergunta "**Quem foi o melhor jogador de Xadrez de todos os tempos"** sem que a resposta deixe de fora nomes como Philidor e Greco. A resposta pode inclusive ser dividida em pelo menos 3 categorias:

1. Maior rating histórico
2. Maior rating histórico corrigido pela inflação
3. Força absoluta

Ampliando um pouco a pergunta e a resposta, também podemos determinar quem foram os 2022 melhores de todos os tempos.

Introdução

Quem nunca teve a curiosidade de saber quem foi o maior jogador de Xadrez de todos os tempos? Essa tem sido uma questão polêmica e frequentemente é retomada em círculos enxadrísticos, levando a discussões calorosas e animadas. Na maioria das vezes, os argumentos são emotivos, refletem as afinidades pessoais com a personalidade de um jogador e a preferência por seu estilo, mais do que a força efetiva desse jogador. Também é comum as pessoas simpatizarem mais com os jogadores que estavam no auge na época em que elas estavam começando ou na época que elas próprias estiveram no auge, porque geralmente conheceram mais partidas desses jogadores e ouviram mais histórias sobre eles e suas proezas.

Não obstante, há também métodos objetivos para fazer essas avaliações. O sistema Elo foi um dos primeiros e um dos melhores métodos para se medir a força de jogo de forma objetiva. Com base no sistema Elo, até 1969 o melhor jogador havia sido Capablanca, com rating 2725.

A lista publicada por Elo, em seu livro de 1978, com os 35 melhores jogadores até 1960 é a seguinte:

#	Nome	Elo	18	Steinitz	2650
1	Capablanca	2725	19	Rubinstein	2640
2	Botvinnik	2720	20	Najdorf	2635
3	Lasker	2720	21	Pillsbury	2630
4	Tal	2700	22	Portisch	2630
5	Alekhine	2690	23	Timman	2630
6	Morphy	2690	24	Flohr	2620
7	Smyslov	2690	25	Gligoric	2620
8	Petrosian	2680	26	Kholmov	2620
9	Reshevsky	2680	27	Kotov	2620
10	Spassky	2680	28	Larsen	2620
11	Bronstein	2670	29	Maroczy	2620
12	Keres	2670	30	Stein	2620
13	Korchnoi	2665	31	Averbakh	2615
14	Fine	2660	32	Nimzowitsch	2615
15	Geller	2655	33	Andersson	2610
16	Boleslavsky	2650	34	Bogoljubov	2610
17	Euwe	2650	35	Furman	2610

Uma análise rápida já provoca alguns questionamentos. Semyon Furman foi um dos melhores treinadores da história, ao lado de Dvoretzky e Botvinnik, mas como jogador é difícil aceitar que ele tenha alcançado um nível de destaque comparável ao de Bogoljubov. No mais, a lista de Elo é bastante consistente, com leve favorecimento de jogadores mais recentes em comparação aos mais antigos. Steinitz atraz de Euwe, por exemplo, é contraintuitivo. As ausências de Tarrasch, Von Der Lasa, Schlechter são notórias.

Essa excelente representação das forças corretas de mais de 90% dos jogadores separados por períodos de várias décadas, e uma representação ainda mais acurada dos jogadores em relação a seus contemporâneos, fez com que o sistema de rating proposto por Elo fosse adotado pela USCF e pela FIDE. Há pequenas diferenças nos detalhes dos cálculos utilizados pela USCF e pela FIDE, mas são essencialmente baseados no sistema Elo.

Logo que esse sistema foi adotado pela FIDE, na primeira lista de 1970, Fischer saiu com 2720 e na lista seguinte já ultrapassou Capablanca. A essa altura, o rating FIDE ainda não existia oficialmente. Só a partir de 1971 que a FIDE publicou sua primeira lista oficial, embora já houvesse listas de rating FIDE desde 1967.

Em 1972, Fischer chegou a 2785 e parou de jogar. Esse permaneceu o rating mais alto da história até ser superado por Kasparov, em 1990, que atingiu a mágica marca dos 2800, e em 2000 chegou a seu máximo: 2851. Em 2013, Carlsen chegou a 2861 e logo depois atingiu seu máximo em 2014: 2882. Este continua sendo o rating mais alto da história.

Mas as controvérsias sobre quem seria o melhor jogador continuaram, porque embora o sistema Elo seja muito eficiente para comparar jogadores de uma mesma época, tem sido observado um nítido efeito de inflação ao longo dos anos. Esse efeito já havia sido constatado pelo próprio Arpad Elo em seu livro de 1978. Mas o efeito era pequeno. Elo mediu um incremento anual em torno de 0,9 ponto por ano, mas a partir de 1985 essa situação começou a mudar.

Rob Edwards e o Edo Chess Rating

Em 2006, Rob Edwards publicou um estudo mostrando que o rating FIDE parecia estar subindo, em média, cerca de 5,7 pontos por ano desde setembro de 1985. O gráfico abaixo mostra esse efeito:

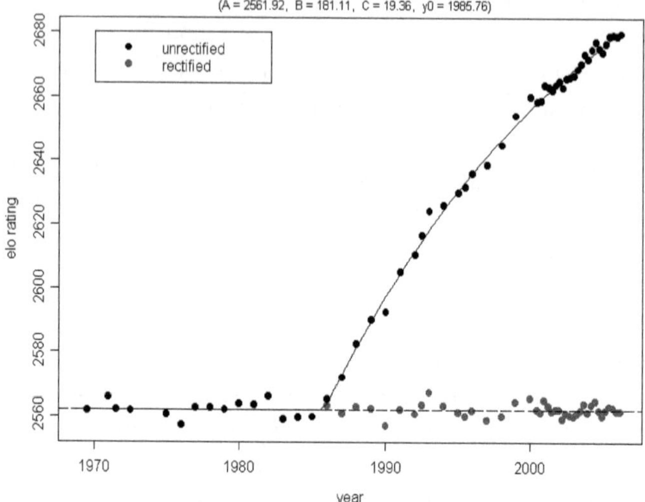

Fonte: http://www.edochess.ca/FIDE.Inflation/

Rob considera o rating médio dos jogadores entre as 11ª e 50ª classificação no ranking. A inflação medida dessa maneira a partir de 1985 era de quase 60 pontos a cada 10 anos, então o rating de Fischer em 1971 seria maior que o de Kasparov ou de Carlsen, se fosse corrigida a inflação.

Ajustando todos aos padrões de 1985 e aplicando a correção calculada por Edwards, Fischer teria chegado a 2785, Kasparov a 2772 e Carlsen a 2701. Mas as complicações não terminam por aí. Na verdade, estão apenas começando.

Em 2014, Rob atualizou seus cálculos com dados mais recentes e percebeu que sua curva teórica, que apresentava excelente ajuste aos dados até 2006, deixava de fazer boas predições fora daquele intervalo. Se ele tivesse feito uma regressão linear, teria sido menos aderente aos dados de 1985 a 2006, mas teria sido mais preditiva sobre o comportamento futuro. Ou seja, seu ajuste original apresentava o problema conhecido como *"overfitting"*. O gráfico a seguir mostra os resultados que ele obteve:

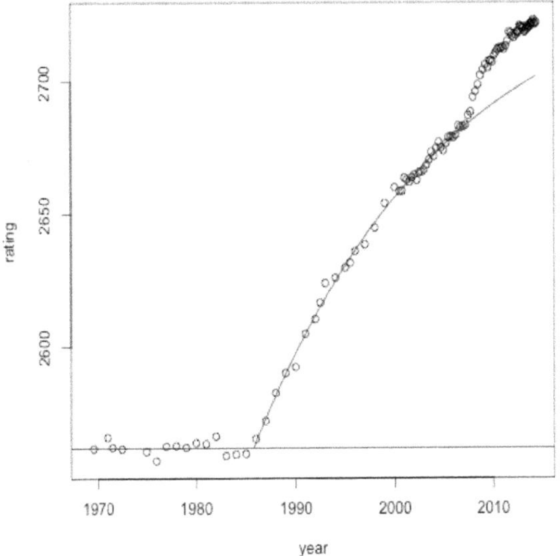

Fonte: http://www.edochess.ca/FIDE.Inflation/

Além disso, Rob constatou que se mudasse o intervalo que determina o grupo usado para o cálculo de 11º a 50º para 51º a 100º, a curva mudava sensivelmente, sugerindo que talvez a inflação não fosse a mesma para diferentes faixas de rating:

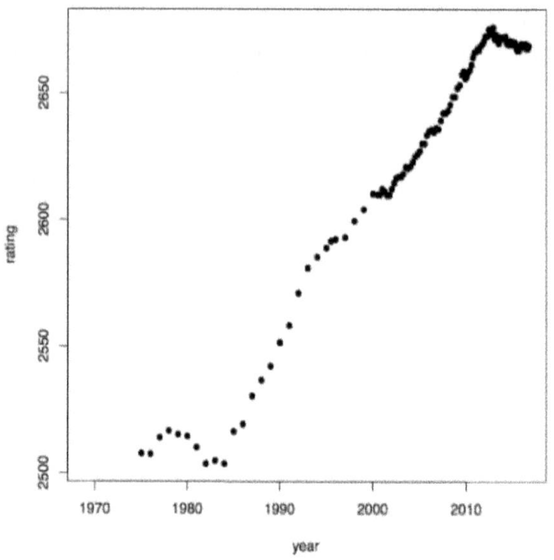

Fonte: http://www.edochess.ca/FIDE.Inflation/

Jeff Sonas e Chessmetrics

Jeff Sonas também publicou um estudo em 2009 no qual mostra que a inflação não afeta igualmente todas as faixas de rating, mas a diferença é bastante pequena e não parece ser estatisticamente significativa, exceto para os ratings abaixo de 2300, em cujo caso a inflação parece ser claramente menor do que para ratings mais altos:

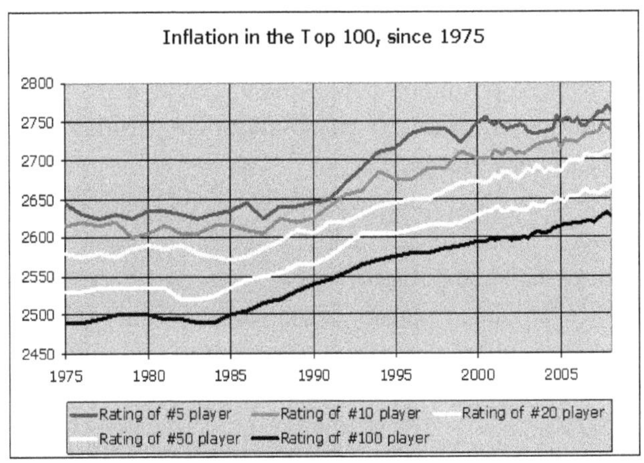

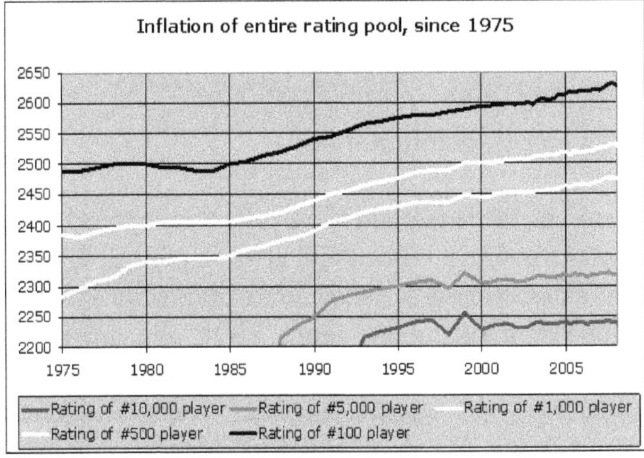

Fonte: http://www.chessmetrics.com/cm/

É um efeito interessante, porque se por um lado o parâmetro k é maior para jogadores com menor rating, por outro lado os jogadores com menor rating tendem a jogar menos partidas por unidade de tempo. [Veja o significado do parâmetro "k" no capítulo "**Alguns problemas com o sistema Elo e propostas de soluções**"]

O tempo não é um dos fatores que provoca a inflação, mas sim o número de jogos disputados. Esse é um dos motivos pelos quais a inflação em jogos blitz e bullet online é maior, pois as pessoas jogam um número muito maior de partidas online do que jogos oficiais presenciais.

O sistema utilizado nos jogos online é o Glicko ou Glicko2, um pouco diferente do Elo, e com algumas vantagens importantes em comparação ao Elo, mas não é essa diferença que explica a maior inflação. Se os jogos on-line utilizassem o sistema Elo, a inflação também seria muito maior do que nos jogos ao vivo pelo fato de serem disputados mais jogos on-line do que ao vivo.

Para conhecer mais detalhes sobre as análises realizadas por Rob Edwards e Jeff Sonas, por gentileza, visite seus websites:

http://www.edochess.ca/FIDE.Inflation/
http://www.chessmetrics.com/cm/

Portanto existe de fato um efeito inflacionário nítido no rating FIDE, mas não é tão claro como se deve corrigir essa inflação de modo a descontar essa distorção na proporção apropriada.

Um dos motivos é que o rating FIDE teve seu método de cálculo modificado em 2014 e o limite mínimo de rating para ser listado também foi alterado algumas vezes. Inicialmente o jogador precisava ter pelo menos 2200, depois o limite baixou para 2000, depois baixou para 1000. O valor do parâmetro k também mudou, e há regras para mudar o valor de k em função do rating e em função do número total de jogos disputados. Isso gera várias distorções, porque os parâmetros não são os mesmos para todos os jogadores nem são mantidos para um mesmo jogador ao longo do tempo. Por isso antes de tentar medir e corrigir a inflação é necessário refazer os cálculos utilizando um método padronizado e consistente.

Tanto Jeff Sonas quanto Rob Edwards apresentaram soluções adequadas, que minimizam as distorções observadas no rating FIDE, mas o período coberto por suas listas de rating vai no máximo até dezembro de 2004. Sonas descontinuou seu projeto em 2005, enquanto Edwards ainda não chegou a incluir jogos posteriores a 1935. Por isso, para unificar a escala com base no nível atual de inflação, o ideal seria criar uma nova lista a partir do zero. Assim, já que eu precisaria criar uma nova lista, aproveitei para aprimorar alguns detalhes, o que acabou resultando num novo método também para rating baseado nos confrontos entre os jogadores.

Breve análise dos sistemas de rating posteriores ao Elo, seus pontos fortes e fracos

Jeff Sonas fez um excelente trabalho em seu site Chessmetrics e Rob Edwards também fez em seu Edo Chess. Ambos chegaram a produzir resultados muito bons por caminhos diferentes. Sonas corrigiu vários detalhes no sistema Elo que produziam algumas distorções e fez um ajuste bastante eficiente para compensar a inflação, gerando a lista mais completa de rating até então, cobrindo o período de 1843 até 2005, com a inflação atenuada a valores quase imperceptíveis.

A lista de Jeff Sonas com os 35 melhores jogadores entre 1843 e 2004 é esta:

Peak Average Ratings: 1 year peak range

	Player Name	Average Rating	1 year peak range
#1	Bobby Fischer	2881	1972-Jan through 1972-Dec
#2	Garry Kasparov	2879	1990-Jan through 1990-Dec
#3	Mikhail Botvinnik	2871	1946-Jan through 1946-Dec
#4	José Capablanca	2866	1919-Jan through 1919-Dec
#5	Emanuel Lasker	2863	1894-Jan through 1894-Dec
#6	Alexander Alekhine	2851	1931-Jan through 1931-Dec
#7	Anatoly Karpov	2842	1989-Jan through 1989-Dec
#8	Viswanathan Anand	2828	1998-Jan through 1998-Dec
#9	Vladimir Kramnik	2822	2002-Jan through 2002-Dec
#10	Siegbert Tarrasch	2818	1895-Jan through 1895-Dec
#11	Géza Maróczy	2815	1906-Jan through 1906-Dec
#12	Harry Pillsbury	2813	1901-Jan through 1901-Dec
#13	Viktor Korchnoi	2803	1978-Jan through 1978-Dec
#14	Wilhelm Steinitz	2802	1886-Jan through 1886-Dec
#15	Vassily Ivanchuk	2799	1992-Jan through 1992-Dec
#16	Vassily Smyslov	2794	1956-Jan through 1956-Dec
#17	Mikhail Tal	2793	1960-Jan through 1960-Dec
#18	Tigran Petrosian	2791	1963-Jan through 1963-Dec
#19	Akiba Rubinstein	2787	1913-Jan through 1913-Dec
#20	David Bronstein	2783	1951-Jan through 1951-Dec
#21	Miguel Najdorf	2783	1947-Jan through 1947-Dec
#22	Johannes Zukertort	2782	1884-Jan through 1884-Dec
#23	Samuel Reshevsky	2780	1953-Jan through 1953-Dec
#24	Paul Keres	2779	1956-Jan through 1956-Dec
#25	Gata Kamsky	2775	1995-Jan through 1995-Dec
#26	Aron Nimzowitsch	2774	1929-Jan through 1929-Dec
#27	Boris Spassky	2771	1969-Jan through 1969-Dec
#28	Veselin Topalov	2766	1997-Jan through 1997-Dec
#29	Dawid Janowsky	2765	1905-Jan through 1905-Dec
#30	Mikhail Chigorin	2765	1897-Jan through 1897-Dec
#31	Efim Bogoljubow	2763	1926-Jan through 1926-Dec
#32	Efim Geller	2761	1963-Jan through 1963-Dec
#33	Alexander Morozevich	2761	2001-Jan through 2001-Dec
#34	Frank Marshall	2761	1917-Jan through 1917-Dec
#35	Boris Gelfand	2760	1992-Jan through 1992-Dec

Comparando com a lista de 1960 de Elo, pode-se perceber que, de modo geral, os resultados estão bastante consistentes, posicionando jogadores recentes e antigos numa escala na qual a inflação foi quase totalmente suprimida. Embora essa lista cubra um período mais longo, envolvendo mais jogadores e um intervalo de tempo mais largo – portanto mais difícil de fazer um ranqueamento consistente –, as disparidades ficaram menores. Furman desaparece do top-35, entram Tarrasch, Zukertort, Chigorin e Marhsall, que disputaram o título mundial, além de alguns grandes jogasores posteriores a 1960. Mas ainda há algumas anomalias, como Kortschnoj em 13º e Spassky em 27º. Ambos são fortes demais para essas posições.

Algumas vezes é difícil julgar se há de fato uma anomalia ou se é a avaliação subjetiva que está distorcida. Por exemplo: eu estimaria que Karpov deveria estar mais perto do topo na classificação, enquanto Zukertort – embora seja um de meus jogadores favoritos – deveria estar mais para baixo. Mas não creio que haja um consenso sobre Karpov e Zukertort terem que subir ou cair. É diferente dos casos de Kortschnoj e Spassky, porque nesses dois últimos a disparidade é bastante evidente e difícil de explicar, a não ser por alguma distorção na métrica utilizada. Apesar desses detalhes, esta lista foi por muito tempo a mais completa e uma das mais acuradas, com excelente correção da inflação e de outras anomalias.

Sonas também tomou diversos cuidados importantes: antes de fazer os cálculos, removeu Louis Eichborn, removeu jogos relâmpago, rápidos, simultâneas, jogos com vantagem material, padronizou nomes dos jogadores e corrigiu diversos erros na base de dados. Como resultado, seu site tem sido uma preciosa fonte de pesquisa sobre quem foram os melhores jogadores de diferentes épocas.

Rob Edwards, por outro lado, não "corrigiu" a inflação. Fez melhor do que isso. Ele aplicou um método bayesiano que produz escores naturalmente livres de inflação. Também ampliou vastamente a lista de resultados de jogos antigos, chegando até o ano 1809.

No método de cálculo de Rob, em vez de se basear exclusivamente nas partidas do Mega Database, adicionou também dados extraídos de diversas fontes impressas e manuscritas. Rob recebe regularmente contribuições de historiadores e jogadores que lhe enviam resultados de eventos que não constam no Mega Database, ampliando o volume de partidas utilizadas em seus cálculos.

Ele também tentou aproveitar partidas nas quais um dos jogadores oferece vantagem material ao outro. Com isso foi possível calcular as forças de jogadores muito antigos, de uma época na qual a rede de confrontos não era tão densa, de modo que qualquer partida que pudesse ser incluída no cálculo teria grande importância por reduzir as incertezas nos resultados.

Com esses aprimoramentos, Rob conseguiu estender o início da lista de 1843 para 1809. Posteriormente estreitou novamente para 1814, porque os resultados anteriores a esse ano se baseavam num número muito pequeno de jogos.

Como o estudo de Rob não utiliza a base de dados pronta do Mega Database, mas se trata de um trabalho meticuloso de coleta gradual de dados, o intervalo coberto vai sendo ampliado conforme são adicionados novos jogos a seu acervo. Atualmente chega ao ano 1935 e os primeiros classificados até essa data são os seguintes:

Top 50 Peak Edo Ratings

(Highest peak ratings for players over the years 1814 to 1935, and year at peak.)

#	Name	Peak	Year
1	Capablanca, J.R.	2832	1919
2	Morphy, P.C.	2818	1860
3	Steinitz, W.	2784	1872
4	Lasker, Em.	2769	1914
5	Alekhine, A.A.	2737	1930
6	Tarrasch, S.	2701	1898
7	Anderssen, K.E.A.	2691	1869
8	Staunton, H.	2686	1845
9	Rubinstein, A.K.	2682	1911
10	Maroczy, G.	2681	1905
11	de la Bourdonnais, L.C.M.	2678	1836
12	Paulsen, L.	2677	1864
13	Zukertort, J.H.	2675	1878
14	Kolisch, I.	2674	1867
15	Pillsbury, H.N.	2668	1898
16	Neumann, G.R.L.	2666	1869
17	von der Lasa, T.	2662	1851
18	Harrwitz, D.	2660	1860
19	Bogoljubow, E.D.	2659	1925
20	Chigorin, M.I.	2656	1895
21	Mackenzie, G.H.	2653	1870
22	Nimzowitsch, A.	2652	1926
23	Schlechter, C.A.H.	2644	1910
24	Charousek, R.	2643	1897
25	Kieseritzky, L.A.B.F.	2643	1846
26	Marshall, F.J.	2643	1913
27	Deschapelles, A.L.H.L.	2642	1821
28	Makovetz, G.	2640	1890
29	Blackburne, J.H.	2640	1885
30	Petrov, A.D.	2639	1853
31	Vidmar, M.	2637	1926
32	Duras, O.	2633	1908
33	Lowenthal, J.J.	2632	1858
34	Bauer, J.H.	2629	1891
35	Winawer, S.A.	2624	1882

Além de adicionar frequentemente novos dados de anos recentes, ele também continua recebendo resultados de jogos mais antigos, por isso eventualmente alguns jogadores antigos têm suas classificações corrigidas. Morphy e Steinitz, por exemplo, já trocaram várias vezes de posição no topo da lista. Recentemente Von Der Lasa caiu várias posições (estava acima de Tarrasch).

Ivan Bratko, Matej Guid e o inovador método de Chess Skills

Em 2006, Ivan Bratko e Matej Guid propuseram um método original para estimar o que eles chamaram *"skill"* dos jogadores, com base na qualidade dos lances analisados por uma engine muito forte. Inicialmente utilizaram Crafty e posteriormente usaram Rybka. A ideia é muito diferente do método de Elo e tem muitas vantagens importantes, mas também apresenta algumas limitações. A vantagem mais importante é que evita completamente o efeito de inflação, mas não suprime o efeito de evolução na compreensão do jogo. Nesse aspecto, difere do método de Rob, que suprime tanto a inflação quanto o efeito da evolução na compreensão do jogo.

O método de Bratko e Guid é muito promissor, mas as incertezas nos resultados são muito grandes e geram inconsistências. Por exemplo: Anand e Alekhine ficaram atrás de Euwe. Considero Euwe um dos jogadores mais interessantes, inclusive por ter sido matemático e por suas contribuições ao desenvolvimento de programas de Xadrez. Se Euwe tivesse se dedicado exclusivamente ao Xadrez, poderia ter sido ainda mais notável como enxadrista, mas como dividiu sue tempo entre várias atividades, acabou alcançando um nível menor do que poderia. Analisando objetivamente, acho difícil que um sistema de avaliação que coloque Euwe acima de Alekhine esteja correto nesse ponto.

De modo geral, com o método de avaliação de Bratko e Guid os jogadores com estilo mais simples são favorecidos, enquanto os jogadores que procuram forçar complicações são prejudicados, mas nem sempre. Por exemplo: Tal ficou acima de Petrosian e praticamente empatado com Smyslov. Bratko e Guid não chegaram a converter seus escores de Skill em rating, porque provavelmente perceberam que as distorções eram muito grandes.

Quando o método era aplicado a grupos de jogadores com forças semelhantes (campeões mundiais, por exemplo), os erros não produziam grandes aberrações, porque dizer que Euwe foi mais forte que Alekhine não causa tanto impacto quanto dizer que John Doe foi melhor que Fischer. Mas quando o método de Bratko e Guid é aplicado em jogadores que se distribuem num largo espectro de níveis de habilidade, as grandes aberrações aparecem com uma frequência assustadora, e muitos jogadores com rating 1800-1900 chegam a ser avaliados acima de jogadores com 2700, deixando evidente que há erros graves no método. A ideia é engenhosa e interessante, mas não funciona.

Outras pessoas tentaram melhorar esse método e algumas chegaram a converter os escores skill em rating, mas os resultados são desastrosos. Nesse vídeo https://youtu.be/CnQnJEj-Yxo por exemplo, é apresentada uma animação bonita, mas gravemente inconsistente. Por exemplo: o menino Paul Morphy de 13 anos, em 1851, teria rating quase 200 pontos maior que o lendário Paul Morphy que venceu Anderssen e todos os melhores jogadores europeus em 1858-1859. As comparações entre as forças de um jogador com ele próprio em outra fase de sua vida são muito eficientes para diagnósticos de erros num sistema de avaliação, porque é muito improvável que um mesmo jogador fosse mais forte aos 13 anos de idade do que aos 21, de modo que se um sistema de cálculo apresenta esse sintoma, isso é uma evidência muito forte de que esse sistema está grosseiramente distorcido e não pode ser tomado como base para os cálculos das forças dos jogadores. Por esses motivos, não se pode utilizar esse método para calcular os ratings. Guid e Bratko sabiamente perceberam essa limitação, por isso não divulgaram os resultados de suas tentativas de converter os skills em rating, nem divulgaram resultados de skills num largo espectro de níveis de habilidade.

Empresas como Chess.com tentaram utilizar métodos similares para medir algo que eles chamam "precisão" ou "acurácia". Esses métodos são versões simplificadas dos métodos de Guid e Bratko, sujeitos às mesmas limitações e distorções. Quando se compara esses escores dentro de uma mesma partida, pode ser uma informação útil para avaliar quem jogou melhor e numa grande porcentagem de vezes a pessoa a teve maior "precisão" é quem venceu. Nesse aspecto, é bastante útil. Também é útil para identificar casos de uso de engines. Mas a comparação da precisão obtida numa partida com a precisão em outra partida é espúria, porque não leva em consideração a complexidade das partidas, a dificuldade para acertar os lances etc.

Para conhecer melhor os estudos de Matej Guid e Ivan Bratko, por gentileza, viste estes links:

https://www.chessprogramming.org/Matej_Guid
https://www.chessprogramming.org/Ivan_Bratko

Jean-Marc Alliot, Bruce Leroy e Cadeias de Markov

Em 2017, com seu artigo "Quem é o mestre?" – frase provavelmente extraída do filme "The Last Dragon", cujo personagem principal é Bruce Leroy – Alliot apresentou um interessante estudo no qual foram utilizadas cadeias de Markov para comparar jogadores de diferentes épocas. Quem tiver interesse em ler o artigo completo, pode encontrá-lo nestes links:

https://content.iospress.com/articles/icga-journal/icg0012
https://www.researchgate.net/publication/316348709_Who_is_the_Master

Alliot obteve alguns resultados interessantes, além de sua abordagem ser original, mas novamente ocorreram várias inconsistências, entre as quais a mais notável é Alekhine atrás de uma extensa lista de jogadores. A tabela abaixo mostra os resultados:

Name ♦	Year ♦	Ca	Kr	Fi	Ka	An	Kh	Sm	Pe	Kp	Ks	Bo	Po	La	Sp	To	Ca	Ta	Eu	Al	St
Carlsen	2013	—	52	54	54	57	58	57	58	56	60	61	59	60	61	61	64	66	69	70	82
Kramnik	1999	49	—	52	52	55	56	56	57	55	59	60	58	60	60	60	63	65	68	70	83
Fischer	1971	47	49	—	51	53	57	56	57	56	59	60	60	61	61	62	64	68	70	73	85
Kasparov	2001	47	49	50	—	53	54	54	54	53	57	58	56	56	58	58	60	62	66	68	82
Anand	2008	44	46	48	48	—	54	52	53	53	57	56	57	57	59	59	62	64	69	71	86
Khalifman	2010	43	45	44	47	47	—	50	51	52	53	54	55	55	56	56	60	62	64	67	79
Smyslov	1983	43	45	45	47	49	51	—	50	51	53	55	54	54	54	55	59	63	64	68	82
Petrosian	1962	43	44	45	47	49	50	51	—	52	53	54	54	55	55	56	59	63	63	67	80
Karpov	1988	44	46	45	48	48	49	50	49	—	51	52	52	52	52	52	56	58	60	63	76
Kasimdzhanov	2011	41	43	42	45	45	48	48	48	50	—	52	52	52	54	53	56	60	62	65	80
Botvinnik	1945	40	41	41	44	45	48	46	48	49	49	—	50	54	52	52	56	60	60	64	80
Ponomariov	2011	42	43	41	45	44	47	47	47	49	49	51	—	51	52	52	55	58	59	62	77
Lasker	1907	41	41	40	45	44	46	47	46	49	49	48	50	—	51	50	54	58	59	63	78
Spassky	1970	40	41	40	43	42	45	47	46	48	47	49	49	50	—	51	53	58	57	61	75
Topalov	2008	40	41	39	44	42	45	46	45	49	48	49	49	50	51	—	54	57	57	61	75
Capablanca	1928	37	38	37	41	39	42	42	42	45	45	45	47	47	48	47	—	53	54	59	76
Tal	1981	35	36	34	39	37	39	39	38	43	41	41	43	43	43	44	48	—	49	54	72
Euwe	1941	32	33	32	36	32	37	37	38	41	39	41	42	43	44	44	47	52	—	56	75
Alekhine	1922	31	31	29	34	30	35	33	35	38	36	37	39	38	40	40	43	47	45	—	69
Steinitz	1894	20	19	17	20	16	22	19	22	25	22	22	25	24	27	27	26	30	27	33	—

Além de a ordem de força dos jogadores apresentar nítidas distorções, também se pode notar que as datas nas quais cada jogador alcançou seu ápice apresenta inconsistências óbvias. O melhor ano de Steinitz não foi 1894, não só porque ele estava com quase 60 anos, mas principalmente porque seus resultados já estavam em franco declínio, diferentemente de Lasker, que aos 57 anos estava em excelente forma e mantendo resultados extraordinários. Mikhail Tal esteve em sua melhor forma nos anos 1960 (não em 1981), Karpov teve sua melhor forma por volta de 1977 (não em 1988), Smyslov chegou a seu auge na segunda metade dos anos 1950 (não em 1983), Khalifman em 1999 (não em 2010), Kasparov por volta de 1989 (não em 2001), portanto o método não acerta os momentos nos quais cada jogador atingiu sua melhor forma nem as forças relativas de uns em comparação aos outros. A ideia Alliot é interessante e digna de ser testada, mas o bom-senso mostra que os resultados dos testes foram insatisfatórios e as forças medidas não refletem a força real dos jogadores.

Entre todos os métodos existentes até 2021, os de Sonas e Edwards eram os melhores para rating histórico. Em seguida, o método de Elo era o terceiro melhor. Para jogadores contemporâneos, o Glicko2 e o Glicko são ambos melhores que o sistema Elo, mas como Glicko e Glicko2 não corrigem inflação, não são apropriados para rating histórico. Os métodos baseados em chess skills até 2021 não eram capazes de medir o rating com precisão satisfatória, sendo curiosidades matemáticas interessantes, mas sem qualquer utilidade prática para medida correta de performance ou de nível de habilidade.

Breve análise de Chess Skills

A ideia desse método é interessante, importante e fundamentalmente correta, mas precisa ser equacionada adequadamente para que seja aplicável com sucesso.

Os principais problemas com os métodos de Bratko, Guid e Alliot não são as inconsistências apontadas acima, mesmo porque não é possível desenvolver um método estatístico livre de imperfeições. Um dos principais problemas é que se tentar converter os “skill sores” em rating para um largo espectro de níveis de habilidade, com jogadores entre 1500 e 2800 de rating, o que se verifica é que alguns jogadores com rating FIDE abaixo de 2300 ficariam entre os 100 melhores de todos os tempos, enquanto a maioria dos campeões mundiais ficaria fora da lista dos 100 melhores, o que é uma distorção muito grave.

Para um método que utilize uma métrica apropriada, não importa a amplitude dos níveis de habilidade considerados, a ordem produzida será razoavelmente consistente. Mas com os métodos de Bratko e outros similares, não se consegue essa consistência e só é possível aplicar a jogadores numa estreita faixa de níveis de habilidade, não porque isso melhore os resultados, mas sim porque fica mais difícil enxergar as inconsistências e, assim, os resultados parecem mais aceitáveis.

Ivan Bratko, Matej Guid, Jean-Marc Alliot, Daniel Rensch, Kenneth Wingate Regan, Guy McCrossan Haworth, Mathieu Acher, François Esnault, Tamal Biswas, Diogo R. Ferreira, Aritz Perez, Charles Sullivan, Ashton Anderson, Jon Kleinberg, Sendhil Mullainathan e outros que seguiram essa mesma linha de pesquisa, compreenderam esse fato e não tentaram converter seus "skill scores" em rating nem tentaram aplicar o método a uma faixa larga de níveis de rating. Ou talvez tenham tentado, mas ao perceberem que os resultados não se correlacionam bem com o rating FIDE e produzem inconsistências relativamente evidentes, com jogadores com estilo mais simples privilegiados numa proporção muito grande, jogadores com estilos mais complexos prejudicados, jogadores mais recentes beneficiados e mais antigos prejudicados, preferiram não publicar.

Nesse aspecto, os métodos de Elo, Rob, Sonas e Glicko produzem resultados muito mais próximos dos corretos, com inconsistências menores e menos frequentes. O método de Ballicora (Ordo) produz resultados interessantes, mas não corrige inflação e não é aplicável a jogadores de diferentes épocas, mas é muito útil para rating de engines, por ser uma medida "vitalícia", que não é atualizada conforme a força do jogador varia ao longo da vida.

Entre as centenas de jogadores cujos ratings foram determinados pelo método de Sonas e que cheguei a ver, menos de 2% apresentam problemas de inconsistências claras. Pelos outros métodos, mais de 10% apresentam inconsistências óbvias na ordem de classificação e em alguns casos mais de 15% ou até 20%. Além das inconsistências mais óbvias, é provável que cerca de 50% a 70% dos escores apresentem erros sutis e difíceis de notar por avaliação subjetiva.

É importante enfatizar que não é possível eliminar por completo todas as inconsistências nos resultados, já que se está lidando com métodos estatísticos, mas é imprescindível eliminar as inconsistências conceituais mais importantes e maximizar a acurácia dos escores, minimizando as distorções, deixando os resultados tão representativos quanto possível da característica que se deseja medir. Nesse aspecto os métodos de Edwards e Sonas produzem os melhores resultados até o momento. Por outro lado, os métodos de Bratko (e homólogos) expandem os horizontes e criam novas possibilidades que não existiriam se fossem utilizados exclusivamente sistemas similares ao de Elo. Essa propriedade dos métodos baseados na qualidade dos lances será analisada com maior profundidade em capítulos posteriores.

Também é importante destacar que inconsistências nesse tipo de avaliação são bastante comuns. Em 1964, por exemplo, Fischer fez sua lista dos 10 melhores de todos os tempos, colocando Morphy em 1º e Staunton em 2º, enquanto Alekhine e Capablanca ficavam em 6º e 7º. É muito difícil pensar numa lista em que Staunton fique tão bem posicionado. O próprio Fischer, quando estava mais experiente e menos emotivo em seus julgamentos, em 1970, fez uma nova lista com Morphy em 1º, Steinitz em 2º, Capa em 3º e Staunton sumiu da lista dos 10 melhores.

Além de Fischer, vários outros grandes jogadores, em diferentes entrevistas, já deram suas opiniões sobre quem foram os melhores de todos os tempos. Embora haja divergências, quando se considera o conjunto das opiniões, dois nomes se destacam no topo dessas listas: Fischer e Kasparov. Também são muito citados Capablanca, Alekhine e Morphy.

Anand, por exemplo, na época em que foi campeão mundial (2000), considerou Fischer e Morphy os dois melhores. Em 2008 mudou sua opinião para Kasparov e Fischer. Em 2012 voltou a considerar Fischer o maior. Em cada ocasião ele justificou suas escolhas por diferentes critérios, que me parecem bem fundamentados.

Em 2005, Kramnik declarou que, com exceção de Kasparov, nos outros campeões ele via algo faltando, mas Kasparov era completo. Em 2011, Kramnik afirmou que não considerava, de modo algum, que Anand fosse menos forte que Kasparov, e acrescentou que nos últimos anos Anand havia dado um salto evolutivo.

Em 2012, Aronian considerou Alekhine o melhor de todos os tempos e em 2015 mudou sua opinião para Kasparov.

Em 2012, Carlsen afirmou que Kasparov, em sua opinião, era o melhor de todos os tempos. Em 2020, reafirmou essa opinião, mas acrescentou que se considerasse Fischer em seu auge, ele pode ter sido um pouco melhor, mas Kasparov se manteve por muito mais tempo no topo.

A opinião pessoal de Carlsen é incrivelmente acurada, quando comparada aos resultados objetivos que obtive e também quando comparada aos resultados de Jeff Sonas em períodos de 1 ano, 3 anos, 5 anos etc. Em Chessmetrics, Fischer foi o mais forte, se considerado o pico mais alto que chegou e o melhor em 1 ano, mas Kasparov passa a ser o melhor em intervalos de 3 anos, 5 anos, 10 anos e 20 anos.

Em 2001, o Sahovski Informator promoveu uma enquete entre seus leitores para saber quem eram os 10 maiores jogadores do século XX. O primeiro colocado foi Fischer. Como essa votação inclui as opiniões de muitos jogadores de alto nível, acabam sendo neutralizadas as preferências pessoais e acaba emergindo o jogador que foi provavelmente o mais forte sob um ponto de vista mais imparcial do que os eleitos por julgamentos individuais, mesmo porque todos os grandes jogadores citados acima são leitores do Sahovski e prováveis votantes nessa enquete, além de muitos outros jogadores não citados, mas que provavelmente também votaram. Por isso esse resultado deve ser encarado como tendo um peso maior que as opiniões individuais. Isso não significa que o assunto esteja encerrado, mas significa que a incerteza nesse resultado é menor.

Quando Fischer voltou a jogar, em 1992, mesmo depois de um longo período inativo, ainda estava muito forte e pode-se concluir que se ele tivesse se mantido ativo por mais tempo, talvez seu rating tivesse subido ainda mais nos anos seguintes, possivelmente ultrapassando a barreira dos 2800 (mais de 2950 com a inflação atual).

Esse conjunto de resultados e opiniões aponta para dois fortes candidatos ao título de melhor de todos os tempos: Fischer e Kasparov. Mas ainda há alguns "senões" a serem considerados. Um deles é que o Xadrez não começou em 1840, mas todas as listas objetivas de rating começam por volta de 1820-1840, bem como as estimativas subjetivas. Então o que dizer sobre Philidor e Greco?

Há alguns anos, tive uma longa discussão com um amigo sobre quem poderia ter sido mais forte, Greco ou Philidor, mas não chegamos a um consenso. Ele usou como argumento que os estudos de Philidor sobre finais de Torre e Bispo contra Torre são de outro mundo. Concordo. É excepcional, inclusive para os dias de hoje, e mais ainda para aquela época. Além disso, Philidor compreendeu, cerca de 100 anos antes de Steinitz, vários dos princípios estratégicos que são seguidos ainda hoje e revolucionaram a compreensão que se tinha do Xadrez. Por outro lado, quando se compara os jogos de Greco com os de outros dos melhores de sua época, ou pouco anteriores ou posteriores, tem-se a clara impressão de que Greco enxergava combinações mais complexas e profundas do que qualquer um, além de os cálculos serem muito mais acurados.

Os relatos do início do século XIX sugerem que ambos foram muito superiores a seus contemporâneos. Além disso, se Carlsen considera admirável que Kasparov tenha se mantido no topo por 20 anos, é importante lembrar que Philidor se manteve no topo por incríveis 48 anos. Nem mesmo Kortschnoj e Lasker se aproximam dessa proeza.

De acordo com o GM Andrew Soltis, Philidor deveria ter uns 200 pontos de rating acima do segundo melhor jogador de sua época. Algo semelhante se poderia dizer sobre Greco, ou até mais de 200 pontos. Quando se pensa que Fischer chegou a ter 125 pontos sobre o segundo melhor, enquanto Kasparov não chegou a 100 pontos acima do segundo melhor, pode-se ter uma ideia mais clara sobre porque Greco e Philidor são dois fortes candidatos ao título de melhor de todos os tempos.

Mas como medir o rating de Philidor, se não há disponível uma densa rede de partidas de vários jogadores daquela época se enfrentando uns contra os outros? E pior ainda no caso de Greco, em que todas as partidas conhecidas que se tem dele são contra jogadores desconhecidos, registrados como "NN" e contra os quais estão registrados 100% de vitórias. Esse é um dos temas centrais que será analisado nesse livro, mas não apenas os ratings de Greco e Philidor; serão calculados também os ratings dos principais jogadores antigos, desde o ano 1475, sobre os quais haja partidas disponíveis em PGN, inclusive Lucena, Damiano, Ruy Lopez, Leonardo da Cutri, Giulio Cesare Polerio e posteriores.

Surge então mais uma questão fundamental: quando se aponta o melhor jogador de todos os tempos, de que exatamente se está falando? O melhor em termos absolutos? O melhor em comparação aos seus oponentes? O melhor se todos tivessem nascido na mesma época, com acesso aos mesmos recursos e mesmos conhecimentos de estratégia, teoria aberturas e de finais?

Nesse livro apresentamos dois métodos que possibilitam responder de forma objetiva a estas e a muitas outras perguntas, cobrindo o período de 1475 a 2021, com base num total de mais de 9,2 milhões de partidas disputadas entre mais de 350 mil jogadores. Os resultados obtidos trazem à luz muitas surpresas interessantes, suscitam algumas novas controvérsias e alargam substancialmente o intervalo dentro do qual se pode conhecer a força efetiva dos jogadores. Até recentemente esse intervalo era de 1814 a 1933 para o método de Rob Edwards e de 1843 a 2004 para Jeff Sonas. Combinando ambos e uniformizando a escala, ficaria de 1814 a 2004. Com os novos métodos apresentados aqui, esse intervalo vai para 1475 a 2021.

De pouco adiantaria alargar tanto esse intervalo se os ratings calculados não fossem acurados. Por isso foram adotados vários procedimentos para tentar maximizar a consistência interna entre os ratings, dentro dos limites permitidos pelos jogos disponíveis na base de dados.

Esperamos que esse objetivo tenha sido atingido e que todos os amantes do Xadrez, da Estatística e da Matemática se divirtam com os resultados e apreciem a metodologia adotada.

Nota:

Eu também gostaria de analisar os sistemas Glicko, Glicko2, Ordo e Bayesiano, e farei isso no volume II desse livro, já que não chegaram a ser criadas listas de rating histórico baseadas nesses sistemas de rating, como foram criadas nos casos de Elo, Sonas e Edwards. Entretanto, o sistema Glicko2 é amplamente utilizado em sites de jogos online. Além disso, entre todos os novos métodos é o que traz mais novidades úteis e aprimoramentos conceituais. Ainda há muitos pontos a serem revisados, aprimorados e ampliados, mas isso será discutido no volume II.

Os sistemas Ordo e Bayesiano são mais utilizados para ratings de engines. No caso de Lc0, por exemplo, a evolução das redes neurais é medida com o sistema Ordo. O site CCRL, principal lista de rating de programas de Xadrez, utiliza o sistema Bayesiano. Estes também serão analisados com mais detalhes no volume II.

Alguns problemas com o sistema Elo e propostas de soluções

Origens:

Georg Rasch foi um matemático, estatístico e psicometrista dinamarquês, estudou por algum tempo com Ronald Fisher, o maior estatístico do século XX, e o próprio Rasch também foi um dos grandes estatísticos de sua época. Uma de suas contribuições foi o modelo de Rasch, desenvolvido nos anos 1950 e que hoje é amplamente utilizado em bons testes psicométricos e pedagométricos, inclusive SAT e GRE.

O modelo de Rasch considera que cada item de um teste psicométrico tem certa probabilidade de ser resolvido por cada pessoa, sendo esta probabilidade determinada pela dificuldade do item e o nível de habilidade da pessoa. Isso é trivial, mas ele foi além do óbvio e mostrou como poderia ser estabelecida uma relação consistente entre essas probabilidades, e quais as aplicações que isso poderia ter.

Arpad Elo foi um forte jogador de Xadrez, com rating 2220 entre 1935 e 1940, e professor de Física na Universidade de Milwaukee. No final dos anos 1960, Elo praticamente redescobriu o modelo de Rasch e o utilizou para calcular as forças relativas entre jogadores de Xadrez. Antes de ler o livro de Elo de 1978 "**The Rating of Chess Players, Past and Present**", eu imaginava que ele havia se baseado no modelo de Rasch, mas em seu livro está bastante claro que ele chegou à mesma ideia por um caminho diferente.

Antes de Elo, houve outros sistemas de cálculo de rating propostos nos anos 1930 a 1950, como Ingo e Harkness, mas não são estatisticamente consistentes e não oferecem muito interesse para a abordagem que daremos aqui.

O sistema Elo parte da premissa que, para um grande número de partidas, se um jogador A vence um jogador B numa proporção de 3:1 e este jogador B vence um jogador C numa proporção de 4:1, então A deve vencer C numa proporção de 12:1, pois 3×4=12, e o mesmo se aplica a quaisquer outras proporções. A partir daí, desenvolve um modelo matemático para relacionar um rating em escala logarítmica à proporção de probabilidade de vitórias, dado pela seguinte fórmula:

$$RA - RB = 400 \times log\left(\frac{p}{1-p}\right)$$

$$p = \frac{10^{\frac{RA-RB}{400}}}{1 + 10^{\frac{RA-RB}{400}}}$$

$$RN = RA + \mathrm{k}\left(\frac{PO - PE}{N}\right)$$

A primeira fórmula é utilizada para calcular o rating inicial ou o rating performance, enquanto a segunda é utilizada para calcular a probabilidade de sucesso em função da diferença entre os ratings dos jogadores, onde ***RA*** e ***RB*** são os ratings dos jogadores A e B, enquanto ***p*** é a probabilidade de sucesso de A.

A terceira fórmula é utilizada para atualização do rating, onde ***RN***=rating novo, ***RA***=rating antigo, ***PO***=pontos obtidos, ***PE***=pontos esperados, ***N***=número de partidas, ***k*** é um parâmetro de ajuste, cujo valor precisa ser determinado empiricamente. O valor inicial de ***k*** depende da entidade e da época. No caso da FIDE, o valor de k começa atualmente em 30, depois cai para 15, depois par 10, seguindo critérios baseados no número de partidas e no rating. A USCF utiliza critérios diferentes e valores diferentes para ***k***.

Assim, em várias partidas disputadas entre um jogador com rating 1900 e outro com rating 2000, espera-se que o jogador com 2000 obtenha 64% dos pontos. Analogamente, em várias partidas disputadas entre um jogador com rating 2000 e outro com rating 2100, espera-se que o jogador com 2100 obtenha 64% dos pontos. Em qualquer região da escala, uma diferença de 100 pontos de rating implica mesma proporção de probabilidade de sucessos (64%). Uma das consequências diretas disso é que se A tem 64% de probabilidades de sucesso contra B, enquanto B tem 64% de probabilidade de sucesso contra C, então A tem 76% de probabilidade de sucesso contra C, ou seja, em várias partidas disputadas entre um jogador com rating 1900 e outro com rating 2100, espera-se que o jogador com 2100 obtenha 76% dos pontos. E o mesmo acontece para qualquer região da escala em que a diferença entre os jogadores seja 200 pontos.

Essa é uma propriedade muito importante e constitui a principal vantagem do sistema Elo em comparação a todos os anteriores, porque para uma diferença constante de rating, espera-se uma diferença constante nas proporções de pontos obtidos, independentemente de quais sejam as posições na escala. E para a soma na diferença de ratings, espera-se uma multiplicação nas proporções de pontos obtidos. Isso também vale para qualquer faixa de rating. Logo explicaremos melhor a importância disso, tanto sob o ponto de vista conceitual quanto sob o ponto de vista operacional. Antes, vamos explicar como foi feito o cálculo para chegar em 76% a partir dos valores 64%.

As porcentagens de pontos ficam num intervalo assintótico entre 0 e 100%, por isso a maneira correta de multiplicar e dividir proporções dentro desse intervalo é primeiramente mantendo a assíntota em 0 e removendo a assíntota superior de 100%, preservando a isometria na escala. Isso se faz substituindo p por *p'*, onde $p'=p/(1-p)$. Dessa forma *p'* representa o valor de *p* numa escala que não tenha assíntota superior.

Para evitar confusão entre "pontos de rating" e "pontos dos jogos", usaremos o termo "vitórias" quando nos referirmos a "pontos nos jogos". Assim, se duas pessoas jogam 10 partidas e uma delas obtém 5 vitórias e 3 empates, isto é, 6,5 pontos, diremos que obteve 65% de vitórias, embora tenha de fato obtido 50% de vitórias e 30% de empates. Isso é necessário porque Elo utilizou um modelo dicotômico para uma modelagem na qual uma das variáveis é tricotômica. Isso tem diversas implicações, como veremos mais adiante.

Se um jogador com 100 pontos de rating acima do de seu oponente obtém 64% de vitórias, então $p=0,64$ *e* $p'=0,64/(1-0,64)=1,778$... Portanto, um jogador com 200 pontos a mais de rating deve obter $1,778^2/(1+1,778^2)$ dos pontos, isto é, cerca de 76%. Se tiver 300 pontos de rating a mais, deve obter $1,778^3/(1+1,778^3)$ de pontos, isto é, cerca de 84,9%. Se tiver 40 pontos de rating a mais, deve obter $1,778^{0,4}/(1+1,778^{0,4})$ de pontos, isto é, cerca de 55,7% e assim por diante.

Esse procedimento tem a virtude de manter proporções iguais de probabilidade de vitória para uma mesma diferença de rating, em qualquer nível de rating que a diferença seja considerada. Tanto faz se um jogador tem 2000 e outro 1900, ou se um jogador tem 2700 e outro tem 2600, a porcentagem de vitórias daquele com rating 100 pontos mais alto será de 64%. Essa é uma característica desejável em todas as escalas, pois implica intervalaridade (uniformidade entre os intervalos), assim uma diferença de 1 ponto em qualquer região da escala tem mesmo significado estatístico. Além disso, o antilog da escala está uma escala de proporção de forças dos jogadores, que é uma característica ainda mais desejável, pois permite que todas as operações aritméticas sejam realizadas, sem que os resultados obtidos sejam distorcidos.

Em outras palavras, o modelo de Elo possibilita construir uma escala logarítmica a partir de uma escala de proporção, em que os intervalos são muito aproximadamente uniformes. Essa é uma propriedade muito importante e que distingue o sistema Elo de todos os outros anteriores. Para compreender melhor a importância dessa característica, precisaremos introduzir alguns conceitos de Teoria da Medida:

Escalas categóricas, ordinais, intervalares e de proporção

Suponha que você vai viajar da cidade A para B, e que a distância entre essas cidades é de 200 km. Depois você vai de B para C, cuja distância é de 300 km. Se as 3 cidades estiverem alinhadas e ordenadas A, B, C, então a distância de A para C deve ser de 500 km. Além disso, se a velocidade em cada trajeto for a mesma, espera-se que o tempo necessário para viajar de A para C seja 5/2 do tempo de A para B ou 5/3 do tempo de B para C. Isso acontece porque as distâncias são medidas numa escala de proporção.

Entretanto, se um halterofilista ficou em 1º lugar num campeonato, outro ficou em 2º lugar, outro em 3º lugar, isso não diz muito sobre a proporção entre os pesos que cada um levantou na competição. Pode ser que o campeão tenha levantado um peso 0,1 kg maior que o segundo, enquanto o segundo levantou um peso 5 kg maior que o terceiro. Ou pode ser o contrário. A informação sobre quem ficou em 1º, 2º ou 3º na classificação não permite saber as diferenças nem as proporções entre os pesos que cada um levantou, porque o ranking é uma escala ordinal, que serve apenas para ordenar do maior para o menor, mas não permite saber quanto cada elemento da escala é maior que o seguinte na variável que está sendo ordenada. Pode ser que o campeão tenha levantado 5 kg a mais que o 2º colocado, enquanto o segundo colocado levantou 2 kg a mais que o 10º colocado, isto é, a diferença do primeiro para o segundo pode ser muito maior que a diferença do segundo para o 10º. Poderia ser que o 55º no ranking estivesse mais distante do 56º do que o 56º estivesse do 1000º. Essa limitação em escalas ordinais pode afetar qualquer região da escala.

Uma escala ordinal não fornece informações suficientes para que se possa fazer operações de soma e subtração (e muito menos de divisão e multiplicação). Naturalmente se pode fazer somas e subtrações no sentido de dizer que o 2º colocado ficou 3 classificações à frente do 5º, mas não se pode saber se isso representa uma diferença maior ou menor do que a diferença do 1º para o 2º, na variável usada para estabelecer a classificação.

Escalas ordinais são as escalas quantitativas menos informativas. Existem as escalas categóricas, que são ainda menos informativas, mas não são quantitativas. As marcas de automóvel, por exemplo, estão numa escala categórica. Uma marca não está acima nem abaixo da outra. São apenas diferentes. Algumas variáveis associadas à cada marca, como patrimônio da empresa, prestígio, número de funcionários etc., podem ser maiores ou menores, mas as marcas em si são apenas diferentes.

A temperatura em graus Celsius está numa escala de intervalo, isto é, além de ordenar as temperaturas da maior para a menor, e vice-versa, também se tem intervalos constantes. Uma diferença de 1°C tem mesmo significado em qualquer região da escala. A quantidade de energia necessária para elevar a temperatura de 1g de água de 10°C para 11°C é quase exatamente a mesma quantidade de energia necessária para elevar a temperatura de 1g de água de 60°C para 61°C ou de 96°C para 97°C, ou qualquer outro intervalo de 1°C(*) em qualquer região da escala, desde que não ocorra mudança de fase. Essa é uma propriedade de escalas intervalares. Porém não se pode calcular proporções utilizando a escala Celsius. Uma temperatura de 20°C não é 2 vezes maior que uma temperatura de 10°C. Essa limitação ocorre porque o ponto 0 na escala foi escolhido arbitrariamente.

O ponto 10°C corresponde a 50°F, e o ponto 20°C corresponde a 68°F. Se 20°C representasse o dobro da temperatura de 10°C, mas 68°F não é 2 vezes mais que 50°F, algo estaria errado com a escala Fahrenheit, ou com a Celsius, ou com ambas. Se ambas as escalas são válidas, então a propriedade de multiplicar ou dividir não pode ser aplicada nos números dessas escalas, porque haveria inconsistências.

É importante verificar que embora as operações de multiplicação e divisão não sejam possíveis (são possíveis, mas não fazem sentido), as operações de soma e subtração são perfeitamente aplicáveis. Nesse exemplo, uma variação de 10°C foi correspondente a uma variação de 18°F. Se fosse considerada qualquer outra região destas escalas, sempre 1°C se manteria equivalente a 1,8°F, porque dentro de cada escala os intervalos são constantes. Num dos capítulos do volume II desse livro, em que analisaremos a conversão de rating de Xadrez em QI, e vice-versa, discutiremos algumas consequências de quando uma ou ambas as escalas não são intervalares e como isso afeta a conversão de escores de uma escala em escores da outra.

Existem várias escalas de temperatura: Celsius, Fahrenheit, Réaumur, Newton, Delisle, Rankine, Rømer, mas só uma delas está em escala de proporção: a escala Kelvin.

O que distingue a escala Kelvin de todas as outras é que o ponto 0 está na posição “correta”, e determina um limite mínimo abaixo do qual não se pode ter temperaturas mais baixas[(**)]. Isso possibilita que se faça divisões, multiplicações, logaritmos, potenciações e qualquer outra operação utilizando a escala Kelvin. Uma temperatura de 20K é 2 vezes maior que uma temperatura de 10K, e isso só é válido porque o ponto 0 na escala

Kelvin é um zero "verdadeiro" ou "zero absoluto", e porque os intervalos são uniformes.

Na escala Celsius, assim como nas demais escalas, o ponto zero foi escolhido por convenção, conforme o gosto do criador de cada escala. Mas na escala Kelvin o ponto zero foi engenhosamente calculado, a partir de evidências físicas que forneciam pistas sobre onde deveria ser o ponto 0 verdadeiro, para que toda a escala pudesse ter um significado físico mais amplo e rigoroso, e todas as operações matemáticas pudessem ser aplicadas.

Na época de Thomson (mais conhecido como Lorde Kelvin) já era conhecido o fato de que, ao aumentar a temperatura de um gás de 0°C para 100°C, o volume desse gás aumentava na proporção de 1,366×, ou seja, 373/273 que é basicamente (273+100)/273. Se a temperatura fosse alterada de 0°C para 50°C, o volume aumentava na proporção de 1,183×, ou seja, 323/273 que é basicamente (273+50)/273. Se a temperatura fosse alterada de 50°C para 150°C, o volume aumentava na proporção de 1,309×, ou seja, 423/323 que é basicamente (273+150)/(273+50).

E isso se aplicava a qualquer outra variação de temperatura, sendo que a proporção sempre é (T1+273)/(T2+273). Antes de Kelvin, a interpretação que se dava para esse fato era de que a -273°C todos os gases teriam volume igual a 0. Kelvin interpretou diferente. Para ele, essa seria a temperatura na qual a energia cinética das moléculas seria zero. Por isso o ponto 0K, diferentemente do ponto 0 em qualquer outra escala de temperatura, possibilita calcular proporções e todas as outras relações matemáticas, enquanto as temperaturas nas demais escalas só possibilitam que se faça operações de soma e subtração.

Os sistemas de rating anteriores ao sistema Elo são como as escalas de temperatura anteriores à escala Kelvin. Uma das virtudes do sistema Elo é que o antilog dos ratings está numa escala de proporção. E a partir daí se pode calcular uma grande variedade de outras relações de proporção, algumas das quais veremos nos próximos capítulos. É muito importante notar que não é o próprio rating que está numa escala de proporção, mas sim o antilog do rating. Por isso um rating 2000 não é o dobro de um rating 1000. Uma diferença constante de rating corresponde a uma proporção constante de força de jogo, conforme já comentamos alguns parágrafos acima. Uma diferença de 100 pontos de rating corresponde a uma proporção de 64:36 de forças, isto é, um jogador deve obter 64% dos pontos ao enfrentar um oponente com 100 pontos de rating menor.

O grande mérito de Elo está em ter compreendido a importância de utilizar um sistema de rating que tivesse as propriedades de uma escala de proporção, bem como ter planejado um método acurado e eficiente para medir os ratings de forma que os valores fossem representados muito aproximadamente numa escala com as propriedades desejadas.

(*) A atual definição de "grau Celsius" foi reformulada.

(**) Alguns experimentos recentes apresentaram resultados que foram interpretados pelos pesquisadores como indício de que teriam sido alcançadas temperaturas menores que 0K. Porém, quando li o artigo sobre isso, me pareceu que houve um erro de interpretação dos resultados. Os autores do estudo e do artigo sobre o tema alegavam que, como um aumento na entropia está relacionado a um aumento na temperatura, e eles conseguiram produzir uma redução na entropia maior do que seria possível para uma temperatura que já estava muito próxima a 0K, isso indicava que haviam produzido temperaturas abaixo de 0K. Entretanto, a interpretação correta, a meu ver, é que a medida da entropia é estatística, e as flutuações podem produzir efeitos como esse que foi observado, especialmente num sistema com poucas partículas, como foi o caso. Isso indica que o método de medir a temperatura com base na entropia não é apropriado para temperaturas muito baixas, mas não indica que existem temperaturas abaixo de 0K. Creio que a motivação dos autores do artigo é que a notícia venderia muito mais se anunciassem que conseguiram uma temperatura abaixo de 0K.

Novos sistemas de rating

No final dos anos 1960, época em que Elo criou seu sistema, os recursos computacionais eram muito limitados, não havia as grandes bases de dados de partidas, nem softwares para gerenciar bases de dados. A situação era muito diferente da atual. Diante às limitações de sua época, o sistema Elo foi uma contribuição notável, que possibilitou avanços importantes no ranqueamento de atletas, seleção de times olímpicos, disponibilização de vagas para eventos, entre muitas outras finalidades. Mas com o passar do tempo, várias pequenas imperfeições nesse sistema foram detectadas.

No início dos anos 2000, Jeff Sonas verificou que os resultados de jogos previstos com base no sistema Elo eram inacurados e os erros se tornavam maiores conforme as diferenças de rating cresciam. Sonas propôs uma solução modificando o valor da constante que atualiza os ratings, de modo a maximizar a taxa de acertos nas previsões. Sonas também fez ajustes levando em conta que a probabilidade de vitória com Brancas é sensivelmente maior do que a probabilidade de vitória com Pretas.

Elo já havia comentado sobre essa assimetria em seu livro de 1978 e havia constatado que as Brancas vencem cerca de 57% das vezes, mas não introduziu em sua fórmula um parâmetro para corrigir essa distorção, já que, a longo prazo, se espera que todos os jogadores disputem aproximadamente metade das partidas com Brancas e metade com Pretas, assim essa assimetria tende a se anular para grandes números de partidas. Mas isso nem sempre acontece. Algumas vezes há jogadores com franca predominância em número de partidas com Brancas, enquanto outros apresentam franca predominância em número de partidas com Pretas, prejudicando alguns e beneficiando outros. Por isso seria desejável corrigir essa distorção.

Rob Edwards mostrou que desde 1985 se tem observado um efeito inflacionário no rating FIDE que já acumula mais de 200 pontos. Também propôs interpolar linearmente o rating num intervalo de inatividade dos jogadores, usando os valores conhecidos antes e depois do intervalo de inatividade, para estimar qual seria a força do jogador na época em que ele não estava participando de eventos.

Os aprimoramentos propostos por ambos são bem fundamentados e seus autores apresentam dados abundantes que corroboram a superioridade de seus métodos em comparação ao sistema Elo tradicional.

Neste capítulo, apresentarei um resumo das propostas de soluções e farei algumas análises introdutórias sobre efeitos causados pelas distorções no sistema Elo. Nos próximos capítulos, discutirei com mais detalhes alguns dos temas que serão introduzidos agora, bem como outros temas que serão oportunamente apresentados.

Alguns problemas conceituais e operacionais com o sistema Elo:

O modelo de Rasch é aplicável a variáveis dicotômicas ou booleanas, isto é, os valores assumidos pela variável podem ser exclusivamente 0 ou 1, sim ou não, verdadeiro ou falso. Se a pessoa acerta um item, recebe 1 ponto; se erra, recebe 0. No Xadrez existem 3 valores possíveis para o resultado de uma partida – vitória, derrota ou empate –, portanto é um modelo tricotômico. Esse detalhe tem várias implicações que serão analisadas com mais detalhes nos próximos capítulos. Os sistemas Sonas, Edo e Elo Bayesiano também são baseados no modelo Rasch dicotômico e padecem desse mesmo problema. O sistema Ordo tenta fazer um ajuste tricotômico, mas parte de uma premissa inadequada, assumindo que a probabilidade de vitória das Brancas para jogadores com ratings iguais é cerca de 57%, quando na verdade essa probabilidade depende também do rating médio dos jogadores e do ritmo de jogo. Quanto maior o rating médio dos jogadores, maior é a probabilidade de que o condutor das Brancas aproveite a pequena vantagem do lance inicial e maior é a assimetria entre probabilidade de vitória das Brancas em relação à probabilidade de vitória das Pretas. O mesmo ocorre em relação ao ritmo de jogo: quanto maior o tempo disponível, maior é a probabilidade de que aproveitem a pequena vantagem do lance inicial.

Quando Elo utiliza o termo "probabilidade de vitória", na verdade ele se refere à "probabilidade de sucesso", que significa 1 ponto por vitória, 0,5 ponto por empate, 0 pontos por derrota. Esse detalhe tem profundas implicações, inclusive é um dos fatores responsáveis pela inflação no rating dos humanos e distorções no rating das engines mais fortes. Quando uma nova engine entra no topo da lista CCRL ou SSDF, percebe-se que geralmente o rating dela vai diminuindo nas próximas listas de rating. Isso não acontece porque a força de jogo dela diminui, nem se deve à incerteza no rating inicial, porque se fosse incerteza na medida, algumas engines teriam rating menor nas listas seguintes, enquanto outras teriam rating maior. Mas o que se observa é que sistematicamente o rating das engines do topo da lista vai caindo nas próximas listas.

No caso do Fritz 5, por exemplo, em 22/02/1998 tinha 2589 de rating SSDF, rodando em Pentium MMX 200 MHz.

SSDF Computer Rating List 2/98 (22-FEB-1998)

59362 games played by 179 computers

	Rating	+	-	Games	Won	Oppo
1 Fritz 5.0 Pentium MMX 200 MHz	2589	54	-50	198	67%	2463
2 Nimzo '98 Pentium MMX 200 MHz	2534	43	-40	297	63%	2436
3 Hiarcs 6.0 Pentium MMX 200 MHz	2533	36	-34	414	63%	2441
4 Rebel 9.0 Pentium MMX 200 MHz	2528	34	-32	482	67%	2404
5 MChess Pro 7.1 Pentium MMX 200 MHz	2523	30	-29	575	60%	2448
6 MChess Pro 6.0 Pentium MMX 200 MHz	2519	36	-34	416	63%	2422
7 Rebel 8.0 Pentium MMX 200 MHz	2511	43	-41	293	66%	2398

Na última lista de 24/05/2022 da SSDF, o mesmo Fritz 5, rodando no mesmo hardware, está com 2465. A incerteza no rating era 42 (198 jogos com um desvio padrão em jogos individuais de 573,1) em 1998 e 18 pontos atualmente (1005 jogos), portanto a diferença observada (significativa a um nível 0,0055) é muito maior do que poderia ser explicada pela incerteza na medida. O mesmo acontece com praticamente todas as outras engines que entram no topo da lista e depois o rating vai diminuindo nas listas subsequentes. O efeito não ocorre apenas na SSDF, mas também na CCRL, CEGT, IPON etc.

Um dos principais fatores que produz esse efeito está associado justamente ao fato de que existe empate no Xadrez e a maneira como o empate é tratado no cálculo tradicional de rating prejudica a consistência dos resultados, com efeitos cumulativos de longo prazo.

Se houvesse exclusivamente vitória e derrota, então grande parte dos jogos que terminam empatados seriam vencidos por um dos lados, e essa proporção não seria simétrica. Se não houvesse afogamento (estalemate), por exemplo, muitas partidas que são registradas como "empate" teriam sido vencidas pelo jogador que conduziu melhor o jogo durante a maior parte do tempo. Entre jogadores com 2200 a 2500, 40% dos jogos terminam empatados. Mas se não houvesse empate, alguns desses 40% de jogos terminariam como vitória do jogador com rating mais alto, outros como vitória do jogador com rating mais baixo. A proporção em que isso ocorreria seria favorável aos jogadores com rating mais alto, que desses 40% de empates ficariam com cerca de 25,5% dos pontos contra 14,5% para os de rating mais baixo.

Isso significa que os empates atenuam a assimetria nas probabilidades de vitória dos mais fortes, forçando a diferença de rating medido pelo sistema Elo a ser menor do que a verdadeira diferença de força entre os jogadores. A regra de afogamento também agrava essa distorção, assim como a regra de empate após 50 lances sem captura ou sem movimento de Peão, sendo que alguns mates só podem ser executados em mais de 100 lances, outros em mais de 500 lances etc., conforme se verificou nas últimas décadas com o uso das tablebases. Mas as distorções causadas por essas regras são muito pequenas, inclusive porque na prática as pessoas geralmente não conseguem executar os mates em 500 ou em 100 lances, salvas raras exceções, e quando esses finais acontecem, acabam sendo empatados ou vencidos por um dos lados devido a erros de ambos, não pelo fato de terem sido conduzidos da maneira ideal.

O importante é que esse efeito pode ser observado e medido de diferentes maneiras. Por exemplo: na lista CCRL 4/40 (4 minutos para cada 40 lances), ocorrem menos empates por faixa de rating do que na lista CCRL 40/40 (40 minutos para 40 lances). Como a lista 4/40 tem menor porcentagem de empates, isso minimiza a distorção causada pela existência dos empates e faz com que os mais fortes consigam se distanciar mais da média, obtendo escores mais altos no topo da lista. Um efeito análogo afeta o outro extremo da lista e faz com que as engines com rating mais baixo também se afastem mais da média, ficando com rating menor nas listas com menos tempo. Um efeito análogo acontece em jogos blitz e postais entre humanos. No postal o grande número de empates "espreme" o teto para baixo, enquanto no bullet e blitz dilata o teto muito para cima, sendo possível chegar a 3500 de rating e vários jogadores já ultrapassaram 3200, mas em jogos clássicos isso é muito mais difícil chegar a 2900 ou mesmo 2800.

A maior porcentagem de empates entre jogadores com rating mais alto é um efeito intuitivo e previsível, mas além disso pode ser verificado empiricamente e os resultados são muito nítidos, assim como as consequências. O gráfico abaixo mostra como a porcentagem de empates varia em função do rating médio das engines na lista CCRL 40/40. No site da CCRL não consta informações sobre o rating médio dos jogos, mas isso pode ser estimado com boa acurácia a partir da soma do rating de cada engine com o rating médio de seus oponentes.

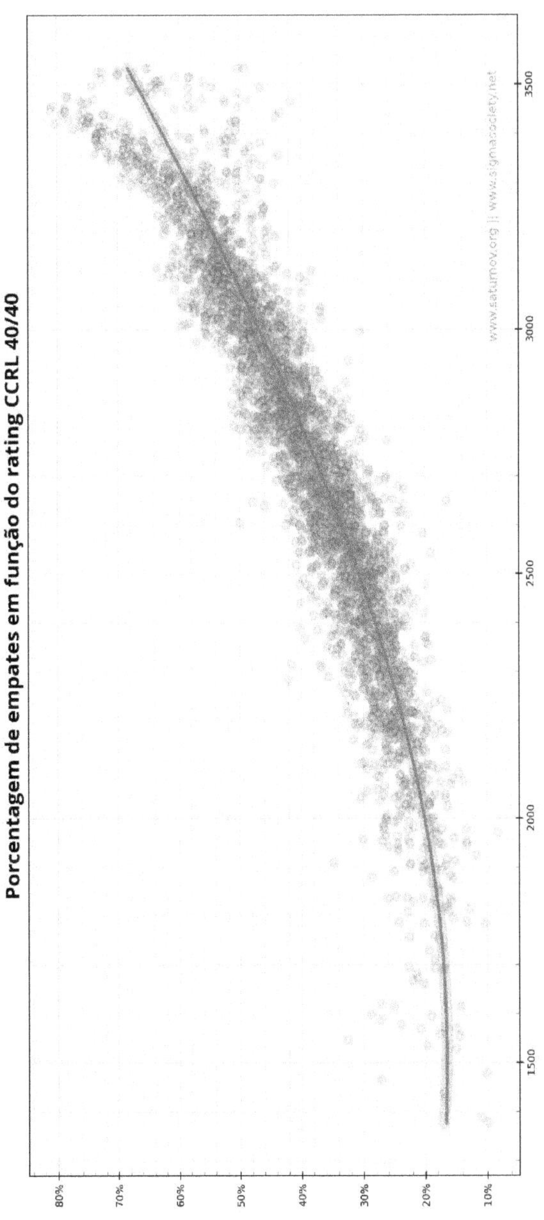
Porcentagem de empates em função do rating CCRL 40/40
80%
70%
60%
50%
40%
30%
20%
10%
1500
2000
2500
3000
3500
www.saturnov.org || www.sigmasociety.net

Também é intuitivo que nos jogos de 40'/40 haja maiores porcentagens de empates em cada faixa de rating do que em jogos 4'/40. Isso acontece porque havendo mais tempo disponível, os jogadores cometem menos erros e erros menos graves. O próximo gráfico mostra uma comparação das porcentagens de empate em função do rating para jogos CCRL 4'/40 (círculos laranja) e jogos 40'/40 (círculos azuis):

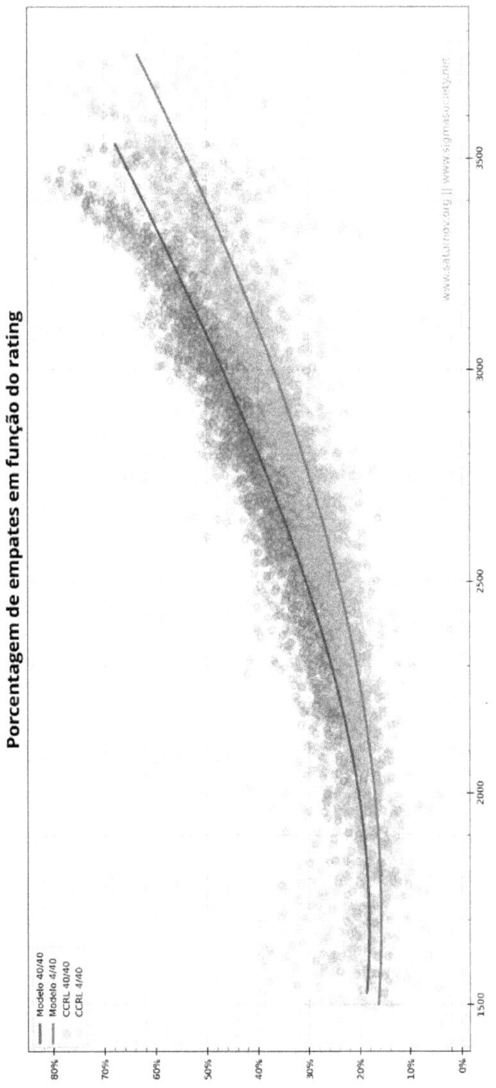
Porcentagem de empates em função do rating
Modelo 40/40
Modelo 4/40
CCRL 40/40
CCRL 4/40
80%
70%
60%
50%
40%
30%
20%
10%
0%
1500
2000
2500
3000
3500

A separação pode ser mais facilmente observada entre as curvas de regressão, que representam os comportamentos médios de cada conjunto de dados. A curva azul representa os jogos com mais tempo, que apresentam consistentemente maior porcentagem de empates do que se observa nos casos da curva vermelha para mesmo nível de rating. Também se pode observar que a distância entre as curvas vai ficando maior para ratings mais altos.

A partir desses resultados, podemos inferir dois fatos que são bastante claros e amplamente corroborados empiricamente:

1. A porcentagem de empates aumenta entre jogadores com rating mais alto.
2. A porcentagem de empates aumenta em jogos com mais tempo.

Esse tema será explorado com mais detalhes em outros capítulos, inclusive porque possibilita estimar quanto um aumento no tempo implica uma melhora na qualidade de jogo.

Esse método não é o mais apropriado para estimar a variação na qualidade de jogo em função do tempo disponível para análise, mas pode servir razoavelmente bem na maioria dos casos de ratings acima de 1500 em jogos acima de 15 minutos para engines. Esses números (rating e tempo limite) não são os mesmos para humanos.

O motivo pelo qual esse método não funciona para ratings abaixo de 1500 ou tempos abaixo de 15 minutos é porque abaixo de certo patamar as porcentagens de empates voltam a aumentar. Isso acontece porque nos ratings mais baixos as engines acabam não conseguindo dar mate mesmo com várias peças de vantagem. A engine Brutus RND, por exemplo, não consegue dar mate com duas Damas contra Rei e acaba empatando pela regra dos 50 lances, ou repetições de lances/posições, ou afogamento, ou entregando as duas Damas.

Um efeito menos intuitivo, mas igualmente nítido e que também pode ser verificado empiricamente, é que em jogos com menos tempo, o rating das engines mais fortes aumenta em comparação à média do rating das demais engines, enquanto o rating das mais fracas diminui em comparação à média do rating das demais engines.

Pode-se observar nas listas CCRL que as primeiras engines na lista de 4/40 são quase exatamente as mesmas engines que ocupam o topo da lista 40/40, e também estão aproximadamente na mesma ordem, porém na lista 4/40 estão com rating sensivelmente mais alto. Isso ocorre sistematicamente, em praticamente todas atualizações dessas listas. São quase as mesmas engines se enfrentando mutuamente, porém nas listas de 4 minutos o rating das mais fortes é sensivelmente maior. Isso acontece principalmente devido ao efeito que foi descrito acima, porque entre jogos com menos tempo ocorrem menos empates, e essa menor porcentagem de empates faz com que a verdadeira diferença de forças entre os jogadores seja levemente acentuada, porque ao reduzir a porcentagem de empates se restabelece parte da assimetria nos resultados.

Para testar essa hipótese e medir a magnitude desse efeito, foram comparados os ratings das engines nas duas listas e quanto o rating de cada engine fica maior (ou menor) na lista com menos tempo. O resultado é o gráfico abaixo:

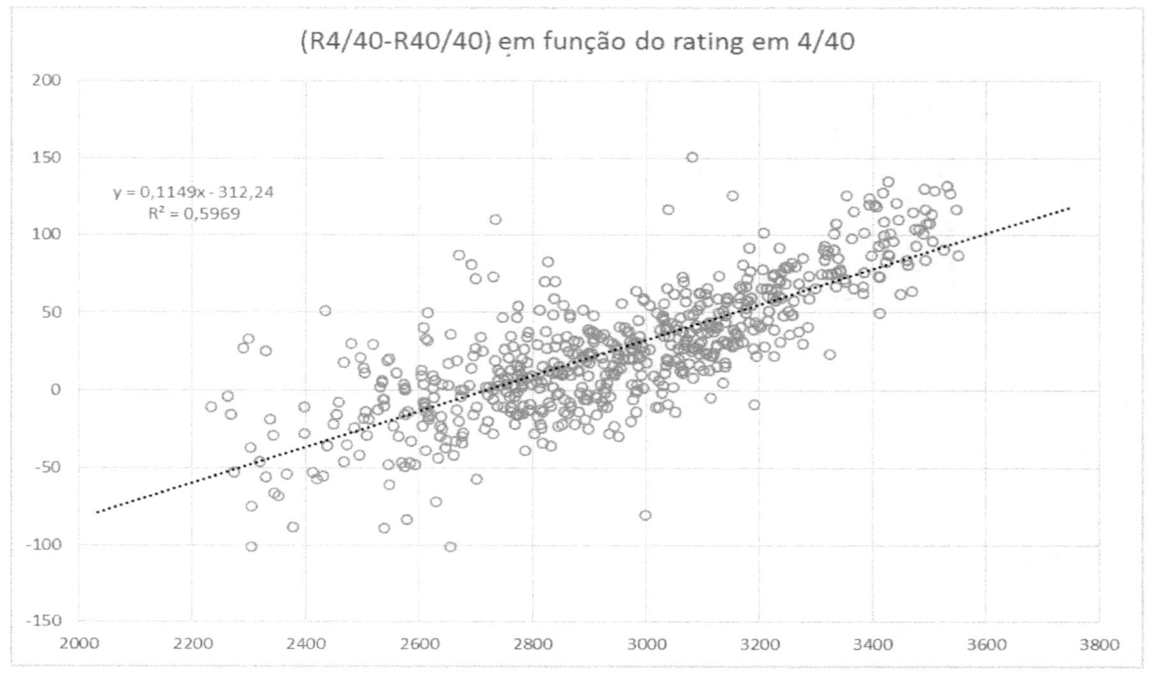

(R4/40-R40/40) em função do rating em 4/40
y = 0,1149x - 312,24
R² = 0,5969
200
150
100
50
0
-50
-100
-150
2000
2200
2400
2600
2800
3000
3200
3400
3600
3800

Pode-se observar nitidamente (correlação 0,77) que o rating medido para as engines em jogos com menos tempo faz com que as engines com rating mais alto obtenham escores maiores do que em jogos com mais tempo, e essa vantagem é maior se tanto maior for o rating das engines.

Esse efeito faz com que os ratings das novas engines que entram no topo da lista sejam maiores, e à medida que vão surgindo novas engines mais fortes e o rating médio dos oponentes delas vão aumentando, o rating dessas engine vai sendo empurrado para baixo porque a porcentagem de empates contra oponentes com força similar à dela vai aumentando.

Outro efeito que se pode deduzir imediatamente a partir deste é que em jogos com maior diferença de rating também ocorre menor porcentagem de empates, por isso quando a diferença de rating é maior, isso acaba "favorecendo" o jogador mais forte em termos de ganho de pontos de rating. Esse efeito já é conhecido por alguns jogadores há muito tempo, porém a explicação para o efeito, até onde sei, ainda não havia sido apresentada.

Esse efeito pode ser observado abaixo em 6 engines da lista CCRL, cujo rating performance para elas em jogos contra oponentes mais fracos é maior do que quando elas jogam contra oponentes mais fortes.

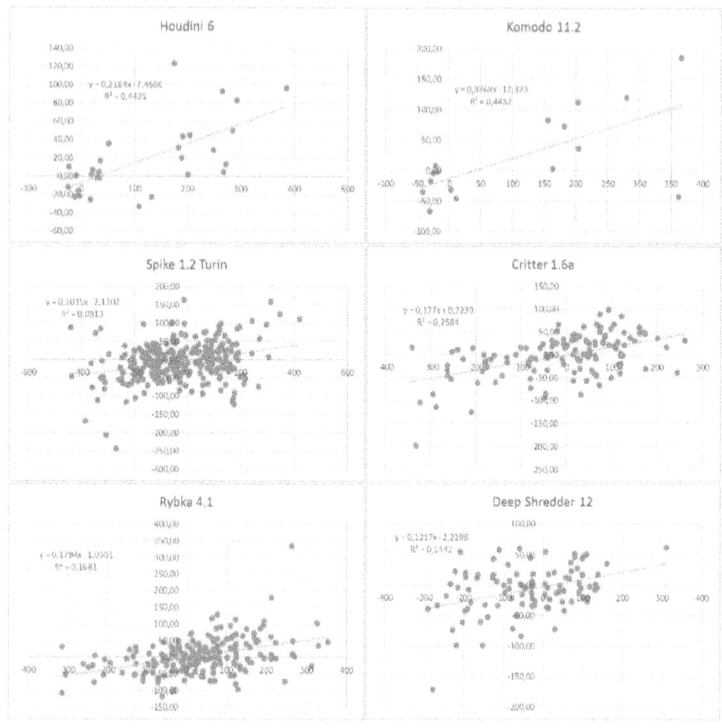

Esse efeito é mais sutil que os anteriores, a correlação e menos forte, mas quando se considera número suficientemente grande de jogos, fica claro que a regressão dos pontos produz uma reta levemente inclinada e crescente.

Há exceções. Algumas engines pontuam melhor que o esperado (com base na diferença de rating entre os jogadores) quando jogam contra oponentes mais fortes, mas essa anomalia é relativamente rara. O parâmetro "a" no modelo de de Lord ou no modelo de Birnbaum de Teoria de Resposta ao Item permite corrigir essa distorção.

Um efeito que se tem observado nas listas de rating de jogos online (LiChess, Chess.com, ICC, FICS) é que vários jogadores chegam a mais de 3100 de rating, enquanto nos jogos clássicos não chegam a 2900, embora a fórmula utilizada para cálculo seja praticamente a mesma, com pequenos detalhes diferentes. Durante algum tempo, houve suspeita de que esse efeito poderia estar relacionado a um trecho do que foi dito no livro "Mosaico Ajedrecístico", de Karpov e Guik, publicado em 1984. Vou reproduzir aproximadamente o que é dito no livro:

Se um jogador com rating 2000 participa de vários torneios num semestre, joga 1000 partidas contra oponentes com rating médio 2000 e tem performance 2100, seus pontos obtidos serão 640, portanto 140 acima de seus pontos esperados. Com uma constante k=10 ele ganharia 1400 pontos de rating e passaria a 3400. Se outro jogador, também com rating 2000, tivesse jogado 100 partidas no mesmo período e tivesse performance 2200, ganharia 260 pontos e passaria a 2260. O jogador com performance 2100 subiria para 3400 de rating, enquanto o jogador com performance 2200 subiria para 2260. O número de jogos disputados no período acaba sendo mais importante do que a performance.

Na época em que Elo propôs seu sistema, não havia computadores pessoais e seria muito oneroso fazer atualizações individuais para cada partida de cada jogador. Por isso ele sugeriu trabalhar com rating médio dos oponentes, usando a terceira fórmula indicada no início desse capítulo para atualizar os ratings anualmente ou semestralmente. Além disso, o número de jogos disputados a cada período não era tão alto, e Elo ajustou o valor da constante k para que fosse compatível com o número de jogos de cada jogador em cada período.

Mas quando o limite de tempo é muito curto, como nos jogos blitz e bullet, é possível jogar muito mais partidas no mesmo intervalo de tempo. Isso explica parte da distorção observada nesses sites de jogos on-line, mas há outros fatores além desse. Atualmente, com computadores, é fácil e simples atualizar os ratings a cada jogo, e os sites de jogos online fazem isso para atenuar a distorção descrita no livro de Karpov e Guik, mas mesmo anulando esse efeito, o rating dos primeiros colocados em blitz e bullet são muito mais altos do que em jogos com mais tempo. Além disso, a hipótese de Karpov e Guik não poderia ser aplicada nos casos da engines, porque o cálculo não é feito com atualizações sucessivas pelo fator k, mas sim com recálculos do rating performance de todas elas.

Com os novos dados apresentados nesse livro, podemos compreender um dos motivos pelos quais os ratings com menos tempo são maiores no topo da lista, e menores na extremidade oposta, e isso se deve justamente à menor porcentagem de empates nos jogos com menos tempo.

Há uma extensa lista de anomalias e inconsistências causadas pelo fato de o modelo de Rasch ser aplicado no sistema Elo em condições diferentes daquelas para as quais o modelo foi matematicamente formalizado. Além disso, o próprio modelo de Rasch apresenta algumas limitações.

O rating Elo é um dos melhores e mais bem fundamentados sistemas de classificação esportiva, e vem sendo copiado por federações de outras modalidades, bem como vem sendo utilizado em sites de apostas. É superior inclusive à grande maioria dos sistemas de avaliação de performance ajustada ao risco utilizados por grandes fundos de investimento e grandes bancos. Mas quando o sistema Elo é examinado com mais rigor e profundidade, revela debilidades que comprometem sua equidade e maculam o propósito que levou à sua criação.

O grande mérito do sistema Elo está em transformar os pontos brutos obtidos pelos jogadores em um escore que reflete a força dos jogadores no logaritmo de uma escala de proporção. Quanto mais fielmente o sistema for capaz de refletir o nível de habilidade dos jogadores mantendo essa característica, mais justo e eficiente ele será.

Na época em foi criado e começou a ser utilizado, o sistema Elo representou um grande avanço, mas nas últimas décadas e últimos anos, tem-se observado evidências de diversas anomalias que resultam em escores distorcidos e injustos. Algumas dessas anomalias podem ser minimizadas por meio de pequenas mudanças, como otimizar o valor da constante k para melhorar a preditividade nos resultados, ou atualizar os ratings a cada partida, em vez de atualizar a cada semestre ou a cada mês. Mas estas pequenas mudanças não resolvem a parte estrutural e conceitual do problema, porque a própria escala de rating, que deveria ser o logaritmo de uma escala de proporção, está completamente distorcida. É como utilizar uma fita métrica na qual o intervalo de 1 cm em algumas partes da fita é 15% a 30% maior do que o intervalo de 1 cm em outras partes dessa mesma fita. Quando se tenta remendar esse problema esticando algumas partes da fita ou encolhendo outras partes, isso tem efeitos colaterais sobre os demais trechos da fita, e não se chega a uma solução completa. O caminho correto para uma boa solução é substituir a fita por outra na qual o intervalo de 1 cm seja igual em qualquer região da escala. Ao uniformizar a escala, as anomalias desaparecem espontaneamente. Essa é uma parte do problema.

Outra parte é a questão dos empates, citada acima. Uma mudança nas regras que transformasse os afogamentos em vitória já contribuiria para isso, mas essa seria uma "solução" demasiado radical e improvável de ser adotada. Uma alternativa mais plausível seria adotar uma fórmula para cálculo de rating que atribua a cada empate um valor determinado empiricamente, em vez de usar o valor padrão 0,5. Elo tentou fazer isso e descreve seus esforços nesse sentido em seu livro de 1978, mas não encontrou uma solução satisfatória. Miguel A. Ballicora, com seu sistema Ordo, encontrou uma solução satisfatória, mas que ainda requer alguns aprimoramentos.

A solução apresentada neste livro sobre esta parte do problema não deve ser encarada como definitiva, mas é certamente uma das melhores abordagens. A ideia central se apoia nos seguintes fatos:

1. O modelo de Rasch foi idealizado para trabalhar com variáveis dicotômicas, isto é, que podem assumir apenas 2 valores, que podem ser 0 ou 1.
2. O Xadrez pode produzir três resultados diferentes: Vitória, Empate e Derrota. É natural atribuir 1 para a Vitória e 0 para a Derrota, e não há problema em que estes valores sejam arbitrários porque estão determinando os limites da escala. Mas o valor mais justo para o empate não é necessariamente 0,5. Se aplicar arbitrariamente o valor 0,5 para os empates, mas este não for o valor correto, haverá vários efeitos negativos na medida dos ratings, causando distorções, como de fato se tem observado.
3. Quando uma partida termina empatada, algumas vezes ambos jogaram igualmente bem e ambos mereceram 0,5, porém há muitas ocasiões nas quais um deles jogou melhor a partida inteira, chegou a um final de Rei, Bispo e Peão de Torre, coroando em casa de cor oposta à das diagonais do Bispo, e com isso terminou em empate, mas foi um empate claramente "por cima" e resultou de uma partida mais bem jogada por um dos lados. Num caso como esse, é claro que o jogador que fez lances predominantemente mais fortes ao longo da partida teve mais méritos, e ao dividir o ponto ele mereceria receber mais que 0,5, enquanto seu oponente mereceria receber menos. Mas quanto exatamente cada um deveria receber e com base em quê?
4. Nos empates entre jogadores com ratings diferentes, geralmente o jogador com rating mais alto é quem jogou

melhor. Claro que muitas vezes ocorre o contrário, mas com base exclusivamente na informação sobre o rating, pode-se concluir que aquele com rating mais alto tem maior probabilidade de ter jogado melhor, pois o histórico pregresso de resultados de ambos sugere isso. Então uma maneira razoável de tentar distribuir o ponto seria com base nos ratings dos jogadores, destinando um pouco mais de 0,5 para o jogador com rating mais alto. Por outro lado, o jogador de rating mais baixo enfrentou um oponente mais difícil e por isso teria mais méritos. Como decidir qual deles mereceu mais de 0,5?

5. Outro critério é quem teve as Brancas. Numa partida entre dois jogadores com ratings iguais, o condutor das Pretas precisou, em média, se esforçar mais para obter o empate, por isso deveria receber um pouco mais de 0,5. Por outro lado, é mais provável que as Brancas, que começam com vantagem, tenham mantido essa vantagem e empatado "por cima", e nesse caso quem deveria receber um pouco mais de 0,5 seria o condutor das Brancas. Como decidir sobre isso?
6. Quando a diferença de rating entre dois jogadores é muito alta, e mesmo assim o jogador com rating mais baixo vence, os méritos que ele teve por vencer geralmente são maiores do que uma constante k fixa e pequena poderia estabelecer. Por exemplo: um prodígio com 10 anos e rating 2100 vence um GM com 2600. A constante k é 15, então o máximo de rating que ele pode ganhar por ter obtido essa vitória é 14,2 pontos, subindo de 2100 para 2114, mas é evidente que essa vitória sobre um jogador de 2600 indica que provavelmente ele é muito mais forte do que 2114, de modo que essa atualização não contribuiu adequadamente para corrigir seu rating. Por um lado, não se pode atribuir um peso

excessivo a uma vitória isolada. Por outro lado, não se pode atribuir um valor fixo à constante k em situações como essa, porque atrasa as atualizações dos ratings. Em casos assim, o valor de k deveria ser maior para ambos. O valor de k deve ser determinado em função da diferença entre os ratings dos jogadores.

Esse detalhe do item 6 não tem relação direta com o valor do empate, mas tem relação com o uso de escores fixos 0 e 1, ou o uso de um k fixo. Algumas partidas são muito complexas e os jogadores mereciam receber mais pontos por elas. A partida Kasparov–Topalov, Wijk aan Zee, 1999, por exemplo, Topalov merecia receber 1 ponto e Kasparov 2 ou 3. Em vez disso, Kasparov recebeu apenas 1, enquanto Topalov recebeu 0. Ambos foram injustiçados, sobretudo se considerar empates de salão em que cada jogador recebe 0,5 sem luta, enquanto Topalov lutou bravamente e brilhantemente, mas recebeu 0. Essa é uma situação na qual se pode perceber facilmente o problema, mas é difícil encontrar uma solução operacionalmente aplicável.

Há outras alterações necessárias no método de cálculo, que serão examinadas com mais detalhes em outros capítulos. Também discutiremos algumas propriedades interessantes e curiosas sobre informações que podemos obter a partir desse sistema de rating (algumas das quais também poderiam ter sido inferidas a partir do sistema Elo tradicional), inclusive como calcular o valor relativo das peças, qual vantagem de tempo um jogador mais forte pode oferecer para que as probabilidades fiquem equilibradas etc.

Também discutiremos mais alguns pontos fortes e fracos do sistema Elo e, ao final, apresentaremos dois novos métodos para cálculo de rating, que certamente não são perfeitos e também devem apresentar limitações, mas ambos oferecem vantagens conceituais e operacionais importantes, eliminando algumas das distorções que analisamos até aqui e outras que veremos mais adiante.

Importantes questões em aberto

Algumas das muitas questões analisadas e respondidas neste livro e no segundo volume incluem:

1. Qual foi a força real de Louis Eichborn, o homem que venceu quase todas as mais de 30 partidas que disputou contra Anderssen e obteve rating performance acima de 3000?
2. Se Greco, Ruy Lopez e Philidor jogassem hoje da mesma maneira que jogavam nas respectivas épocas em que viveram, quanto teriam de rating? E se nesse cálculo fosse corrigida a evolução na compreensão do jogo?
3. Você já ouviu falar ou já viu alguma partida de Atwood, Bledow, Boncourt, Sarratt, Polerio, Suhle ou Maubisson? Talvez você fique surpreso ao saber que cada um deles pode ter sido o melhor do mundo em algum momento.
4. Quando um GM enfrenta vários oponentes numa simultânea, qual é a redução na força do simultanista? E como fica a força dos simultaneados, eles jogam melhor que o normal por tentarem dar o melhor de si, jogam abaixo do normal por ficarem intimidados, ou preservam aproximadamente mesma força?
5. Quando dois jogadores com ratings muito diferentes se enfrentam (diferença acima de 500 pontos, por exemplo), cada um deles preserva a mesma força de quando enfrentam oponentes com força similar a deles próprios?
6. Em 1992, Kasparov teve uma vitória apertada num match de 12 partidas blitz contra o programa Fritz 2 rodando num PC caseiro, mas em 1996, jogando em ritmo clássico contra DeepBlue, rodando num mainframe centenas de vezes mais rápido, obteve uma vitória bem mais fácil. Sabe-se que em jogos com pouco tempo a qualidade de jogo dos programas cai menos que a dos humanos, mas quanto exatamente é essa redução?

7. Como tem sido a evolução real na compreensão do jogo ao longo dos anos, em termos de crescimento no rating e descontando o efeito de inflação? E quanto tem sido a inflação descontando a evolução na compreensão do jogo?

8. Nos lendários matches Fischer–Taimanov e Fischer–Larsen, geralmente se anuncia que Fischer teve performance de 3300 ou 3400. Qual foi a verdadeira qualidade de jogo de Fischer e de seus oponentes nestas partidas? E no campeonato dos EUA de 1963, em que Fischer venceu com 100% dos pontos?

9. No torneio de Linares, 1994, Karpov teve uma performance excepcional. Uma das hipóteses discutidas na época é que Karpov foi "beneficiado" no emparceiramento, porque ele pegava a pessoa que havia enfrentado Kasparov na rodada anterior, portanto a pessoa estava exausta fisicamente e abatida psicologicamente. Quanto há de fundamento nessa hipótese e qual foi a qualidade de jogo de Karpov nesse evento?

10. Desde os primórdios do Xadrez, jogadores mais fortes oferecem vantagem material a seus oponentes para equilibrar as chances. Staunton escreveu um estudo detalhado sobre isso, mesmo antes de existir rating, comparando vantagens materiais com as porcentagens de vitórias sem vantagem e com diferentes níveis de vantagens. Por exemplo: em seu livro **"The Chess Players Companion"**, publicaedo em 1849, Staunton afirma que se um jogador **A** vence um jogador **B** numa proporção de 2:1, o jogador **A** pode oferecer a vantagem de 1 Peão e 1 lance para o jogador **B** e com isso equilibrar os resultados. Esse tipo de avaliação permite converter a proporção 2:1 em rating, que equivale a cerca de 120 pontos. Há vários outros estudos recentes sobre esse tema, mas todos esbarram num mesmo problema: consideram que a diferença entre os ratings é suficiente para determinar a diferença material que equilibraria as chances, quando na verdade é necessário considerar outros fatores, conforme será discutido mais adiante.

11. Entre os vários matches pelo título mundial que terminaram empatados, ou com vitória muito estreita para um dos lados (Karpov–Kortschnoj, Botvinnik–Bronstein, Steinitz–Chigorin e Lasker–Schlechter), qual dos competidores jogou melhor em cada ocasião? Os resultados refletiram com justiça o quão bem eles conduziram suas partidas?

12. Muitos grandes jogadores não chegaram a ser campeões mundiais, como Kortschnoj, Bronstein, Keres, Rubinstein, Tarrasch, Chigorin, Schlechter, Reshevsky, entre outros. Quais deles chegaram a ser número 1 do mundo durante algum tempo?

13. Também houve vários que são considerados "campeões mundiais oficiosos", por terem vivido numa época em que ainda não existia o título mundial oficial, como Morphy, Anderssen e Staunton. Mas houve outros grandes jogadores que tiveram força suficiente para chegar a número 1 do mundo em algum momento, que não são devidamente reconhecidos? Se sim, quais foram? Essa lista é mais extensa do que a maioria das pessoas imagina.

14. Se um jogador tem um Cavalo de vantagem, sem compensação, porém tem apenas 2 minutos no relógio contra 9 minutos de seu adversário, tem 2280 de rating e seu oponente tem 2510, e seu oponente lhe oferece empate, convém aceitar essa proposta de empate? Claro que há inúmeras particularidades que precisam ser consideradas, mas de forma genérica, com base exclusivamente nesses dados, quem tem melhores probabilidades nessa situação? E em outras situações gerais em que haja diferenças de rating, diferenças materiais e diferenças no limite de tempo, como combinar estas 3 variáveis para calcular as probabilidades de cada jogador?

15. Há estudos que tentam relacionar QI com rating de Xadrez. A maioria desses estudos depara com dificuldades associadas ao elevado nível de cultura e treinamento que o Xadrez exige para se chegar a elevados níveis de rating, enquanto

o QI teoricamente visa medir a inteligência inata, tentando minimizar fatores culturais. Também ocorrem dificuldades relacionadas à distribuição dos ratings FIDE ser muito diferente de uma distribuição normal, em parte devido a uma acentuada self-selection, em parte porque o fator k não é constante, em parte porque a distribuição é truncada. Outras dificuldades ocorrem porque o nível de dificuldade dos problemas que precisam ser resolvidos numa partida de Xadrez é muito maior do que a dificuldade dos problemas dos testes de QI típicos, de modo que no Xadrez os ratings são razoavelmente corretos até o topo mundial, enquanto os escores de QI começam a apresentar resultados grosseiramente incorretos acima de 135. Há outros fatores que dificultam essa conversão, entretanto há meios razoavelmente acurados e bem fundamentados para calcular o QI equivalente a determinado rating e vice-versa. No volume II desse livro, esse tema será examinado com detalhes.

16. No match Kasparov–DeepBlueII, 1997, houve várias polêmicas após a vitória final de DeepBlue. Uma das controvérsias foi sobre algum acordo secreto, ou sobre DeepBlue ter recebido ajuda de humanos. Quanto há de fundamento nessas celeumas?

Essas e muitas outras perguntas podem ser respondidas se for resolvido o problema de medir a força absoluta dos jogadores.

Quando digo “absoluta”, talvez o termo mais apropriado seja “relativa a um referencial inercial absoluto” ou “relativa a um lastro fixo” ou “relativa a um lastro muito estável”.

Nesse caso o termo “absoluto” tem o significado de que o valor medido não depende da força de seus oponentes, nem de estar oferecendo ou recebendo vantagem material*. Não importa se o jogador vence, empata, perde ou sequer se chega a terminar a partida. Só importa a qualidade dos lances. Uma medida desse tipo representa uma vantagem importante em muitas situações e possibilita obter dados sobre os jogadores e sobre as partidas que não seriam possíveis por outros métodos.

[(*) Esse detalhe de estar recebendo vantagem material é mais complexo e será analisado com detalhes no capítulo específico sobre isso, pois há fatores psicológicos que podem interferir na força do jogador que recebe a vantagem, e fatores práticos que podem interferir na força do jogador que oferece vantagem e pode preferir jogar lances que não sejam os melhores, mas que possam lhe oferecer melhores chances práticas.]

Quando o nível de habilidade é medido com base nos confrontos contra seus oponentes, ocorrem alguns problemas, boa parte dos quais é eliminada quando se avalia o nível de habilidade com base na qualidade dos lances de cada partida. Naturalmente isso depende de como é feita a análise e como são calculados os ratings a partir dos resultados dessa análise.

Primeiramente farei um resumo de como é o método de Bratko e Guid (chamarei de BG). Em seguida, comentarei os aprimoramentos que são apresentados nesse livro e que permitem superar algumas das dificuldades que vinham sendo enfrentadas nessa área:

No método BG, cada partida é analisada por uma engine muito forte (rating>2900), a mesma engine para todas as partidas, usando uma profundidade fixa de análise (por exemplo, de 20 plies). A cada lance a engine registra a alternativa que, na avaliação dela, é o melhor lance da posição. Os lances escolhidos por essa engine são considerados o "gabarito". Quanto maior for o número de lances que um jogador tiver executado que forem iguais aos lances do "gabarito", maior será sua porcentagem de "acertos" e maior será seu rating.

A ideia é boa, interessante e muito promissora, mas rapidamente se pode constatar vários problemas. Um deles é que se a engine escolhe 1.e4 e o jogador escolhe 1.d4, não é muito razoável tratar isso como um "erro". O escore atribuído à escolha de 1.e4 deveria ser muito similar ao escore atribuído à escolha de 1.d4. Não faz sentido tratar uma dessas escolhas como "erro" só pelo fato de ser diferente do "gabarito". Outra situação que precisa ser modelada adequadamente é se um jogador perde um Peão ou se perde a Dama, em cujo caso as penalidades devem ser determinadas pela gravidade do erro. Isso não significa que devam ser proporcionais à gravidade do erro, conforme veremos mais adiante. Por isso, BG tentaram ponderar a gravidade dos erros. As engines avaliam cada posição atribuindo um escore em centiPeões. Na posição inicial, por exemplo, as Brancas têm uma vantagem de 25 centiPeões ou 0,25 Peão, ou seja, essa vantagem equivale a ¼ de 1 Peão. Como o valor é positivo, indica vantagem para as Brancas. Essas avaliações recebem o nome de "Eval" (de evaluation). Então em vez de atribuir 1 ponto para cada acerto e 0 para cada erro, ou 1 para cada acerto e -1 para cada erro, BG utiliza o Eval para determinar quanto deve ser a penalidade para cada lance que não coincida com o do gabarito.

Além disso, BG tenta contemplar os casos nos quais o jogador possa fazer lances melhores que os indicados pela engine, desde que a engine "perceba", no lance seguinte, que o lance do jogador é melhor que o dela. Nesses casos, em vez de ser penalizado, o jogador ganha um bônus.

Novamente a ideia é interessante, mas há alguns problemas de isometria na escala. Os Evals não estão na mesma escala que o rating Elo, nem passaram por um processo adequado de transformação de escala que possibilite interpretar as somas das penalidades e dos bônus como um escore útil para estimar o rating de forma correta.

Para compreender melhor esse problema, vamos analisar alguns exemplos, nos quais ocorrem algumas das distorções mais comuns:

Exemplo 1:

Um jogador A tem 2670 de rating e seu oponente B tem 2670, em um jogo ao ritmo clássico de 90 minutos + 3 minutos por lance. A engine avalia que a posição está 0,06. Nessa situação, a probabilidade de vitória de B é cerca de 48%. Então o jogador A faz um lance ruim e o Eval cai para -0,92. Numa situação como essa, a probabilidade de vitória do jogador B ficou bastante alta, perto de 95%.

Exemplo 2:

Um jogador A tem 2670 de rating e seu oponente B tem 2670, em um jogo ao ritmo clássico de 90 minutos + 3 minutos por lance. A engine avalia que a posição está 8,00. Nessa situação, a probabilidade de vitória de B é menor que 1%. Então o jogador A faz um lance ruim e o Eval cai para 5,00. Numa situação como essa, a probabilidade de vitória do jogador B continua menor que 1%.

Portanto, embora o erro do jogador A tenha provocado uma variação no Eval de 0,98 no exemplo 1 e uma variação de 3,00 no exemplo 2, essa variação de 0,98 no exemplo 1 foi muito mais importante, alterando sua probabilidade de vitória de 52% para 5%, enquanto no exemplo 2 sua probabilidade era maior que 99% e permaneceu maior que 99%. Logo não faz sentido penalizar o erro no exemplo 2 mais do que o erro no exemplo 1, simplesmente pelo fato de a diferença de Eval ter sido maior no exemplo 2. As penalidades precisariam ser determinadas depois de normalizar a escala. E não apenas isso. Vejamos mais alguns exemplos:

Exemplo 3:

Um jogador A tem 1670 de rating e seu oponente B tem 1670, em um jogo ao ritmo clássico de 90 minutos + 3 minutos por lance. A engine avalia que a posição está 0,06. Nessa situação, a probabilidade de vitória de B é cerca de 49%. Então o jogador A faz um lance ruim e o Eval cai para -0,92. Numa situação como essa, a probabilidade de vitória do jogador B ficou mais alta, mas não tanto quanto no exemplo 1: ficou perto de 64%.

Comparando o exemplo 3 com o exemplo 1, vemos que os ratings dos jogadores mudaram, enquanto os demais parâmetros permaneceram inalterados. Agora ambos os ratings estão 1000 pontos menores, e isso tem várias implicações. Uma delas é que entre jogadores com menor rating, a vantagem inicial de jogar com as Brancas representa uma diferença de probabilidade de sucesso menor. Do mesmo modo, qualquer diferença de Eval também representa uma diferença de probabilidade de sucesso menor do que a mesma diferença de Eval teria para jogadores com maior rating, pois os jogadores de menor rating estão mais propensos a cometer mais erros e erros mais graves. Por isso a mesma diferença de 0,06 no Eval representa uma vantagem inicial de 51% x 49%, em que a diferença entre as probabilidades de Brancas e Pretas ficou melhor do que era para o mesmo Eval entre jogadores com rating mais alto. E quando o jogador A cometeu o erro, seu Eval caiu igualmente de 0,06 para -0,92, porém sua probabilidade de sucesso caiu de 51% para 36%, em vez de cair para 5%.

Mais um exemplo para encerrar essa parte:

Exemplo 4:

Um jogador A tem 2670 de rating e seu oponente B tem 2670, em um jogo ao ritmo bullet de 1 minuto + 1 segundo por lance. A engine avalia que a posição está 0,06. Nessa situação, a probabilidade de vitória de B é cerca de 49%. Então o jogador A faz um lance ruim e o Eval cai para -0,92. Numa situação como essa, a probabilidade de vitória do jogador B ficou mais alta, perto de 68%.

Agora é interessante notar que o rating permaneceu o mesmo, mas o ritmo de jogo foi reduzido, e isso também afetou as probabilidades de vitória após uma mesma variação no Eval. Esse cálculo é puramente teórico, porque na prática, embora a força dos jogadores de 2670 em jogos de 1 minuto seja similar à de jogadores de 1900 com 90 minutos, o tipo de erros cometidos por jogadores com rating mais alto jogando com mesmo tempo não é o mesmo tipo cometido por jogadores com rating mais baixo jogando com mais tempo. Com menos tempo os jogadores estão mais propensos a cometer erros táticos. Por isso a variação real nas probabilidades seria um pouco diferente do que nesse exemplo. Mas para fins didáticos, esses 4 exemplos ilustram bem as razões pelas quais não se pode simplesmente somar os Evals da maneira como é feito no método de Bratko e Guid, sem antes transformar os Evals em valores que estejam numa escala adequada.

Outro detalhe inadequado no método BG é que o uso de um número fixo de plies não preserva mesma qualidade de análise da engine. Para preservar aproximadamente mesma qualidade deveria utilizar mesmo prazo para análise de cada lance. Isso ocorre porque em algumas posições simples de finais, as engines chegam rapidamente a ply 25 ou mais, porém em posições mais complexas de meio-jogo, podem demorar 10 vezes mais tempo para chega a ply 25. Esse fato também se verifica nas medidas de variação da força das engines em função do tempo, que se mostra praticamente linear com os logaritmos das variações no prazo: a cada dobra no tempo ou na velocidade dos processadores, há um incremento de 43 pontos de rating na força de jogo. Portanto o fator determinante para a variação da força é o tempo, não o número de plies, logo seria preferível utilizar prazo fixo, em vez de um número fixo de plies.

Mas estes detalhes são todos de importância secundária, e para uma grande amostra de lances analisados, os erros para mais e para menos acabam aproximadamente se compensando, de modo que o resultado final fica bastante razoável, aumentando apenas a dispersão, mas o valor médio não fica muito distante do correto.

Outro problema ocorre quando são consideradas poucas partidas (menos de 100). Outro problema ocorre por favorecer jogadores com estilo mais simples, conforme já vimos em capítulos anteriores, e esse efeito não se corrige aumentando o número de partidas. A causa desse problema não tem relação com os pontos citados acima. A causa disso é que as curvas que determinam o rating em função da porcentagem de acertos não são as mesmas para todas as partidas, e esse é o problema mais importante no método BG e em todos os outros métodos que tentaram avaliar "skill scores" até o momento.

O cerne desse problema é que não há qualquer razão para assumir que determinada porcentagem de acertos numa partida seja equivalente à porcentagem de acertos em outra partida. Numa partida mais complexa, uma porcentagem de acertos de 60% ou mesmo 50% pode indicar um rating mais alto do que uma taxa de acerto de 90% numa partida muito simples. Por isso jogadores como Kramnik ou Capablanca, que tentam conduzir o jogo de modo a produzir posições mais simples, são favorecidos e recebem escores mais altos, enquanto jogadores como Kasparov ou Alekhine, que tentam conduzir o jogo para posições mais complexas, são prejudicados e recebem escores mais baixos.

Como resolver o problema de determinar corretamente a complexidade de uma partida? Quão difíceis são, em média, as posições que ocorrem em cada partida? E como utilizar os escores que medem essas complexidades e dificuldades para corrigir as distorções nos ratings calculados com base na qualidade dos lances?

Algumas das primeiras soluções que podem ser imaginadas são:

1. Posições que tenham mais lances possíveis tendem a ser mais complexas. Na posição inicial, há 20 lances possíveis. Numa posição típica de meio-jogo há cerca de 40 lances possíveis. Numa partida de 40 lances, em média há cerca de 32 lances possíveis em cada posição. Essa ideia parece bastante natural, mas é de pouca utilidade, porque a correlação entre o número de lances possíveis e a real complexidade da posição é muito fraca. Além disso, há finais extremamente difíceis e complexos, nos quais há poucos lances em cada posição, mas cada lance requer o cálculo de variantes muito longas e ramificadas.
2. Uma ideia um pouco melhor consiste em verificar o número de alternativas relevantes. O que seria uma alternativa "relevante"? Pode-se dizer que relevantes são alternativas "cogitáveis" ou "lances candidatos". Na posição inicial, por exemplo, e4, d4, c4, Cf3 certamente são relevantes. Mas há certa subjetividade em avaliar se lances como g3, Cc3, b3, c3 ou e3 também são relevantes. Mesmo que se imponha um limite de Eval para distinguir entre lances relevantes e irrelevantes, as engines não concordam entre si sobre esses Eval, e até a mesma engine, com mesmo prazo para análise, pode tomar decisões diferentes se colocada várias vezes para avaliar a mesma posição. Mas essa dificuldade em determinar quais são os lances relevantes não é o ponto principal. Os dois maiores problemas com essa tentativa de solução estão na dificuldade para converter esse escore em um valor cuja escala seja compatível com a escala usada no rating, e a já mencionada fraca correlação entre o número de lances relevantes e a real dificuldade da posição.

3. Uma das maneiras de se lidar com isso é, em vez de dicotomizar os lances possíveis em "relevante" ou "irrelevante", pode-se atribuir um escore de relevância. Quanto maior o escore, maior é a relevância. Mas como atribuir estes escores? Uma possibilidade é com base na diferença de Eval entre o lance considerado melhor e o seguinte melhor. Por exemplo, digamos que os Eval dos melhores lances sejam e4=0.25, d4=0,24, c4=0,22, Cf3=0,19. Então poderia considerar que lances relevantes são aqueles cujo Eval não difere do primeiro em mais que 0,5 ou usar a raiz quadrada da soma dos quadrados das diferenças como sendo o inverso do escore de dificuldade, já que quanto menor a diferença de Eval entre os diferentes lances de cada posição, mais difícil é perceber as sutilezas que podem justificar a escolha de uma das alternativas em detrimento das demais. A ideia é interessante, mas teria algumas dificuldades, tais como a conversão dos Evals em valores úteis para serem usados no cálculo dos ratings. Outra dificuldade é quando a diferença entre os Evals for 0, haverá uma divisão por zero. Outro problema é que a correlação entre esses escores e a verdadeira dificuldade é fraca.
4. Um método diferente poderia ser baseado no número de peças que estão atacadas em cada posição. Quanto maior o número de peças atacadas, geralmente mais complexa é a posição. Poderia também considerar os pesos das peças atacadas. O critério poderia ser um pouco diferente, considerando o número de trocas possíveis. Mas nos dois casos teria a mesma dificuldade de como converter esses valores em uma escala útil para calcular o rating. Façamos uma tentativa ingênua como exemplo: uma posição tem 3 peças atacadas, outra tem 0, outra tem 1. Como usar esses números de maneira a refinar os cálculos de rating? Deveria considerar apenas o número de peças atacadas ou também o

valor da peça? Ou a diferença entre o valor da peça atacada e o da atacante? E quando houver uma peça sendo atacada por mais de uma peça inimiga ou atacando mais de uma peça inimiga? Conta como 1 ataque ou 2 ou n? Como utilizar uma escala não-arbitrária para medir corretamente a complexidade e depois usar esse resultado para refinar o cálculo de rating? Além disso, novamente depara-se com o problema de que a correlação entre esses escores e a real complexidade é fraca.

5. Outra maneira de tentar medir a complexidade é pela gravidade média dos erros. Quanto maior foi a gravidade média dos erros da partida, mais complexa ela deve ser. Mas esse critério é quase oposto ao critério 3. Se, por um lado, é mais difícil distinguir entre dois lances cujos Evals sejam muito semelhantes, por outro lado a gravidade do erro de fazer a escolha "errada" é menor e implica um dano menor. Então qual dos critérios deveria utilizar? O 3 ou o 5? Ou ambos? Se usar ambos, como deveriam ser ponderados?
6. Uma combinação de ambos faria sentido? Somar ácido e base ajudaria em alguma coisa em comparação a fazer o cálculo da diferença do pH da soma do ácido e da base e então somar apenas uma coisa ou outra? Além disso, há outro problema: como usar essa informação para melhorar a medida do rating. Um dos problemas é que não há uma conversão trivial dos escores Eval numa escala com as mesmas proporções do rating. E mais uma vez o problema da fraca correlação entre tais escores e a real dificuldade da partida. A correlação é mais forte do que nos casos anteriores, mas isso ocorre porque se está comparando a partida inteira, em vez de cada lance individual, de modo que se deve utilizar a correção de Spearman-Brown, e ao fazer esse ajuste, a correlação fica tão fraca quanto as outras.

Até o momento, todos os métodos para medir a força dos jogadores com base na qualidade dos lances depararam com esses problemas e foram tentadas várias das soluções descritas acima, com ligeiras modificações, mas não foram obtidos resultados satisfatórios. Nenhuma dessas tentativas produz escores de rating próximos aos corretos para um largo espectro de níveis de habilidade.

Muitas plataformas on-line estão tentando utilizar métodos similares com a esperança de medir qualidade de jogo, medir similaridade com os lances de engines etc., mas há uma quantidade muito grande de falhas em todos esses métodos, e são falhas muito graves. A correlação entre as somas dos erros e os ratings é fraca, cerca de 0,26, de acordo com estudo de Patrick Coulombe, publicado em 2017.

O match pelo título mundial entre Kramnik e Topalov expôs uma das muitas falhas de se confiar nosses métodos para detecção de fraudes. Na ocasião, a aplicação dos métodos tradicionais levantou suspeitas infundadas contra o campeão mundial Vladimir Kramnik, porque o jogo dele foi muito mais semelhante ao jogo da engine Rybka do que se observa tipicamente entre jogadores em sua faixa de rating. Mas há uma lista extensa de erros na análise que provocou essa suspeita, a começar pelo método precário para medida de similaridade. Um dos erros mais elementares chegou a ser descoberto por Ken Regan, mas a grande maioria dos outros erros nem chegou a ser mencionada, portanto se pode aguardar por muitas outras situações desconfortáveis como essa, gerando falsos-positivos que podem ser muito constrangedores tanto para os jogadores, que podem ser colocados sob suspeita sem um motivo razoável, quanto para os organizadores, que se apoiam em tais métodos para justificar suas suspeitas.

Isso poderia ser facilmente evitado se fossem adotados métodos apropriados para medida de similaridade e, de modo mais abrangente, se fossem adotados métodos eficazes para detecção de fraudes. É muito preocupante (para dizer o mínimo) que um método com apenas 0,07 de covariância entre as variáveis (a variável medida e a variável que se gostaria de medir) seja adotado para detecção de fraudes em competições internacionais de alto nível.

Embora nossa proposta não tenha relação com esse problema específico de detecção de fraudes, uma das muitas aplicações das soluções apresentadas a seguir pode ser para essa finalidade, pois praticamente resolvem esses problemas que afetam os métodos tradicionais, reduzindo substancialmente as incertezas nas medições e corrigindo as distorções que produziam erros sistemáticos nas avaliações de jogadores com estilo mais simples (superavaliados) e mais complexo (subavaliados). Além de muitas outras soluções a outros problemas relacionados.

Novo método "Melao Rating Absoluto"

A solução apresentada a seguir envolve uma série de aprimoramentos, com uma nova abordagem e uma nova estrutura. Os resultados obtidos sugerem que conseguimos reduzir a um patamar sem precedentes todos os erros e distorções enumerados em capítulos anteriores, e apontam um rumo mais promissor a ser seguido nas futuras pesquisas nessa área.

A força de jogo é proporcional à porcentagem de acertos, mas não conserva mesma proporcionalidade em diferentes jogos. Desse modo, 70% de acertos num jogo pode indicar rating 2800, enquanto 99% de acerto em outro jogo pode indicar rating 2400. Os métodos que existiam até agora não eram capazes de determinar a dificuldade dos lances de uma partida de forma acurada e fidedigna. Ivan Bratko, Matej Guid, Jean-Marc Alliot, Daniel Rensch, Kenneth Wingate Regan, Guy McCrossan Haworth, Mathieu Acher e muitos outros tentaram medir essa dificuldade por diferentes métodos, mas os resultados se mostraram inadequados, por isso esse tem permanecido como o principal desafio a ser superado para medir corretamente o rating com base na qualidade dos lances.

A solução que trazemos aqui não apenas proporciona uma melhor compreensão sobre aspectos conceituais do problema como também possibilita um incremento substancial na acurácia das medidas, chegando a ultrapassar 19 vezes a acurácia de métodos anteriores. Mas não se trata apenas de uma acurácia média muito maior. Além disso, os fundamentos são mais adequados e o modelo é muito mais representativo da realidade.

O que os métodos utilizados até agora tentam fazer é ajustar uma curva de regressão relacionando as porcentagens de acertos com os ratings. Como esses valores mudam de uma partida para outra, tentam atenuar os erros usando valores médios para os parâmetros da curva de regressão. O resultado para as partidas individuais fica algo assim:

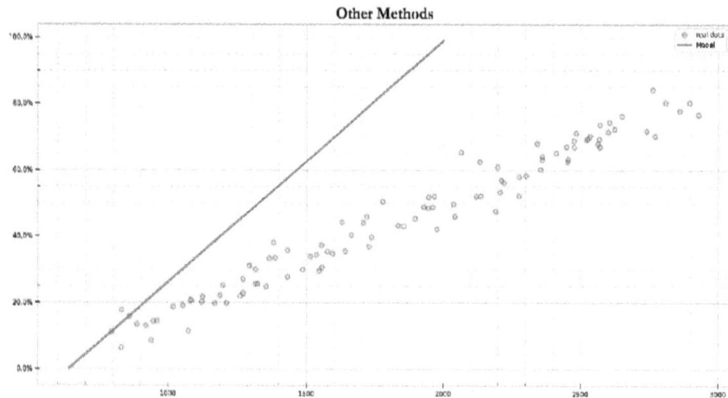

Conforme se pode observar, existe uma nuvem de pontos azuis aos quais seria possível fazer um bom ajuste da curva, desde que fosse conhecida a posição desses pontos em cada partida. Mas não se tem essa informação. O que se tem é apenas a posição de 1 ponto em cada partida, e também se tem a inclinação média da curva para um conjunto de várias partidas, mas não para cada partida individual. Como resultado, a curva vermelha não se ajusta bem às posições dos pontos, não sendo capaz de representá-los adequadamente, produzindo grandes erros.

É interessante notar que esse problema é fundamentalmente diferente de medir a porcentagem de puzzles que uma engine consegue resolver ou que um jogador humano consegue resolver, entre uma lista de puzzles, porque a lista de puzzles é a mesma, o que torna a solução trivial. Mas no caso de várias partidas diferentes de jogadores diferentes, é necessário encontrar uma forma de personalizar a escala para cada partida individual, ao mesmo tempo em que essa personalização precisa ter uma padronização que assegure que o mesmo critério seja usado em todas as partidas.

Essa é a principal dificuldade que tem sido enfrentada por todos que trabalharam nesse problema até agora.

A solução que encontramos para isso possibilita determinar os parâmetros da reta para cada partida individual ao mesmo tempo em que permite padronizar a comparação das dificuldades e dos parâmetros entre as diferentes partidas, produzindo uma escala unificada e padronizada, de modo que se pode determinar precisamente o rating correspondente à porcentagem de acertos em determinada partida preservando a isometria com todas as outras partidas consideradas. Isso significa que conseguimos fazer um ajuste assim:

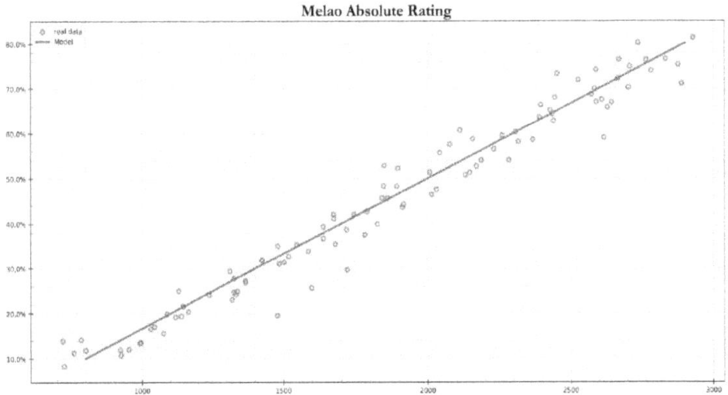

No qual a curva de ajuste se posiciona precisamente de acordo com a distribuição dos pontos que representam as dificuldades dos lances de cada partida e numa escala de dificuldade padronizada para todas as outras partidas. A seguir, explicarei como isso é realizado:

Quando se utiliza apenas 1 engine para análise, a única informação que se pode extrair é sobre a porcentagem de lances que os jogadores executaram iguais aos dessa engine, ou diferentes ponderações sobre as gravidades dos erros (diferenças) que eles cometeram, mas não se consegue determinar diretamente qual o rating correspondente a cada porcentagem de acertos. O que tem sido feito até agora é o caminho mais óbvio: tentar obter essa informação analisando centenas ou milhares de partidas de jogadores cujos ratings sejam conhecidos, verificar quais porcentagens de acertos eles obtêm, e fazer uma regressão para determinar qual rating corresponde a cada porcentagem de acertos, mas esse método falha, conforme tem sido constatado desde os estudos pioneiros de Bratko em Guid, em 2006.

Bratko percebeu os problemas e não se aventurou a tentar converter os skills em rating, porém outras pessoas menos experientes publicaram estudos ignorando os erros e apresentando vários resultados distorcidos. Em Chess.com, por exemplo, pode-se encontrar esse vídeo: https://youtu.be/CnQnJEj-Yxo, no qual se atribui a Paul Morphy 2462 de rating no início do ano 1850, depois seu rating cai para 2359 no ano 1859. Um resultado bizarro, já que obviamente Morphy em 1859 era muito mais forte do que em 1850, não o contrário, pois em 1850 Morphy era um garoto de 12 anos, ao passo que em 1859 ele estava vencendo todos os melhores do mundo. Morphy já era um jogador extraordinário aos 12 anos, mas não mais extraordinário do que ele chegou a ser aos 21 anos. Erros graves como esse estão presentes em todos os melhores métodos existentes até agora.

Nesse ponto é necessário fazer um breve esclarecimento, porque em 2022 foi publicado um artigo no qual o autor alega ter obtido correlação 0,99, utilizando um método que ele diz ser inovador e de sua autoria. Entretanto, esse autor cometeu alguns pequenos descuidos, começando por reivindicar para si a autoria, quando na verdade o método existe pelo menos desde 2006, sendo usado por dezenas de outros pesquisadores ao longo dos últimos 16 anos, portanto não é invador (foi invador em 2006, mas agora está obsoleto) e os verdadeiros autores são Ivan Bratko e Matej Guid. Além disso, em todos os casos nos quais os cálculos foram realizados da forma correta e quando o problema foi interpretado de maneira correta, as correlações medidas ficaram na faixa de 0,2 a 0,3, nunca chegando a 0,99 (como afirma o autor daquele artigo).

Uma das principais limitações presentes, inclusive nos melhores métodos tradicionais, é que não permitem determinar a dificuldade de cada lance individual, e sem essa informação não é possível estabelecer a relação correta entre o rating e a porcentagem de acertos, porque essa porcentagem não é a mesma para todas as partidas. Como se isso não bastasse, os métodos tradicionais nem sequer permitem determinar a dificuldade da partida inteira, que seria baseada na média de todos os lances.

O melhor que se pode fazer por meio dos métodos tradicionais é medir a variação média do rating em função da porcentagem de acertos para um grande número de partidas, e depois usar esse valor médio em cada partida, tratando-as como se todas tivessem mesma dificuldade e todos os lances tivessem mesma difidulde. Partidas fáceis, muito fáceis, difíceis e muito difíceis são todas tratadas como se fossem iguais, assim 90% de acertos em determinada partida é interpreado como se tivesse mesmo significado que 90% em qualquer outra partida. Mas há situações nas quais 30% de acertos numa partida muito difícil indica rating acima de 2500, enquanto 90% de acertos em partidas mais fáceis pode indicar menos de 2400. Por isso os erros são tão grandes e conduzem a diagnósticos distorcidos, como no caso que provocou a suspeita injustificada no match Topalov-Kramnik.

Uma solução eficiente requer estabelecer uma fórmula específica para o rating em função do número de acertos para cada partida e cada lance, considerando as particularidades de cada partida e cada lance, em vez de usar uma fórmula genérica. A solução que encontramos para isso consiste em usar uma cluster de engines que geram uma nuvem de pontos que determinam a morfologia de uma curva personalizada para cada partida, determinando as dificuldades individuais de cada lance e utilizando essa informação no refinamento do cálculo.

Uma versão simplificada do método pode ser mais didática para descrever o que foi feito: em vez de 1 engine muito forte, poderia usar três engines: uma muito forte, com 3500, uma não tão forte, com 3000, e uma fraca, com 900. A mais forte produziria o gabarito, isto é, os lances considerados “certos” em cada posição. As outras duas determinariam a inclinação da reta que representa como o rating varia em função da probabilidade de acertos em uma partida específica. Por exemplo: digamos que a engine com 3000 acerte 75% dos lances e a engine com 900 acerte 15%. Então para essa partida teríamos um intervalo de 2100 de rating equivalente a um intervalo de 60% de acertos, porque 3000-900=2100 correspontde a 75%-15%=60%. Desse modo, alguém com 45% de acertos nessa partida teria R = 900+2100×(45%-15%)/60% = 1950, ou seja, 45% nessa partida corresponde a 1950 de rating. Numa partida diferente, mais complexa e mais difícil, essas mesmas engines produziriam um resultado diferente, porque seria mais difícil acertar os melhores lances, além disso, a proporção em que seria mais difícil não seria a mesma para a engine de 900 e a engine de 3000. Por exemplo: a engine com 3000 acertaria 63% enquanto a engine com 900 acertaria 8%. Nessa nova situação, se um jogador acertasse 45%, seu rating seria 900+2100×(45%-8%)/(63%-8%) ≅ 2312,7. Em ambos os casos as porcentagens de acerto são 45%, porém no primeiro caso esses 45% correspondem a 1950 de rating, enquanto no segundo caso correspondem a 2313, uma diferença de quase 400 pontos, mas essa diferença não teria como ser detectada pelos métodos tradicionais, já que nas duas partidas as porcentagens de acertos foram iguais.

Essa descrição simplificada proporciona uma ideia mais clara sobre a vantagem desse método. A versão real do método é mais completa. Para começar, em vez de usar apenas 2 engines para determinar a reta de regressão, são usadas várias engines com ratings cobrindo praticamente todo o intervalo entre 800 a 3500, de modo que se pode medir não apenas a inclinação da reta, mas também a forma da curva que representa a variação do rating em função da porcentagem de acertos, e assim calcular com maior precisão e acurácia o rating correspondente a cada porcentagem em qualquer resgião do espectro entre 800 e 3500. Em vez de considerar 0 e 1 para os erros e acertos, são atribuídos escores baseados nos Evals, comparando o eval do gabarito com o eval do lance escolhido por cada engine e o eval de cada jogador. Não se pode usar o próprio eval diretamente no cálculo, porque as escalas não são isométricas. Antes é necessário transformar os Evals em valores adequados. Entre outros detalhes.

Há várias outras sutilezas que também são consideradas. A escala de rating das engines não está necessariamente na mesma escala dos ratings de humanos, e depende do tempo que analisaram cada lance, do hardware utilizado etc. Por isso é necessário coletar amostras de partidas de jogadores com ratings conhecidos para calibrar o método, refinando ainda mais os resultados. No conjunto, as dificuldades dos lances mostram a dificuldade da partida como um todo, extraindo da partida uma informação crucial para o cálculo correto das forças dos jogadores. Claro que as dificuldades dos lances das Brancas e das Pretas precisam ser consideradas separadamente. Portanto um jogador de Brancas com 50% de acertos pode ter jogado melhor que seu oponente que tenha 60% de acertos, se as Brancas tiverem enfrentado problemas mais difíceis, com lances mais difíceis.

Desse modo, para partidas com diferentes níveis de dificuldade e complexidade, a porcentagem de acertos de cada jogador já se ajusta automaticamente à dificuldade dos lances dessa partida, e no momento de calcular os ratings, chega-se a um resultado mais fidedigno.

A ideia original desse método ocorreu em 1991, inspirada no "Lance do Mestre" no CXSP, um curso-competição em que vários enxadristas tentam acertar alguns lances em momentos críticos de uma partida disputada entre grandes jogadores. Um mestre vai passando os lances da partida num mural e comentando-a. Quando chega em algum momento crítico, o mestre faz uma pausa, aciona um cronômetro e os competidores tentam encontrar o lance considerado mais forte naquela posição (gabarito). Nem sempre o lance mais forte é o mesmo jogado na partida, ou o mesmo indicado pelos analistas que comentaram a partida, mas, em média, acaba funcionando bem.

Uma estrutura similar poderia possibilitar a avaliação da força dos jogadores que disputaram uma partida, com base no número de acertos que eles tiveram em comparação ao número de acertos dos competidores do Lance do Mestre. Por exemplo: se fosse passada no Lance do Mestre uma partida disputada entre Ruy Lopez e Leonardo da Cutri, e comparando os lances de Ruy e Leo com os lances do gabarito, digamos que Ruy acertasse 40% e Leo acertasse 25%. Então bastaria verificar as porcentagens e os ratings dos jogadores que tentaram acertar os lances dessa partida para determinar os ratings aproximados de Ruy e Leo.

Funcionaria nesse exemplo porque as porcentagens de acertos de Ruy e Leo ficariam dentro do intervalo das porcentagens de acertos dos participantes do Lance do Mestre, mas se em lugar de Ruy e Leo fossem Capablanca e Alekhine, a situação seria mais difícil, porque geralmente Capablanca e

Alekhine teriam porcentagem de acertos muito maior que o mais forte dos participantes, ficando fora do intervalo de interpolação. Para que houvesse participantes que acertassem numa proporção similar, seria necessário que tomassem parte do evento alguns jogadores muito fortes, GMs 2600+, e isso certamente envolveria um custo considerável. Claro que seria possível extrapolar a curva com base nos resultados dos jogadores com rating 1200 a 2200, mas o risco de erro no resultado seria maior. Mas o problema principal é que geralmente o Lance do Mestre considerava 5 a 10 lances em cada partida e durava cerca de 2h a 4h, entretranto apenas 5 a 10 lances é uma amostra muito pequena, e 4h já representa um tempo razoavelmente longo. Outro problema é que os lances eram escolhidos geralmente em posições táticas, nas quais os GMs e até mesmo MIs acertariam quase 100%. Seria necessário incluir posições estratégicas com vários lances quase igualmente bons, onde fosse mais difícil determinar o melhor lance.

Havia ainda outras dificuldades, como assegurar que todos os jogadores-colaboradores fossem os mesmos em todas as partidas, estivessem igualmente motivados em todas as sessões, cumprissem horários etc. Se os jogadores não fossem os mesmos, como os ratings de todos estariam na mesma escala, não seria um problema tão grave, mas aumentaria as incertezas nas medidas.

Quase todos esses problemas poderiam ser resolvidos usando computadores em lugar de jogadores humanos, mas os computadores da época não eram fortes, eu não tinha computador nem sabia programar.

Quando ganhei meu primeiro computador, em 1993, estava envolvido com outros assuntos e só retomei essa questão por volta de 2002, quando publiquei um artigo sobre rating e QI no site de Sigma Society. A situação era bem diferente e havia algumas vantagens importantes: eu conhecia um pouco mais sobre Estatística, os programas de Xadrez estavam mais fortes, chegavam a mais de 2800 de rating e poderiam substituir os jogadores humanos tanto na determinação do gabarito quanto no fornecimento de uma amostra de erros e acertos que permitisse calcular a dificuldade dos lances. Cheguei a tentar fazer com uso de Excel, mas ainda era impraticável. O tempo necessário para calcular os ratings dos jogadores de 1 partida exigia mais de 10 horas, além de 4 horas para as análises dos lances. A probabilidade de cometer descuidos nos registros manuais dos lances, ou em outras etapas, era muito alto. As engines com rating mais baixo apresentavam vários problemas de travamento, registro incorreto de lances etc. Como eu não conhecia programação, não havia como automatizar esse processo.

Em 2013 os amigos André Gambaro, Victor Gabriel e Philipe Oliveira gentilmente se colocaram à disposição para me ajudar com a programação. André fez um script para ler os arquivos PGN e copiar as análises do PGN para uma planilha Excel. Isso reduzia o trabalho manual em mais de 95%. Victor Gabriel implementou os processos de análise estatística que descrevi, lendo as planilhas Excel e automatizando essa etapa. Philipe Oliveira contribuiu com análises de partidas, utilizando sua máquina, pois cada partida com cerca de 40 lances das Brancas e 40 das Pretas, com análise de 1 segundo por lance, usando 100 engines para analisar, demoraria cerca de 2,2 horas. Porém há um delay no descarregamento de cada engine e carregamento da engine seguinte, um delay na exibição da imagem na tela, entre outros fatores que acabam elevando a duração das análises para 3h a 4h por partida.

Chegamos a produzir alguns resultados preliminares, mas o programa para ler PGN só funcionava no arquivo usado como exemplo para criar o tal programa, mas não conseguia ler outros arquivos PGN, acusando erro. Num determinado momento,

Victor Gabriel, que fazia doutorado na área de Radiologia, precisou viajar e tivemos que interromper por alguns meses. Quando ele retornou, eu já estava envolvido em outros projetos e nunca retomamos isso.

Em 2019 comecei a me interessar por Python, assisti a algumas poucas aulas, mas logo interrompi. No final de 2020 e início de 2021, voltei a me interessar por Python, mas dessa vez peguei mais firme e levei adiante. Para exercitar, fiz inicialmente um projeto básico, editando uma base de dado de cotações de EURUSD. Depois fiz um estudo empírico para meu livro de IMC, de 2008, e publiquei um novo livro sobre o mesmo tema em agosto de 2021. Em seguida, retomei esse projeto sobre rating baseado na qualidade dos lances, agora conhecendo programação e reunindo todos os elementos necessários.

Assim, seguindo a mesma ideia de 1991, porém utilizando engines em lugar de jogadores humanos, foi possível colocar tudo em prática. Conforme a implementação foi avançando, surgiram novas ideias que tornaram o projeto mais completo do que o esboço original de 1991.

Com isso foi criado o modelo preliminar, que em seguida passou por uma "sintonia fina". Os ratings calculados dessa maneira já saem prontos e calibrados, pois são baseados na relação entre rating e porcentagem de acertos das engines, e os ratings dessas engines foram calibrados com base em ratings de jogadores humanos, conforme descrito no site da SSDF, que foi o ponto de partida para todas as listas posteriores de rating de engines. Porém há algumas diferenças que não podem ser negligenciadas, algumas das quais serão analisadas no final desse capítulo. Duas dessas diferenças são: um jogador humano, quando comparado a engines com o mesmo rating que o dele, tende a cometer mais erros táticos e menos erros estratégicos que a engine, pois embora tenham mesma força global, os elementos que determinam essa força global estão presentes em proporções muito diferentes. Máquinas são muito mais rápidas e precisas nos cálculos, enquanto humanos são mais heurísticos na avaliação de planos complexos e profundos. Outra diferença é que o tempo utilizado pelas engines nas análises não é o mesmo que o tempo utilizado pelos jogadores na partida. Por isso considerei necessário fazer uma "sintonia fina" para aprimorar o resultado.

Usando esse método para calcular os ratings de Fischer e Taimanov na 4ª partida do Torneio de Candidatos de 1971, temos o seguinte gráfico:

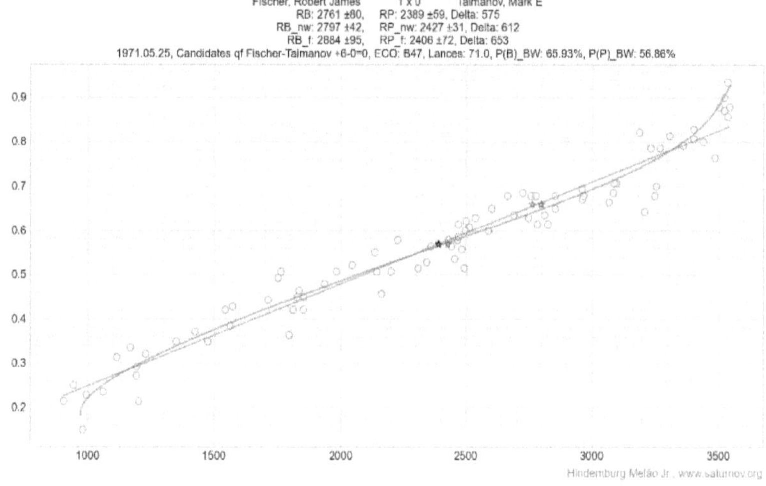

O eixo x indica os ratings das engines que foram colocadas para analisar essa partida e o eixo y indica as porcentagens de acertos (0,5 = 50%) que cada uma dessas engines obteve. "Acerto", nesse caso, significa que escolheram o mesmo lance do gabarito. O gabarito é determninado por uma votação ponderada das engines mais fortes (3500+).

Cada círculo azul representa o resultado de cada engine. Pode-se observar claramente que as engines com ratings mais altos obtêm, em média, maiores porcentagens de acertos e vice-versa, embora haja algumas exceções. Por exemplo: pode-se observar que há uma engine com 1762 de rating e 36% de acertos, enquanto outra com 1750 de rating teve 51% de acertos. Há outras distorções desse tipo, mas, no conjunto, as porcentagens de acertos crescem com o rating e determinam aproximadamente uma reta, representada pela linha vermelha.

Essa linha vermelha indica o rating que corresponde a cada porcentagem de acertos para essa partida específica. Por exemplo: no gráfico acima, 25% de acertos corresponde a cerca de 1000 de rating, enquanto 50% corresponde a 2050 e 60% corresponde a 2500. Em outra partida, cujos lances tivessem um nível diferente de dificuldade, as porcentagens de acertos correspondentes a cada rating seriam bem diferentes, de modo que 60% de acertos poderia ser equivalente a 1900, em vez de 2500.

Assim, considerando os parâmetros da reta de regressão para essa partida específica, se o condutor das Brancas (Fischer) teve 65,35% de acertos, verifica-se pela linha vermelha de regressão que essa porcentagem equivale ao rating 2761. Basta encontrar na linha vermelha o valor 65,35% e descer verticalmente nesse ponto para encontrar o rating correspondente no eixo *x*. O mesmo procedimento para o condutor das Pretas, que teve 57,37% de acertos, correspondente a cerca de 2389 de rating.

A curva verde é uma regressão polinomial monotônica dos resultados destas engines, que permite fazer estimativas mais acuradas quando a regressão não é bem representada por uma reta. Por exemplo: numa partida que tenha alta concentração de lances muito difíceis, ou de lances muito fáceis. Nesses casos, a regressão não fica tão semelhante a uma reta quanto nesse caso, pois a distribuição nas dificuldades dos lances afeta a distribuição nas porcentagens de acertos das engines de diferentes níveis.

As estrelinhas preta, vermelha, cinza e azul indicam os resultados de cada jogador, em comparação as das engines, com base nas porcentagens de acertos dos jogadores em comparação às porcentagens de acertos das engines. Há duas estrelinhas para cada jogador porque foram utilizados 2 métodos diferentes para o cálculo. Na verdade, foram 38 métodos diferentes, entre os quais 3 foram listados e 2 estão plotados no gráfico. Por isso há mais de um valor diferente para a estimativa de rating.

O uso de vários gabaritos, em vez de um, também traz algumas pequenas vantagens, pois com isso se tem uma ponderação automática sobre o peso que deve ser atribuído ao melhor lance em cada posição, sem precisar estabelecer critérios arbitrários para estimar escores diferentes a cada um dos melhores lances em cada posição. Ao mesmo tempo, produz-se um gabarito mais completo e diversificado, que além do melhor lance, considera também vários possíveis bons lances em cada posição, resolvendo com isso mais dois problemas de ponderação sem distorções isométricas.

As diferenças entre os 38 métodos são basicamente que em alguns casos foi utilizada média aritmética e em outros foi utilizado o biweight de Tukey nas etapas que envolveram a determinação de uma tendência central. Em alguns métodos foi usada a regressão linear, em outros foi usada uma regressão polinomial. Em alguns casos os acertos foram computados usando 1 para cada acerto e 0 para cada erro, em outros casos foi gerada uma penalidade calculada com base no Eval. E outros detalhes desse tipo. Portanto a estrutura dos 38 métodos não muda. Só alguns pequenos detalhes é que são diferentes.

Também foi testada uma regressão logística com 2 e com 3 parâmetros, que se mostra aderente em muitos casos, mas não em outros, por isso foram preferidas a regressão linear e a regressão polinomial monotônica crescente.

Também foram testadas regressões com o uso de redes neurais, com métodos de ativação ReLU, eLU, SeLU e tangente hiperbólica, com otimização Adam e Nadam, variando a profundidade e o tamanho da rede entre 16 e 1024 neurônios por camada, com 1 a 10 camadas, e deixando a rede treinar por 10 a 10.000 ciclos. Os resultados se mostraram interessantes, mas são lentos e muitas vezes a curva não atende ao critério de monotonicidade crescente.

Esse resultado preliminar já proporciona uma estimativa bastante boa sobre as forças relativas dos jogadores, porém são necessários mais alguns ajustes para que se possa calibrar os parâmetros da fórmula de conversão da porcentagem de acertos em rating, pois nesse caso os dois ratings estão subavaliados.

A calibração consiste em aplicar esse método a algumas centenas de jogadores cujo rating FIDE seja conhecido, que se distribuam num largo espectro (1000 a 2800). Embora os ratings das engines sejam semelhantes aos ratings humanos, há várias particularidades que podem produzir distorções, por isso é mais cauteloso fazer esse ajuste complementar. Depois dessa etapa é realizado um novo ajuste de curva para corrigir o rating bruto estimado pelas engines de modo a se aproximar esses valores à escala padrão do rating FIDE ajustado ao nível de inflação em julho de 2021.

Após essa correção, o resultado é 3101 para Fischer e 2673 para Taimanov. Portanto, nessa partida específica Taimanov jogou aproximadamente um pouco abaixo de sua força habitual, e Fischer um pouco acima. Lembrando que o rating de Taimanov em 1971 (antes do match) ajustado para o nível de inflação de 2021,5 é cerca de 2754 e o de Fischer 2879.

Um ponto importante a ser comentado é que a diferença de 3101 para 2879 assim como a diferença de 2673 para 2754 não são "erros". Cada rating está medindo algo diferente, assim como os ratings performances e os ratings presentes diferem porque medem atributos diferentes. O rating performance mede quão bem cada jogador se saiu num evento específico, enquanto o rating presente é determinado por uma média ponderada pelo histórico inteiro do jogador, atribuindo peso maior aos resultados mais recentes. E no caso desse método, é uma medida da qualidade de jogo nesta partida específica, que também pode ser utilizado para um torneio inteiro ou para a carreira inteira.

Assim, com apenas 1 partida, pode-se fazer uma estimativa bastante razoável sobre a força de jogo de cada jogador que a conduziu, sem os vieses analisados no início desse capítulo. O erro na medida nesse caso provavelmente é cerca de 100 a 200 pontos. A incerteza na medida é bem menor, cerca de 23 pontos, mas geralmente essas incertezas são subestimadas. Lembrando também que a força medida não reflete necessariamente a força média do jogador, mas sim a força do jogador nessa partida específica.

O ponto-chave desse método está na maneira de medir a complexidade dos lances, não tentando avaliar como o número de peças atacadas ou o número de lances possíveis poderia se correlacionar com a dificuldade da posição, mas sim utilizando um pool de engines com diferentes níveis de força para analisar cada lance e verificar quantas delas "acertam" esses lances; depois comparar as taxas de acertos dessas engines com as taxas de acertos dos jogadores que conduziram a partida, assim emerge naturalmente a informação sobre os ratings de cada jogador, sem precisar de transformações de escalas, sem assumir que todas as partidas tenham igual complexidade, entre outras vantagens.

Então surgem algumas questões: se o cálculo preliminar foi baseado nos ratings das engines, e os ratings CCRL das engines são similares ao rating FIDE, por que foi necessário um ajuste posterior?

A resposta é que os tempos de análise para cada lance não são os mesmos que os jogadores tiveram em suas partidas. Além disso, há algumas diferenças de amplitude nos ratings CCRL em comparação ao FIDE, conforme discutido no capítulo **"Alguns problemas com o sistema Elo e propostas de soluções"**.

Comentários técnicos, conceituais e limitações:

Em vez de utilizar os ratings das engines calculados com base nos confrontos entre elas jogando entre si (da lista CCRL, por exemplo), também foi testado recalcular os ratings das engines com base nas porcentagens de acertos que obtiveram nas partidas que elas analisaram, convertando as porcentagens de acertos em rating. Essa alternativa se mostrou superior ao fazer a previsão dos ratings dos jogadores e apresentou correlação mais forte entre porcentagem de acertos das engines e rating das engines.

Em vez de usar em cada partida o rating de cada engine calculado com base nos acertos que ela obteve naquela partida específica, também foi testado ordenar as engines em cada partida conforme os acertos que tiveram no conjunto de todas as partidas que as mesmas engines analisaram. Por um lado, isso reduz o risco de o polinômio de regressão ter trechos decrescentes e aumenta a correlação. Por outro lado, altera a inclinação da reta de uma forma que pode ser injustificada.

Os testes mostraram que as forças das engines baseadas no conjunto total de acertos que elas tiveram em todas as partidas parece ser uma representação mais fidedigna da força média verdadeira para cada partida individual do que os acertos que cada engine teve em cada partida individual. Uma abordagem bayesiana, combinando os acertos no total de partidas e os acertos em cada partida individual também foi testada, mas não foi possível determinar os pesos adequados para essa ponderação. Com pesos 0,5 para cada, os resultados não se mostraram superiores.

A calibração inicial dos ratings por esse método foi com base no rating FIDE ajustado ao nível de inflação de 2021,5. Porém há várias inconsistências nos ratings registrados no Mega Database, especialmente nos ratings mais baixos. Há jogadores com rating 150 e força muito maior que a de jogadores com rating 800 ou 1000. Isso aparentemente acontece porque alguns torneios europeus misturam rating BCF com rating FIDE, sem antes converter a escala BCF em FIDE. Como os ratings BCF estão numa escala muito diferente, isso acaba provocando distorções muito grandes. No caso do rating USCF, por exemplo, embora o método de cálculo seja um pouco diferente do FIDE (o fator k é determinado por critérios diferentes), os escores são bastante semelhantes, só um pouco mais altos, por isso misturar ratings FIDE e USCF nos cálculos não provoca grandes problemas, mas misturar BCF e FIDE gera distorções gigantescas. Grosso modo, um rating BCF 240 corresponde a cerca de 2500 FIDE.

As escalas não são exatamente conversíveis porque os métodos de cálculo são diferentes, mas uma fórmula aproximada que possibilita conversões estatisticamente válidas (embora individualmente incorretas) é: $RF=BCF \times 7{,}5+700$. Portanto há uma diferença imensa e jamais deveriam somar ratings FIDE com BCF e dividir, para calcular a média, e tratar o resultado dessa operação aberrante como se fosse igual ao FIDE. Incrivelmente, isso é feito pelos organizadores de alguns eventos europeus. O correto seria primeiramente converter os ratings BCF em FIDE e depois enviar os resultados aos repositórios de eventos e às autoridades da FIDE que processam esses dados.

Por esse motivo, o cálculo inicial foi baseado no rating FIDE ajustado à inflação de 2021,5 para jogadores acima de 1600 de rating. E numa etapa posterior, todos os ratings foram recalculados utilizando um novo método que será descrito no capítulo que trata desse assunto, gerando escores consistentes e acurados. Este segundo método não mede os ratings absolutos. Este é similar ao Elo, porque o cálculo pelo método de rating absoluto demora cerca de 4 horas para analisar 1 partida (são dezenas de engines analisando dezenas de lances), de modo que levaria milhões de horas para analisar a base de dados inteira. O histograma a seguir mostra a distribuição dos escores corrigidos de jogadores entre os anos 1840 e 2021 por este segundo método:

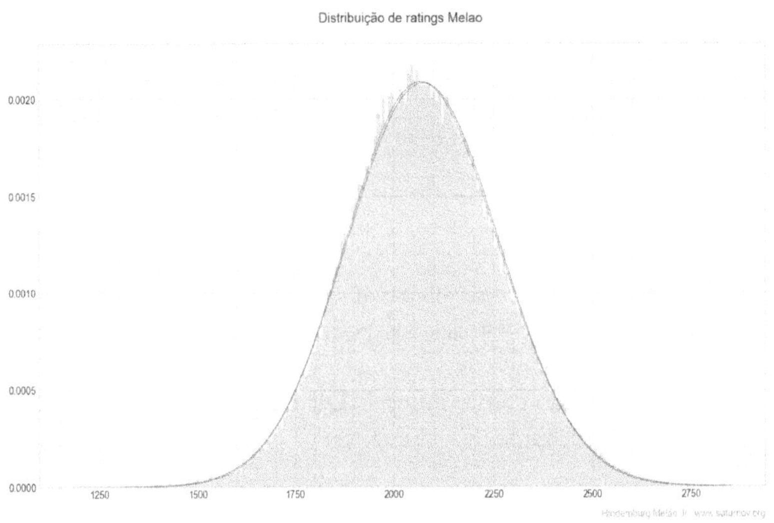

A linha vermelha é uma normal com melhor ajuste aos dados e a linha azul é uma normal assimétrica com melhor ajuste aos dados. Pode-se notar que o resultado é uma distribuição normal quase perfeita, sem que os escores tenham sido normalizados. Inclusive as caudas, até cerca de 3 desvios padrão distantes da média, o ajuste continua bom. Para visualizar melhor o que acontece nas extremidades das caudas, podemos usar uma escala logarítmica no eixo *y*:

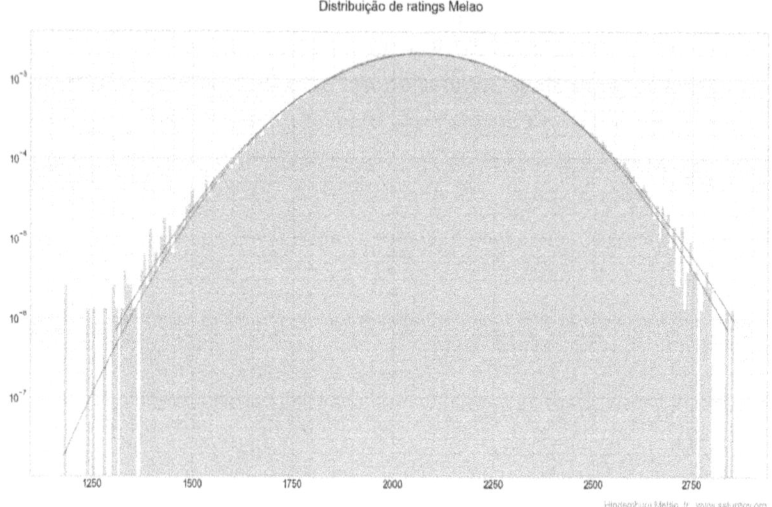

Com isso podemos observar que a distribuição chega até o intervalo de -4 a +4 desvios padrão muito semelhante a uma normal.

Comparando com o rating FIDE de outubro de 2021, pode-se perceber claramente a diferença:

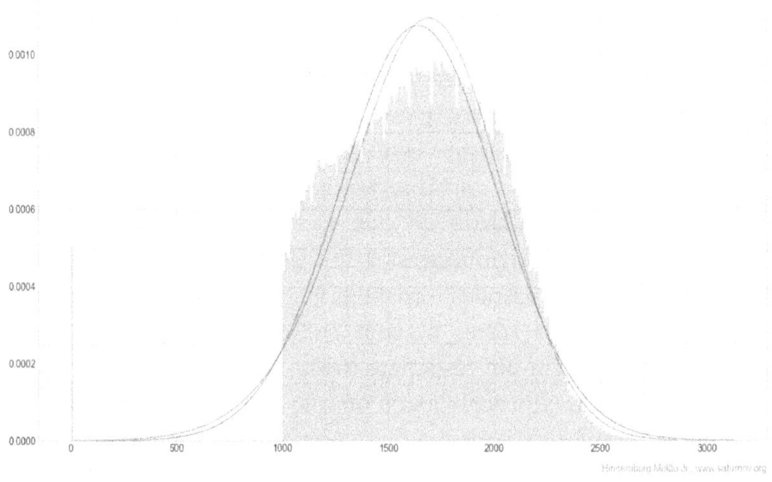

Além de estar truncada em 1000, mesmo que os jogadores com menos de 1000 fossem incluídos, a forma da curva continuaria muito diferente da de uma normal. Há uma cauda muito densa à esquerda e uma assimetria muito forte. Há também alguns erros de jogadores registrados como se tivessem rating 0, mas isso é pouco relevante porque são poucos e não chega a afetar os parâmetros da distribuição. Com esses dados não há como fazer um tratamento estatístico apropriado. Seria possível fazer um ajuste de uma distribuição de Weibull ou alguma outra distribuição versátil (Birnbaum-Saunders, Johnson SB, Von Mieses etc.) considerando exclusivamente a parte da curva cujos dados estão disponíveis, mas isso só faria sentido se houvesse uma boa razão para supor que a distribuição empírica dos ratings não é tão aderente a uma normal quanto é a uma distribuição mais flexível. Porém o que os resultados sugerem é que o grupo de jogadores do Mega Database se distribui com excelente aderência a uma normal, desde que o cálculo dos ratings seja realizado de modo a corrigir adequadamente a inflação e eliminar outras distorções.

Como a amostra é muito grande, os testes de normalidade sugerem a rejeição da hipótese nula (Shapiro-Wilk pv = $5{,}4\times10^{-6}$, Kolmogorov-Smirnov pv < 10^{-9}, Dagostino pv = $8{,}8\times10^{-21}$), mas isso acontece porque esses testes não se destinam à medir a similaridade entre a distribuição teórica e a empírica, mas sim medir a probabilidade de que as diferenças aferidas sejam estatisticamente significativas a um determinado grau, e como amostras muito grandes tornam as incertezas nas medidas muito pequenas, esses testes acabam se tornando exageradamente sensíveis. Porém um teste para medir a qualidade de ajuste, em vez de medir a probabilidade de que as diferenças observadas sejam significativas, mostra que a similaridade é muito alta, acima de 99%.

Já no caso do rating FIDE, é evidente que a forma da curva é muito diferente da de uma normal, por isso não seria apropriado usar o grupo inteiro para essa padronização. Mas se cortar a curva verticalmente, aproximadamente no ponto 1650, pode-se perceber que o lado direito da curva é razoavelmente "bem-comportado". Na verdade, a partir de 1500 já se tem um bom comportamento. Por isso foi usada esta parte dos dados do rating FIDE para estimar o nível atual de inflação (julho de 2021, mas o gráfico acima é de outubro).

Outro ponto que precisa ser comentado é que os tipos de erros cometidos pelas engines geralmente não são os mesmos cometidos por humanos. Engines com rating 1500 cometem muitos erros estratégicos graves que os jogadores humanos de 1500 não cometem, enquanto os humanos de 1500 cometem erros táticos graves que as engines de 1500 não cometem. Para atenuar esse viés, foram usados cerca de 60% de engines Lc0 com diferentes arquivos PB, pois Lc0 tem um estilo de jogo muito mais humano, é muito mais propensa a cometer erros de cálculo do que erros estratégicos. Isso torna o ajuste mais acurado para humanos.

Foram testadas 91 distribuições contínuas e 17 discretas para verificar qual a mais apropriada para representar esse conjunto de dados. Na seleção preliminar, foi utilizado Kolmogorov-Smirnov para aferir a qualidade de ajuste. Em etapa posterior, foram utilizados Anderson-Darling e uma comparação por meio de Qui-quadrado com um modelo de ajuste de uma rede neural.

Nos casos em que a distribuição discreta impossibilitava a comparação por conter a função n-fatorial, esta foi substituída por Gamma(n+1), contornando essa limitação e possibilitando (pelo menos operacionalmente) o uso de distribuições discretas para variáveis contínuas.

O gráfico a seguir mostra uma síntese de todas as curvas testadas:

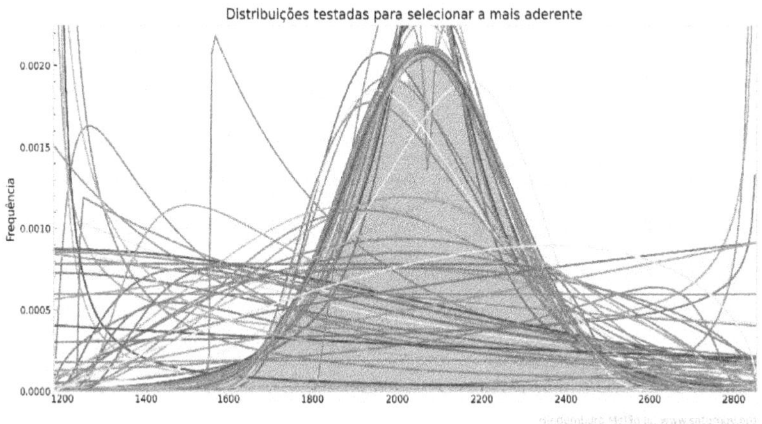

A lista completa das distribuições testadas é essa:

Alfa
Anglit
Arcseno
Bernoulli
Beta
Beta Prime
Beta-Binomial
Beta-Kappa de Mielke
Binomial
Binomial Negativa
Birnbaum-Saunders
Boltzmann (Planck truncado)
Bradford
Burr
Burr12
Cauchy
Cauchy assimétrica
Cauchy empacotada
Cauchy Envelopada
Chi
Cosseno
Erlang
Exponencial
Exponencial Generalizada
Exponencial Truncada
F descentralizada
Fisk (Log logística)
F-ratio (ou F)
Função de Potência
Gama
Gama dupla
Gama Generalizada
Gama Invertida
Gauss Hipergeométrica
Gaussiana Inversa Generalizada
Gaussiana Inversa Normal
Gaussiana Inversa Recíproca
Geométrica
Gilbrat
Gompertz (Gumbel truncado)
Gumbel (LogWeibull, Fisher-Tippetts, Valor Extremo Tipo I)
Gumbel assimétrica levogira (para estatística de mínima ordem)
Hiperbólica generalizada
Hipergeométrica
Hipergeométrica descentralizada de Fisher
Hipergeométrica descentralizada de Wallenius
Hipergeométrica Negativa
Intervalo Studentizado
Johnson SB
Johnson SU
KS-bilateral
KS-bilateral para grandes amostras
KS-unilateral
Laplace (Double Exponential, Bilateral Exponential)
Laplace assimétrica
Laplaciana Discreta
Lévy
Lévy assimétrica levogira
Logarítmica (série logarítmica, série)
Log-Gama
Logística (Sech-quadrado)
Logística Generalizada
Log-Laplace (Log Dupla Exponencial)
Log-Normal (Cobb-Douglass)
Log-Uniforme
Lomax (segundo tipo de Pareto)
Maxwell
Nakagami
Normal
Normal empacotada
Normal Generalizada
Normal Inversa (Gaussiana Inversa)
Normal Truncada
Pareto
Pareto Generalizada
Planck (exponencial discreta)
Poisson
Potência exponencial
Potência lognormal
Potência Normal
Qui-quadrado
Qui-quadrado descentralizada
R-
Rayleigh
Rice
Secante Hiperbólica
Semi-Cauchy
Semicircular
Semi-Logística
Semi-logística Generalizada
Semi-Normal
t de Student
t descentralizada
Trapezoidal
Triangular
Tukey-Lambda
Uniforme
Uniforme (randint) Discreta
Valor extremo generalizada
Von Mises
Wald
Weibull de Máximo Valor Extremo
Weibull de Mínimo Valor Extremo
Weibull dupla
Weibull exponenciada
Weibull Invertida
Yule-Simon
Zipf (Zeta)
Zipfian

As distribuições que se mostraram mais aderentes aos dados foram Birnbaum-Saunders, Gamma generalizada e Qui^2. A normal assimétrica teve a 9º melhor qualidade de ajuste, mas por motivos conceituais, enumerados a seguir, foi adotada como modelo:

1. Verificando a qualidade de ajuste das 10 distribuições mais aderentes com o uso de Anderson-Darling, que é mais sensível à morfologia nas caudas, a normal assimétrica foi a 3ª melhor.
2. Usando uma rede neural com 8 camadas, tendo 256 neurônios na primeira e na última, 512 na segunda e na penúltima, 1024 nas intermediárias, otimizada com método Adam, usando o modelo ReLU de ativação nas primeiras 5 camadas e SeLU nas 3 últimas camadas, após um treinamento de 2000 ciclos para modelar os dados empíricos, de modo a suavizar a distribuição, mas preservando a morfologia em todas as localidades, filtrando as pequenas anomalias, sem impor uma forma a priori, e depois comparando a curva resultante desse modelo com os 10 modelos que haviam apresentado melhor ajuste, a normal assimétrica foi a que se mostrou mais aderente.
3. Nas comparações por Kolmogorov-Smirnov e Anderson-Darling, a desvantagem da normal assimétrica em comparação às que ficaram melhores que ela foi mínima.
4. Na maioria das situações nas quais é possível utilizar uma normal ou uma normal assimétrica, sem perda substancial em comparação a outros modelos, ela permite tratamentos mais abrangentes aos dados, com uma maior variedade de ferramentas estatísticas.

Devido a esse conjunto de motivos, o modelo escolhido foi a skewnormal.

Desenvolvimentos futuros

Há uma extensa de lista de aprimoramentos que podem ser implementados nesse método, mas um dos principais, a curto prazo, para acelerar o processo de análises necessárias às medições das forças, consiste em registrar a evolução dos lances indicados por cada engine em cada posição em cada depth, em vez de considerar apenas melhor lance ao final (último depth). Embora a maneira como a força de uma engine diminui com a redução no tempo de análise não seja igual à que se observa numa engine de menor força com mesmo tempo, o aumento no volume de dados disponíveis contribui para melhorar a precisão e acurácia nas medidas, ou reduzir o tempo de análise.

Por exemplo: em vez de usar 6 engines com ratings 1000, 1500, 2000, 2500, 3000 e 3500, pode-se aproveitar as avaliações que a engine de 3500 fez em depth 4, depth 8, depth 12 etc., considerando que nesses depths mais baixos ela fez análises com qualidades correspondentes a ratings 3000, 2500, 2000 etc.

Mas esse ajuste não é simples e precisa ser feito com cautela, para começar porque a variação na força de jogo não é determinada uniformemente pelo depth, mas sim pelo tempo. Então é necessário cronometrar os tempos em microssegundos ou nanossegundos, em vez de tomar como base os depths. A cada dobra no tempo, as engines geralmente melhoram cerca de 42 pontos de rating em suas forças, mas isso também não é igual para todas. Algumas ganham 30 pontos a cada dobra, outras ganham 70 pontos a cada dobra.

De qualquer modo, esse procedimento possibilita um melhor aproveitamento do tempo de análise, já que essas informações são geradas, mas não são registradas num arquivo de log, nem utilizadas nos cálculos. Em análises com 1 segundo por lance, geralmente engines como Stockfish e Dragon alcançam depth acima de 25, podendo chegar a mais de 30 ou mesmo 35 em posições com poucas peças e/ou em máquinas com muitos processadores. Portanto, esse aprimoramento possibilita multiplicar por 20 a 35 o número de lances sugeridos, incrementando a precisao em 4 a 6 vezes, e a acurácia em 2 a 3 vezes.

Outro aprimoramento consiste em registrar não apenas o melhor lance em cada posição, mas também o segundo melhor, o terceiro melhor etc. Desse modo, em vez de verificar quanto o eval caiu ou subiu no lance seguinte, quando o lance da partida é diferente do lance da engine, pode-se medir essa diferença no mesmo lance, reduzindo a incerteza na medida. Pode-se também formular métodos mais sofisticados, explorando esses dados adicionais de diferentes maneiras.

O caso de Louis Theodor Eichborn

O caso de Eichborn é tão extraordinário e insólito que cheguei a pensar em colocar como título desse livro "O rating de Louis Eichborn".

Em meados do século XIX, houve um jogador de Xadrez chamado Louis Eichborn, sobre o qual não se sabe muita coisa além de ter sido banqueiro e ter jogado várias partidas amistosas com um dos melhores jogadores do mundo na época, Adolf Anderssen. Até o final do século XX, entre as partidas registradas no Mega Database 1999, todas eram vitórias de Eichborn, o que o colocava claramente como o jogador com melhor performance registrada de todos os tempos, com rating acima de 3100.

Nas edições seguintes do Mega Database foram garimpados e incluídos mais alguns jogos de Eichborn, inclusive alguns com vitórias de Anderssen, mas ainda com franca predominância de Eichborn, com 35 jogos ao todo, sendo 32 vitórias de Eichborn, 1 empate e apenas 2 vitórias de Anderssen.

1	2	3	4	5	6	7	8	9	10	11	12	13	14	15	16	17	18	19	20	21	22	23	24	25	26	27	28	29	30	31	32	33	34	35
1	½	1	1	1	1	1	1	1	1	1	1	0	1	1	1	1	1	1	1	1	1	1	1	0	1	1	1	1	1	1	1	1	1	1
0	½	0	0	0	0	0	0	0	0	0	0	1	0	0	0	0	0	0	0	0	0	0	0	1	0	0	0	0	0	0	0	0	0	0

Esses jogos se distribuem no período de 1851 a 1859, portanto quase todos ocorreram depois de Anderssen ter sido campeão no Torneio Internacional da Londres de 1851, que é geralmente considerado pelos historiadores do Xadrez como um marco que consagrou Anderssen como o melhor jogador do mundo. Isso não é tão claro, porque os 2 melhores do mundo na época não participaram desse evento: Morphy e Buckle. Morphy era ainda adolescente, embora fosse provavelmente o mais forte do mundo. Além disso, apenas 5 entre os 15 melhores do mundo participaram desse evento, por isso não é muito prudente reconhecer o campeão desse certame como o melhor do mundo. Por outro lado, estiveram participando Staunton, Kieseritzky, Löwenthal e Horowitz, que após a morte de Bledow eram alguns dos nomes mais importantes da época, e como a vitória de Anderssen foi muito convincente, elevando-o de 17º no ranking para 5º no ano seguinte, existe a possibilidade de que naquele momento ele fosse de fato o melhor do mundo, embora seja questionável se ele foi o melhor do mundo ao longo daquele ano inteiro.

Embora houvesse menos competidores naquela época, pode-se comparar esse resultado a alguns dos torneios nocaute da FIDE, nos quais os jogadores que se sagraram campeões mundiais não estavam entre os 5 primeiros no ranking, e algumas vezes nem entre os 10 primeiros, mas tiveram excelente performance e conquistaram o título, com todos os méritos, mas mesmo após a vitória não chegaram a número 1 do ranking mundial. Com o detalhe que os eventos da FIDE tiveram o status de campeonato mundial, mas esse torneio de Londres não teve, por isso não há muito embasamento em considerar Anderssen campeão mundial oficioso com base nesse resultado.

Quer Anderssen fosse o melhor do mundo, quer não, este escore de Eichborn contra um oponente daquela envergadura é absolutamente extraordinário.

No Megadatabase há registro de uma série de jogos na qual Anderssen foi vencido por 6x0 por Hirschfeld, em 1860, mas esse não é o registro completo desse match. De acordo com o que consta no livro "Chess Results, 1747-1900", de Gino Di Felice, esse confronto teve um total de 29 partidas e foi vencido por Anderssen na proporção de 16,5x12,5. Além disso, Hirschfeld era um jogador famoso e muito forte, havendo registros de várias outras partidas de Hirschfeld contra outros oponentes, possibilitando calcular sua força com base nesses resultados, enquanto Eichborn era pouco conhecido.

Entre as 9,2 milhões de partidas do Mega Database 2022, não há outros jogos registrados de Eichborn contra oponentes que não sejam Anderssen. Isso dificulta calcular a força verdadeira de Eichborn. Quando digo "força verdadeira" é porque ao analisar os jogos que Eichborn venceu, pode-se perceber que na maioria das vezes Anderssen jogou muito abaixo de sua força. Aquele Anderssen vencido por Eichborn não é o mesmo que foi campeão no torneio de Londres em 1851 nem o que foi vencido por Morphy em 1858. Não estou dizendo que fosse outra pessoa com mesmo nome. O que digo é que Anderssen não jogou com sua típica qualidade de jogo.

De acordo com o historiador de Xadrez Edward Winter, há pelo menos 15 jogos registrados de Eichborn contra outros oponentes (além de Anderssen), publicados na revista Deutsche Schachzeitung, entre os quais Winter apresenta 3 deles em sua página, todos com vitórias de Eichborn, por isso esses jogos não ajudam a resolver o "mistério" sobre a verdadeira força de Eichborn, embora permita constatar que era de fato um jogador muito forte.

Esse detalhe de Anderssen ter jogado abaixo de sua força é uma curiosidade interessante, mas, a princípio, não ajuda muito nesse caso.

A diferença entre a qualidade dos jogos de Anderssen em eventos oficiais e em jogos casuais foi notada há bastante tempo, foi citada no estudo de Jeff Sonas e passou a ser um padrão considerar como se fossem dois jogadores distintos, para efeito de cálculo: um Anderssen muito forte em jogos amistosos e um Anderssen excepcionalmente forte em jogos oficiais.

Essa distinção nem sempre deveria ser aplicada, porque em alguns matches amistosos a qualidade de jogo de Anderssen foi tão alta quanto em seus jogos de torneio, e quando se trata Anderssen como se fossem duas pessoas diferentes nos cálculos, isso acaba prejudicando os resultados de seus oponentes casuais contra os quais Anderssen empregou sua força total, inclusive Gustav Richard Neumann.

Talvez fosse um pouco mais acurado usar uma ponderação suave na transição entre 1856 a 1858 e novamente entre 1866 e 1868, porque os jogos de Anderssen anteriores a 1857 e posteriores a 1867 apresentavam essa diferença quando ele jogava torneios e quando jogava casualmente, mas entre 1858 e 1866 seus jogos estiveram praticamente no mesmo nível tanto em torneios e matches quanto em partidas casuais.

Além disso, há outros jogadores que também apresentam essa característica de jogar abaixo de sua força típica em partidas amistosas, e como não seria operacionalmente viável identificá-los todos e aplicar igual tratamento a todos, então o mais correto provavelmente é não dar esse privilégio a Anderssen também.

O fato é que muitos livros citam Anderssen como o melhor jogador do mundo nos períodos de 1851 a 1858 e novamente de 1862 a 1866, mas ao calcular objetivamente seu rating com base em seus resultados, verifica-se que suas melhores performances ocorreram em 1870, quando ele chegou a ser o 3º melhor do mundo, mas em nenhum momento chegou a 1º. Em 1851, mesmo com sua vitória no torneio de Londres, ele subiu "apenas" para 5º lugar no ranking mundial.

Por isso, ao que parece, há uma crença pré-concebida de que Anderssen foi o melhor do mundo em determinado período e tenta-se forçar os números a se encaixarem nessa crença. Para alcançar esse objetivo, foi criada essa divisão de Anderssen em duas pessoas distintas – um oficial e outro casual – para tentar empurrá-lo para o topo da lista. Inclusive em minha primeira lista de rating, aderi a essa "tradição", mas vários jogadores foram prejudicados com isso, inclusive Morphy, que além do match "oficial" também jogou um match amistoso contra Anderssen. Por isso, e pelos motivos expostos acima, me pareceu mais correto não dar a Anderssen esse tratamento especial.

A título de curiosidade, no rating Edo, Anderssen "oficial" chega a 2684 em seu auge, enquanto Anderssen casual chega a 2603.

Seja como for, ainda que a performance de Eichborn fosse calculada com base na versão mais fraca de Anderssen, mesmo assim seu rating performance seria acima de 2900, e a força de jogo que Eichborn apresenta em suas partidas é claramente incompatível com esse resultado.

Mas qual seria, então, a verdadeira força de Eichborn? Digamos que não fosse 2900, mas poderia ser 2600? Isso ainda o colocaria entre os melhores do mundo em sua época e ele não poderia ser eliminado da História, como tem sido até agora.

Quando Jeff Sonas publicou sua primeira versão de Chessmetrics, ele esclareceu vários detalhes sobre a filtragem que fez na base de dados antes de realizar os cálculos, removendo jogos com vantagem material, jogos às cegas, simultâneas e outros que pudessem produzir resultados distorcidos. Um dos cuidados que ele tomou foi justamente remover Eichborn da lista.

O mesmo aconteceu quando Rob Edwards calculou os ratings para seu site, e todos que realizaram trabalhos similares depararam com o mesmo problema, porque quase todos os jogos registrados de Eichborn são contra Anderssen e há uma nítida seleção enviesada de resultados, por isso não há como calcular a força de Eichborn utilizando os métodos tradicionais similares ao sistema Elo.

Essa situação é complexa, porque todos os grandes jogadores daquela época eram bem conhecidos e amplamente citados. Então seria muito estranho se houvesse um jogador muito mais forte que todos os outros, sem que ele fosse aclamado por suas proezas. Isso sugere que provavelmente seu rating não deveria ser 3000. Porém não havia elementos para que se pudesse descartar a hipótese de 2600 ou 2500.

Agora, com o método baseado na qualidade dos lances, torna-se possível medir o rating de Eichborn com alta precisão e acurácia. Ao fazer isso, o rating médio de Eichborn nas 35 partidas disponíveis foi 2260.

Isso é bastante surpreendente e impressionante, porque um rating absoluto de 2260 seria equivalente a 2572 para os padrões daquela época. Seria o maior rating do mundo entre 1851 e 1855.

A lista a seguir mostra os primeiros no ranking mundial em 1853.

#	Nome	V	D	E	P	R	N
1	Lange, Max	23	2	2	88,9%	2553	27
2	Morphy, Paul	17	0	0	100,0%	2544	17
3	Buckle, Henry Thomas	18	8	3	67,2%	2420	29
4	Petrov, Alexander	9	1	3	80,8%	2408	13
5	Von Heydebrand und der Lasa, Tassilo	178	73	30	68,7%	2391	281
6	Anderssen, Adolf	83	50	12	61,4%	2387	145
7	Staunton, Howard	149	76	39	63,8%	2380	264
8	Hanstein, Wilhelm	34	23	11	58,1%	2358	68
9	Boden, Samuel Standidge	11	3	3	73,5%	2350	17
10	Szen, Josef	27	20	8	56,4%	2342	55
11	Kieseritzky, Lionel Adalbert BF	48	30	8	60,5%	2332	86
12	Loewenthal, Johann Jacob	32	39	22	46,2%	2324	93
13	Harrwitz, Daniel	83	48	25	61,2%	2323	156
14	Falkbeer, Ernst Karl	10	9	0	52,6%	2316	19
15	Williams, Elijah	81	60	29	56,2%	2297	170
16	Medley, George Webb	14	11	1	55,8%	2295	26
17	Ranken, Charles Edwards	7	4	1	62,5%	2292	12
18	Wyvill, Marmaduke	12	13	2	48,1%	2286	27
19	Brien, Robert Barnett	6	5	2	53,8%	2285	13
20	Kennedy, Hugh Alexander	21	19	3	52,3%	2280	43
21	Deacon, Frederic	11	6	1	63,9%	2275	18
22	Hodges, William	4	4	3	50,0%	2274	11
23	De Saint Amant, Pierre Charles Four	30	26	10	53,0%	2255	66
24	Dufresne, Jean	10	19	2	35,5%	2242	31
25	Bird, Henry Edward	37	27	7	57,0%	2230	71
26	Horwitz, Bernhard	47	65	23	43,3%	2230	135
27	Stanley, Charles Henry	31	17	10	62,1%	2222	58
28	Urusov, Dmitry Semenovich	6	4	0	60,0%	2211	10
29	Slous, Frederick Lokes	5	5	1	50,0%	2194	11
30	Cochrane, John	151	114	22	56,4%	2185	287
31	Mayet, Carl	22	50	8	32,5%	2174	80
32	Perigal, George	11	16	1	41,1%	2172	28
33	Loewe, Edward	14	21	3	40,8%	2158	38
34	Kloos, H.	2	4	4	40,0%	2152	10
35	Shumov, Ilia S	11	12	2	48,0%	2148	25

O desvio padrão no rating de Eichborn nessas 35 partidas foi 204, portanto a incerteza na média é de 36 pontos de rating. Na pior das hipóteses, Eichborn seria o terceiro melhor do mundo!

Isso pode parecer estranho, e de fato é, porque há mais alguns detalhes que precisam ser considerados nesse cálculo para que se possa chegar a um valor razoavelmente correto para seu rating.

Quando os jogos disponíveis sobre um jogador são uma amostra aleatória de todas as partidas que ele jogou, o cálculo poderia parar por aí e estaria correto. Mas nesse caso a amostra preservada não é representativa do total de jogos de Eichborn. Essa amostra está seriamente enviesada, composta por jogos nos quais ele jogou melhor que seu nível típico.

Mas quão enviesada? Como, então, podemos calcular o rating correto de Eichborn?

O detalhe mais importante que precisa ser levado em consideração aqui é que Eichborn aparentemente jogou muito mais partidas do que aquelas que registrou, mas só manteve registro daquelas que venceu e empatou, com apenas duas exceções. Portanto a qualidade do jogo de Eichborn nestas partidas não é representativa da qualidade média do nível de jogo de Eichborn, mas sim uma amostra altamente seleta de suas melhores performances.

Isso acontece porque quando um jogador mais fraco vence outro mais forte, geralmente isso acontece devido a flutuações aleatórias, com ambos convergindo para a média entre seu rating e o de seu oponente, isto é, o mais forte provavelmente jogou um pouco pior que seu normal, enquanto o mais fraco jogou um pouco melhor que seu normal. Isso é mais provável do que apenas um deles ter jogado muito pior ou muito melhor que seu normal, como mostra a imagem abaixo:

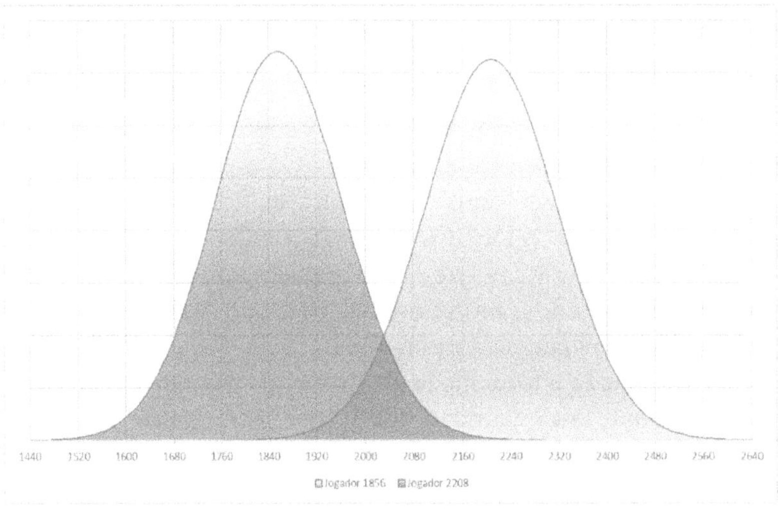

A curva da esquerda representa a distribuição das performances do jogador de menor rating enquanto a da direita representa a distribuição das performances do jogador de maior rating. Quando cada um joga em seu nível normal, o mais forte terá probabilidade muito maior de vencer. Quando apenas o mais forte jogar abaixo de seu normal, enquanto o mais fraco mantém sua força típica, será muito raro que o mais forte jogue tão abaixo de sua força a ponto de perder ou empatar, pois a extremidade da cauda azul precisaria alcançar o ponto médio da curva laranja (1856) para que as probabilidades ficassem iguais, e teria que ultrapassar bastante essa linha para que o mais fraco tivesse boas chances de vencer, e a probabilidade de a cauda azul chegar tão longe é muito baixa.

Analogamente, quando o mais fraco jogar acima de sua força normal, enquanto o mais forte permanecer em seu nível típico, também será muito improvável que o mais fraco jogue tão melhor a ponto de vencer, pois a cauda de sua distribuição precisaria chegar até o ponto médio da curva azul (2208) para que as probabilidades de sucesso ficassem iguais para ambos os jogadores, e a cauda laranja precisaria ultrapassar bastante a linha média da azul para que o mais fraco tivesse boas chances de vencer. Mas a probabilidade de a cauda laranja chegar tão longe é muito baixa.

Por isso as situações nas quais haveria maior probabilidade de que o mais fraco vencesse ocorreriam quando ambos estivessem convergindo para a média, em que as performances de ambos estariam mais ou menos na área de interseção das duas curvas. Essa é a região com maior probabilidade de ocorrência de empates ou vitórias do mais fraco.

Logo, se houve uma filtragem de jogos preservando exclusivamente (ou prioritariamente) aqueles nos quais Eichborn venceu, então é provável que nessas partidas, em média, ele tenha jogado bem acima de sua força normal, enquanto Anderssen deve ter jogado bem abaixo de sua força normal.

Sabemos qual é a força média de Anderssen durante o período no qual disputou essas partidas: 2388, que em termos absolutos, aplicando inflação e convertendo em rating absoluto, equivale a cerca de 2076. Mas a força demonstrada por Anderssen nos 32 jogos que ele perdeu contra Eichborn foi 1857. O desvio padrão no rating de Anderssen nesses 32 jogos foi 255, portanto sua força média nesses 32 jogos foi 0,86 desvios padrão abaixo de sua força normal.

Conforme vimos acima, para que Anderssen estivesse 0,86 desvios padrão abaixo de sua força normal, o mais provável é que Eichborn também estivesse os mesmos 0,86 desvios padrão acima de seu rating normal. Pois bem: o desvio padrão nos ratings de Eichborn nessa amostra de 32 jogos foi 209, então seu rating correto deve ser cerca de 179 pontos menor do que o medido nessa amostra, portanto seu rating absoluto correto era cerca de 2081 e seu rating para os padrões da época era 2393. Essa é a força real do lendário Louis Eichborn.

Não foi o maior jogador de todos os tempos nem o melhor de sua época, mas ainda assim é um rating alto para a época, suficiente para situá-lo entre os melhores do mundo. E não há surpresa nisso (pelo menos não deveria haver), pois vencer 32 partidas contra um dos melhores do mundo não seria para qualquer um, mesmo que tivessem jogado entre si muitas partidas.

Portanto no escore total de todos os jogos entre eles é provável que Anderssen tenha vencido cerca de 49% das partidas disputadas de um total em torno de 66 jogos.

Assim, podemos reconstituir vários detalhes sobre a história desses confrontos, inclusive a força de Eichborn nessa amostra de jogos contra Anderssen, a força média correta de Eichborn, o número total de jogos que não ficaram registrados entre as partidas que eles disputaram, o resultado dos jogos que não ficaram registrados e até a curva de evolução de jogo de Eichborn ao longo dos anos, cujo resultado é conforme mostra o gráfico abaixo:

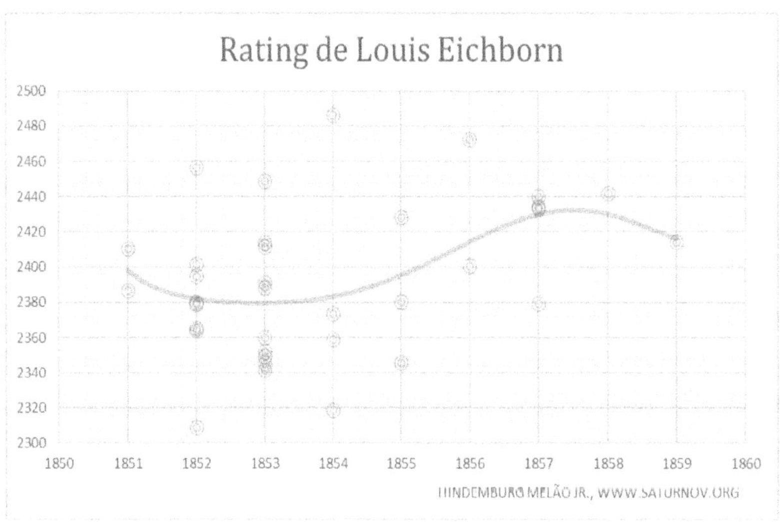

Isso significa que Eichborn pode ter sido de fato um dos melhores jogadores daquela época, com rating que chegou perto de 2432 em seu auge, em 1857. Nesse ano ele pode ter sido o 7º melhor jogador do mundo, com nível similar ao de Staunton e Buckle nesse mesmo ano! Isso torna sua história muito mais interessante e curiosa, porque ele não foi um assíduo participante de torneios nem disputou matches contra outros adversários além de Anderssen, pelo menos não que tenham ficado registrados. Mas sua força de jogo foi notável.

Outro fato curioso é que nessa época Eichborn foi um pouco mais forte do que Anderssen! Não a ponto de vencê-lo por 32,5x2,5, mas a ideia que se tinha de que ele provavelmente era muito mais fraco e teria jogado centenas ou mesmo milhares de partidas para ter conseguido essas 32 vitórias está longe da verdade. Uma análise objetiva da força de jogo de Eichborn revela um rating de 2572 nesses 35 jogos, com incerteza de apenas 36 pontos. Mesmo fazendo um ajuste bayesiano considerando o fato de que essa amostra está enviesada, ainda assim sua força média no período corresponde a cerca de 2393, enquanto o rating médio de Anderssen na mesma época foi 2388.

Isso faz de Eichborn um caso raríssimo, de jogador pouco conhecido, mas extraordinariamente forte. Durante algum tempo isso também aconteceu com Morphy, que aos 12 anos de idade já possuía força similar à do melhor do mundo, e possivelmente um pouco acima, o que faz de Morphy o talento precoce mais extraordinário de todos os tempos. Quando Ponomariov foi campeão mundial aos 17 anos, embora tenha jogado excepcionalmente bem, ele não era o número 1 do mundo nem passou a ser após o evento. Mesmo assim foi uma proeza incrível. No caso de Morphy é ainda mais incrível, tanto por sua idade quanto pelo fato de ter chegado a número 1 do mundo.

Mas teria realmente Morphy sido tão forte em tão tenra idade? Aparentemente sim. Os estudos de Rob Edwards também apontam Morphy como número 1 desde 1849, embora a base de dados que ele utilizou seja diferente e o método de cálculo também. Se dois estudos independentes, com métodos diferentes, chegaram aos mesmos resultados, há uma boa chance de que estejam corretos.

Em 1857, Morphy acabou se tornando famoso e em 1858, após sua turnê pela Europa, sua força foi medida contra os melhores da época e seu nome ficou registrado com destaque na história, mas o nome de Eichborn havia ficado praticamente esquecido, e cada vez que era reencontrado, encarava-se com ceticismo (e com razão) os seus resultados e ele era descartado das listas, devido à impossibilidade de se determinar sua verdadeira força. Agora, finalmente, pode-se fazer justiça a esse grande jogador.

François-André Danican Philidor

Durante muito tempo, acreditei que Philidor e Greco haviam sido jogadores muito mais fortes que seus contemporâneos. Minha opinião era parcialmente influenciada pelas opiniões de historiadores, parcialmente pela comparação das partidas de Greco com as de Ruy Lopes e Leonardo da Cutri, pois há uma gigantesca diferença a favor de Greco. Como não há registros de um número suficientemente grande de partidas com uma rede de jogadores da época que tivessem jogado entre si, fica difícil avaliar a verdadeira força de Philidor com base no sistema Elo ou em métodos similares, pois ele não se conecta com jogadores posteriores nem anteriores. Até mesmo Labourdonnais e Deschapelles se conectam -- embora muito tenuemente – com os jogadores posteriores, dificultando uma comparação acurada de forças entre eles, quando se utiliza apenas o sistema Elo, mas pode-se ter pelo menos uma ideia aproximada de suas forças. Porém no caso de Philidor não há nenhuma conexão.

Agora, com a possibilidade de avaliar objetivamente a qualidade dos lances em todos os jogos de Philidor e de seus contemporâneos, ficam claros alguns fatos que desmitificam a lenda do super jogador que permaneceu como o melhor do mundo durante 48 anos. Isso não significa que Philidor não foi um jogador extraordinário. Ele foi. Mas na minha cabeça havia a possibilidade de ele ter sido o melhor de todos os tempos. E não só na minha cabeça, mas vários outros jogadores também defendem essa crença.

Philidor foi sem dúvida um jogador excepcional para sua época e prestou importantes contribuições à compreensão dos conceitos estratégicos, à Teoria de Aberturas e de finais (Torre e Bispo contra Torre, sem Peões). Mas como jogador, seu nível técnico não seria muito superior ao de um jogador com cerca de 2100 de rating dos dias de hoje.

Não apenas isso. Se comparar seus jogos com os de Polerio, que viveu cerca de 150 anos antes, a qualidade dos lances em alguns jogos de Polerio é um pouco superior. Mesmo havendo uma incerteza grande na medida do rating de Polerio, por haver apenas 8 partidas dele registradas, muito curtas e algumas incompletas – portanto com poucos lances disponíveis para análise –, ainda assim é curioso que a qualidade média dos lances de Polerio seja similar à dos jogos de Philidor, já ponderando todos os fatores relacionados à complexidade dos jogos, dificuldade dos lances etc.

Essa comparação entre Philidor e Polerio é complexa, porque numa análise subjetiva eu consideraria o nível dos jogos de Philidor muito superior, mas essa interpretação provavelmente se deve ao fato de que Philidor tinha melhor compreensão estratégica e fazia lances que hoje nos parecem mais "naturais", além de a Teoria de Aberturas estar muito mais desenvolvida em sua época, de modo que seus lances eram mais "naturais" para nossos padrões, enquanto o jogo de Polerio me parece "feio" e excêntrico. Mas tentando avaliar com mais objetividade e tentando penalizar as imprecisões de Polerio conforme a gravidade, realmente parece que seus "erros" eram mais "feios", mas não mais graves que os de Philidor.

O MI Jeremy Silman fez alguns comentários sobre Philidor e Greco, elogiando muito Greco e criticando Philidor. Na opinião de Silman, Philidor tinha força similar à de um jogador moderno com 1900 de rating, enquanto Greco tinha jogo similar ao de um jogador com 2250. Ele estudou detalhadamente 77 partidas de Greco e talvez seja um dos melhores especialista na atualidade sobre o legado deixado por Greco.

Quando se compara as opiniões de Silman com as avaliações objetivas dos lances das partidas de Philidor, o que se percebe é que realmente o jogo de Philidor corresponde ao rating perto de 1900 de um jogador dos anos 1980, que corresponde aproximadamente a 2100 nos dias de hoje, devido à inflação. Portanto as estimativas de Silman são bastante acuradas.

Contudo, não conheço registros de partidas que tenham sido de fato jogadas por Greco. Os 77 jogos no Megadatabase (originalmente extraídos do clube de Xadrez da Universidade de Pittsburg) atribuídos a Greco são na verdade composições e análises. Nestas análises, Greco apresenta um nível técnico equivalente ao de jogadores com cerca de 2394 de rating. Em média, a qualidade dos lances de um jogador em torneios é cerca de 222 abaixo da qualidade dos lances desse mesmo jogador nas análises (sem engines), portanto, a partir daí se pode supor que a força de Greco diante ao tabuleiro fosse similar à de Philidor em seu auge, ou um pouco abaixo, cerca de 2172.

Corrigido pela evolução na compreensão do jogo, chegaria a cerca de 2698. Se ele tivesse de fato jogado as partidas, em vez de serem composições, então seu rating seria 2921, o que o colocaria como segundo melhor de todos os tempos.

Há algumas controvérsias sobre essa questão de os 77 jogos de Greco serem de partidas reais ou de partidas compostas, mas uma análise estatística da qualidade dos lances sugere fortemente que sejam composições, porque os ratings dos "NN" que são seus oponentes apresentam desvio padrão 354, similar ao desvio padrão nos jogos do próprio Greco e sensivelmente menor que o desvio padrão médio (389) entre partidas de vários jogadores diferentes, como deveria ser se fossem de fato vários NN diferentes. Além disso, o nível médio dos NN corresponde a cerca de 1821 de rating absoluto, maior que os ratings de Ruy López ou Leonardo da Cutri, portanto para o padrão da época não seriam NNs, mas sim jogadores famosos cujos nomes deveriam ter sido citados. Por esses motivos, e também pela força excepcionalmente elevada, os indícios sugerem que se trata de composições.

Um fato curioso é que no conjunto de dados disponíveis não há indício de variação na qualidade de jogo de Philidor entre 1749 e 1795. O gráfico abaixo mostra a evolução de Philidor nesse período:

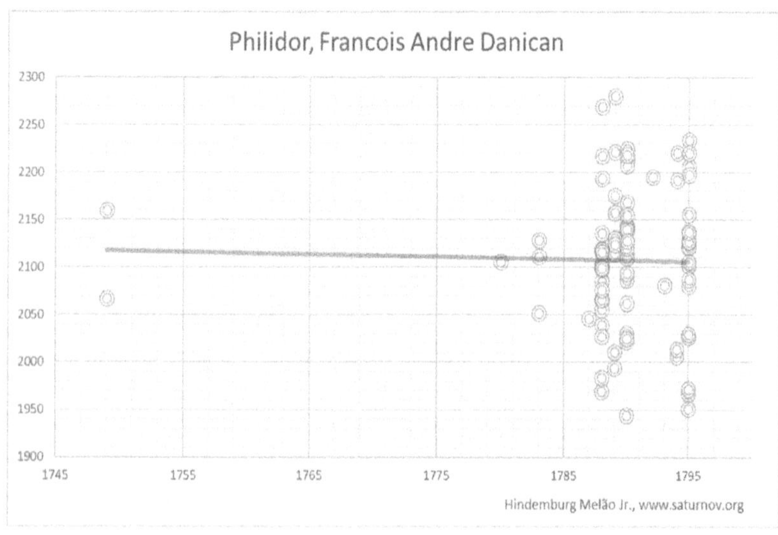

Cada um dos círculos azuis é determinado pela análise de uma de suas partidas, ou seja, cada círculo azul é a síntese de um gráfico inteiro como aquele apresentado sobre a 4ª partida do match Fischer–Taimanov (cada círculo no gráfico acima representa o resulto global de um gráfico inteiro como aquele, sintetizado em 1 número, o rating). O gráfico Fischer–Taimanov é baseado em apenas 1 partida. O gráfico acima é baseado em 56 partidas de Philidor. No eixo *x* está o ano em que a partida foi jogada e no *y* está o rating absoluto medido na respectiva partida.

Com isso, podemos ter uma ideia sobre a evolução de sua força ao longo do tempo, e o resultado parece indicar que praticamente não houve mudança. Isso não faz muito sentido, porque praticamente todos os jogadores experimentam uma rápida evolução em determinada faixa etária, seguida por um lento declínio depois de certa idade. A curva não é igual para todos, alguns evoluem mais rapidamente, outros mais lentamente; alguns permanecem mais tempo no topo antes de começar a cair, outros já começam a cair logo depois de atingir o topo. Mas todos experimentam um período de subida e depois um período de descida.

No caso de Philidor não vemos tal efeito, mas podemos inferir que isso ocorreu durante sua juventude, período no qual não se tem registros de seus jogos, por isso o efeito não se manifesta nos dados disponíveis. Não é plausível que aos 69 anos ele tivesse a mesma força que tinha aos 25 ou 30.

Desse modo, podemos estimar sua força aproximada durante o período no qual não temos registros de seus jogos, tomando como base a evolução da força de Lasker ao longo de sua carreira. Escolhi Lasker porque ele foi o jogador que se manteve por mais tempo no topo, inclusive voltando a ser número 1 do mundo aos 57 anos, caso único na história. Como Philidor também parece ter se mantido muito tempo no topo, a curva de evolução de Lasker talvez seja a mais apropriada, entre as conhecidas, para tentar modelar a evolução de Philidor.

Aplicando essa "correção", chegamos a cerca de 2185 para o rating máximo alcançado por Philidor, por volta de 1760 a 1770. Isso é "especulação", certamente. Precisaria dispor de jogos dele nesse período, de seu provável apogeu, para que sua força máxima correta pudesse ser determinada com mais exatidão. Mas é uma especulação bem fundamentada, porque não faria sentido um jogador ter uma curva de evolução durante 48 anos que não apresentasse uma variação substancial em sua força de jogo, tanto para cima (até os 22-30 anos) quanto para baixo (depois dos 40-45). Portanto é possível e provável que ele tenha subido bastante no período de 1749 a 1770, depois caído novamente, sendo que a grande maioria dos registros é de quando ele já estava com mais de 50 anos, que para a época representava uma idade muito avançada, pois a expectativa de vida era de 34 anos.

Aplicando a Philidor uma curva de rating em função da idade similar à curva de Lasker, ainda assim ele teria apenas 50 a 100 pontos de rating a mais em seu zênite. Mas se seu rating em 1749 estiver subavaliado, então a curva de evolução de Lasker pode não ser apropriada para o caso e nessa hipótese é possível que ele fosse até 200 pontos mais forte em seu auge, mas isso ainda não o posicionaria entre os 100 melhores de todos os tempos, o que para mim é contra intuitivo, embora seja o que os fatos numéricos mostram.

Quando se considera seus últimos 15 anos de vida, não se observa uma variação significativa em sua qualidade de jogo, sugerindo que também pode de fato não ter ocorrido tanta diferença nas décadas anteriores. O gráfico a seguir, mostra a evolução de Philidor entre 1780 e 1795:

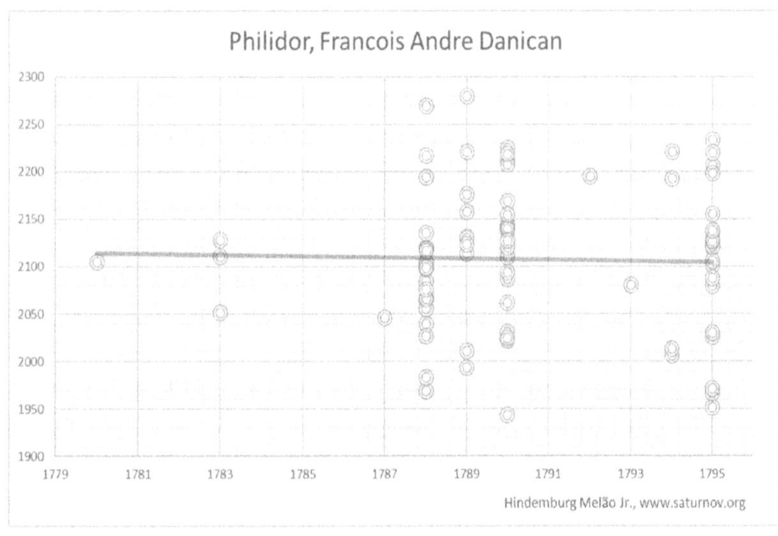

A reta de regressão continua praticamente sem inclinação, mas é uma reta quase totalmente determinada pelos últimos 7 anos.

Quando se pensa também no fato de que ele se manteve no topo durante 48 anos, é bem provável que sua queda de performance em função da idade tenha sido menor do que nos casos de Lasker e Kortschnoj.

Então mesmo em sua melhor forma é possível que sua força não tenha chegado a 2200 de rating absoluto. Se descontar a evolução na compreensão do jogo, ainda assim seu rating seria cerca de 2627, um pouco abaixo que o de Labourdonnais, que teve 2635. Dependendo do método utilizado no cálculo, chegaria a 2634, praticamente empatado com Labourdonnais.

Mas não apenas isso. Quando se compara a qualidade de jogo de Philidor com a de seus contemporâneos, sua supremacia foi bem menor do que se costumava pensar, inclusive entre 1755 e 1770 houve um jogador e compositor muito forte chamado Domenico Ercole del Rio (1723-1802). Embora haja apenas 2 partidas registradas de Ercole del Rio, sua força parece ter sido cerca de 2230, portanto superior à de Philidor no período em que se tem registros de jogos de Philidor, mas talvez ele não fosse melhor que Philidor enquanto Philidor esteve em seu auge. Os relatos da época sugerem que Philidor era claramente o melhor do mundo, enquanto Ercole del Rio é citado como um grande jogador. Como há bem poucos jogos como referência, fica difícil avaliar, porque fatores como carisma e amizade interferiam nesses julgamentos, um fato que se pode observar claramente no caso de Anderssen, e quando se faz medidas objetivas, os fatos encontrados podem ser diferentes do que se costuma propagar.

Houve também o matemático George Atwood, que teve quase mesma força de Philidor em 1795 e foi sensivelmente superior a Philidor em 1799. O gráfico abaixo mostra a evolução de Atwood:

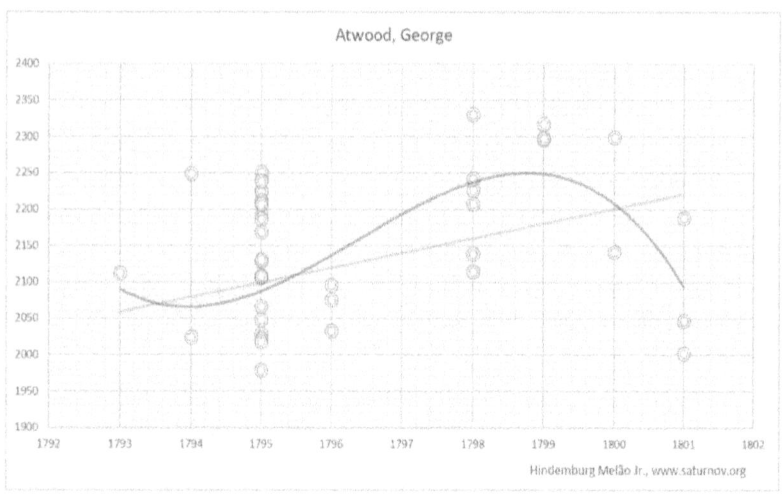

Quando deparei com esse resultado, fiquei bastante surpreso, porque conhecia uma partida na qual Philidor vencera Atwood oferecendo um Cavalo de vantagem. Então fui conferir as partidas e de fato há várias entre ambos nas quais Philidor ofereceu vantagem, sendo que nas últimas partidas a vantagem oferecida foi geralmente de 1 Peão e 1 lance (eventualmente 1 Peão e 2 lances).

Nas últimas 6 partidas que jogaram, o resultado foi 3x3, mas em todas elas Philidor ofereceu vantagem de 1 Peão e 2 lances. Isso poderia parecer uma vantagem muito grande, mas na verdade corresponde a pouco mais de 130 pontos de rating para o nível de erros que eles cometiam. Quando eu tinha 2175, joguei 4 partidas oferecendo um Cavalo de vantagem a um amigo que tinha 2081 e empatamos 2x2. Um Cavalo só seria compensado por uns 860 pontos de rating de diferença, mas com uma diferença de apenas 100 pontos e a pressão psicológica da situação, resultou num empate de um mini match de 4 partidas. Claro que num match tão curto o fator sorte também desempenha um papel importante, mas o resultado natural seria 4x0 para o jogador que teve Cavalo a mais. Por isso o detalhe de Philidor ter oferecido essa vantagem não implica que Atwood fosse muito mais fraco. A diferença de rating talvez fosse algo entre 50 e 100 pontos, conforme veremos:

Na avaliação de Stockfish 14, a diferença de 1 Peão (f7) e dois lances (na posição do diagrama acima) corresponde a cerca de 4,8 Peões, e na avaliação de Lc0 28 corresponde a 3,7 Peões. Mas para engines com forças similares às de Philidor e Atwood (Bikjump 2.01, Lime 0.66, Monarch 1.7, Abrok 2.0602) as avaliações são 1,42, 1,38, 1,67, 1,54, com média 1,5.

Portanto, no caso de Philidor e Atwood, a diferença de rating para compensar uma vantagem correspondente a 1,5 Peão em que o jogador com rating mais alto tem 2100 é cerca de 336 pontos. Porém isso só se aplica quando a vantagem 1,5 tiver sido conquistada durante a partida. Se o jogador recebeu deliberadamente essa vantagem antes de começar o jogo, o impacto psicológico disso produz uma degradação em sua qualidade de jogo.

Quem recebe a vantagem acaba inconscientemente jogando pior que o normal. Além disso, havia uma espécie de "culto a Philidor" que fazia com que os jogadores da época jogassem pior com ele do que quando enfrentavam outros oponentes.

Tal efeito se verifica claramente nos jogos de Thomas Bowdler, Hans Von Bruehl e Henry Conway.

Bowdler teve desempenho médio 1841 contra Philidor e 2044 contra outros oponentes. Conway teve 1723 contra Philidor e 2006 contra outros. Von Bruehl teve 1689 contra Philidor e 2012 contra outros.

Além disso, ao examinar a qualidade dos lances de Atwood e a dos de Philidor, a vantagem de Philidor é pequena, perto de 80 pontos de rating, consistente com o empate 3x3 com vantagem de Peão e 2 lances, de modo que os sucessos de Philidor frente a Atwood e a outros de seus oponentes parece ter sido, em parte, consequência de fatores psicológicos que faziam com que seus oponentes jogassem contra ele com qualidade de jogo abaixo do que jogavam contra os demais oponentes. Essa medida de 80 pontos também concorda melhor com as estatísticas empíricas apresentadas por Staunton em seu livro **"The Chess Players Companion"**, conforme já comentado anteriormente.

Outro fato curioso é que a qualidade de jogo de Philidor às cegas era praticamente a mesma de quando ele jogava olhando os tabuleiros. Isso também se observa em Morphy, Blackburne, Pillsbury e Huebner, que em simultâneas às cegas tinham praticamente só a queda de desempenho relacionada ao número de oponentes, mas não sofriam queda substancial no desempenho por estarem às cegas.

Com isso, somos levados à conclusão de que a impressão geral de que Philidor era muito superior a seus adversários não resiste a uma avaliação objetiva baseada na qualidade de seus lances. Ele seguramente foi um dos melhores jogadores antes de Morphy e provavelmente foi o mais forte de seu tempo, mas é pouco provável que tenha sido 200 pontos mais forte que o segundo melhor do mundo em sua época.

O GM Andrew Soltis estimou que Philidor deveria ser cerca de 200 pontos superior a seus oponentes. É importante notar que há uma enorme diferença entre:

a) Ter sido 200 pontos superior a seus oponentes.
b) Ter sido 200 pontos superior aos melhores do mundo na época.

Porque não há registro de nenhum jogo de Philidor contra Stamma, Ercole del Rio, Lolli, Legal e Ponziani. Portanto, Soltis está certo nessa avaliação, já que não se conhece nenhuma partida de confrontos diretos entre Philidor e os melhores de seu tempo.

Então, se considerar exclusivamente as pessoas contra as quais Philidor chegou a enfrentar e cujos jogos ficaram registrados, realmente sua força era cerca de 200 pontos superior à de seus oponentes, porém houve jogadores em sua época cuja força talvez fosse similar à sua, mas não sobreviveram registros de jogos entre eles e Philidor.

Stamma, em 1737, possivelmente tinha 2105, mas é difícil assegurar porque as partidas de Stamma são composições. As composições produzem, em média, um rating cerca de 222 pontos mais alto que o rating da mesma pessoa em partidas reais, porém essa diferença varia bastante, de modo que o erro na medida também aumenta. Portanto a força 2327 de Stamma, em 1737, se corrigir o fato de que eram composições, resultaria em 2105, praticamente mesma força de Philidor entre 1749 e 1795. Mas há que se considerar também que o fato de os jogos de Stamma serem composições aumenta a incerteza na medida, de modo que sua força pode ter sido uns 50 ou 100 pontos acima ou abaixo de 2105. Além disso, em 1747 Philidor teve uma vitória avassaladora sobre Stamma (Stamma com 42 anos e Philidor com 21), portanto é provável que a força real de Stamma em 1737 fosse perto de 2000 ou pouco menos.

Entre os oponentes de Philidor com mais de 10 partidas de referência, Von Bruehl e Bowdler tiveram cerca de 1930 e 1960, respectivamente. Verdoni teve 2060 e Wilson 1940. Com exceção de Verdoni, os demais estiveram entre 150 e 200 pontos abaixo de Philidor, mas Verdoni estava apenas 50 pontos abaixo.

Por fim, o nível alcançado por Atwood em 1799 foi cerca de 2250 com base num total de 48 partidas, portanto é uma estimativa bastante acurada, já que a amostra é relativamente grande. Isso coloca Atwood como sucessor de Philidor entre 1795 e 1800, ou talvez Verdoni, que também era muito forte na época da morte de Philidor, talvez um pouco mais forte que Atwood naquele momento.

Além de Ercole Del Rio, Stamma, Verdoni e Atwood, há 4 partidas de Ponziani, em 1770, nas quais ele teve rating absoluto 2010. Por outro lado, nessas 4 partidas somadas houve apenas 45 lances, ou seja, mal valem por uma partida, sendo uma amostra pequena demais para uma medição acurada. Há apenas um jogo de Sire de Legal registrado e é muito curto (7 lances).

Por isso, quando se considera cada um destes jogadores individualmente, as amostras são muito pequenas para que se possa medir suas forças com acurácia e precisão, mas quando se considera o conjunto de todos eles, a amostra não é tão pequena, e a diferença da média desse grupo para Philidor é menor que 150 pontos e possivelmente menor que 100 pontos. Portanto a supremacia de Philidor sobre seus oponentes talvez não fosse maior que a da Fischer sobre os demais jogadores em 1972. Analisando objetivamente as qualidades dos lances de Philidor e Ercole del Rio, se havia alguma diferença entre eles, deve ter sido pequena.

O fato de Philidor manter praticamente mesmo nível de jogo às cegas também pode ter impressionado muito seus contemporâneos, levando-os a fazer uma superestimativa de sua força. Pois se ele era capaz de vencer alguns dos melhores do mundo jogando às cegas, isso deveria indicar que ele era muitíssimo mais forte que eles olhando para os tabuleiros. Mas isso não é verdade, porque a força de Philidor não muda entre seus jogos às cegas e olhando, de modo que não se pode tomar como base sua habilidade às cegas para estimar sua força olhando. Aparentemente, tanto seus contemporâneos quanto os historiadores foram influenciados por isso e levados a conclusões precipitadas.

O que esse conjunto de fatos nos mostra é que Philidor parece ter sido o melhor jogador de sua época e seu reinado pode ter durado 48 anos, talvez com breves interrupções de Ercole del Rio em alguns momentos, assim como Botvinnik e outros também tiveram algumas interrupções durante o período em que foram os melhores do mundo.

Um argumento frequente que se utiliza em favor de Philidor é que o estudo do final de Rei, Torre e Bispo contra Rei e Torre é extremamente difícil inclusive para os dias de hoje. Realmente, mas Troitsky também fez estudos extremamente difíceis (Rei e dois Cavalos contra Rei e Peão, por exemplo), nem por isso foi um jogador excepcionalmente forte. Foi muito forte, mas não na mesma proporção que a complexidade e a dificuldade de suas composições.

Portanto a força efetivamente medida para Philidor foi cerca de 2112 pontos. É possível que tenha chegado a 2185 em seu auge, equivalente a 2634 corrigido para a inflação de julho de 2021 e ajustando pela evolução na compreensão do jogo.

Isso não o coloca entre os 100 melhores de todos os tempos e me causa certo desconforto, porque surge o dilema: em que medida faria sentido tentar ajustar o método de cálculo para "empurrar" para cima o rating de Philidor e forçá-lo a se encaixar em minhas crenças a priori? A meu ver, isso não faria nenhum sentido, porque o método de cálculo é bem fundamentado, acurado e consistente. Basta determinar os valores corretos dos parâmetros para corrigir a inflação e a evolução na compreensão do jogo.

Se houvesse alguma distorção observada em todos ou em muitos jogadores de um mesmo período, isso indicaria que algum efeito não está sendo considerado e que o método precisa ser revisado ou calibrado para incorporar esse efeito. Mas não se observa isso nesse caso. Ao contrário, se empurrasse para cima o rating de Philidor, iriam junto alguns outros jogadores, inclusive Atwood, e não me parece haver justificativa para isso. Portanto, a conclusão que me parece mais razoável, em melhor acordo com os fatos, é que a força real de Philidor, em comparação às forças de seus contemporâneos, pode não ter sido tão maior quanto se pensava.

Comparando Greco a Philidor, é possível que Philidor tenha alcançado uma força absoluta um pouco maior, por ter vivido 150 anos depois, mas quando se desconta a evolução na compreensão do jogo, Greco parece ter sido mais forte por uma margem razoavelmente larga.

Mais um detalhe que convém analisar é que, conforme já comentamos, a força de Philip Stamma em análises e composições, em 1737, mostrou-se em torno de 2327, sugerindo força de jogo perto de 2105, muito similar à de Philidor. Mas é difícil saber ao certo, porque há poucos jogos de Philidor anteriores a 1787. Isso leva a questionar se em 1747 Philidor realmente venceu o suposto match contra Stamma.

A polêmica a respeito desse match é antiga e complexa. De acordo com Ludwig Erdmann Bledow, que foi o melhor jogador do mundo em 1835 – além de ter sido escritor sobre Xadrez, organizador de eventos e um dos melhores jogadores do mundo até sua morte, em 1846 –, os únicos registros sobre os resultados desse confronto entre Philidor e Stamma são citados por biógrafos de Philidor e não incluem os lances de nenhuma dessas partidas. Apenas citam o resultado do match, o que é bastante estranho, se considerar a importância do evento.

Philip Stamma foi um jogador árabe, mas se naturalizou inglês, enquanto Philidor era francês, e além da tradicional rivalidade que se arrastava desde a Idade Média entre França e Inglaterra, em meados do século XVIII estava ocorrendo uma disputa acirrada entre esses países pela colonização da América, que acabou culminando com a Guerra dos Sete Anos. Por isso há vários fatores políticos envolvidos que podem ter motivado distorções na história sobre esse match.

Frank Mayer fez uma pesquisa relativamente profunda a respeito, em vários livros e revistas da época, mas não encontrou nenhuma partida do suposto match entre Stamma e Philidor. Também não há registros das partidas entre Philidor e Legal. Isso é estranho quando se considera que há registros muito mais antigos de confrontos entre Ruy Lopez e Leonardo da Cutri. E mais estranho quando se verifica que a qualidade dos lances nos jogos de Philidor não indicam uma supremacia tão extraordinária quanto os relatos que se costuma ler nos livros.

Um efeito similar acontece com Anderssen, conforme vimos no capítulo sobre Eichborn. Numerosas fontes consideram Anderssen o melhor jogador do mundo entre 1851 e 1858 e depois novamente de 1862 a 1866. Mas quando se calcula os ratings da época utilizado o MegaDatabase, constata-se que em nenhum momento Anderssen chegou a ser o número 1. Sua melhor classificação foi 3º do mundo. Então tenta-se "forçar" uma situação na qual o Anderssen Histórico seja tão forte quanto o Anderssen lendário, e separa-se os jogos que ele disputou em torneios e matches dos jogos informais. Mesmo com essa seleção de resultados "convenientes" que privilegia Anderssen em comparação a seus contemporâneos, ainda assim ele não chegou a ser o melhor do mundo por mais do que 2 meses, em dezembro de 1861 e agosto de 1870 na lista de Jeff Sonas. Na minha lista ele nunca chegou a ser o melhor (porque não separei "Anderssen oficial" de "Anderssen casual"). Na lista de Rob Edwards, mesmo separando os jogos oficiais dos jogos amistosos, ainda assim Anderssen não chega a número 1 em nenhum momento.

Anderssen é um de meus jogadores favoritos, um dos mais criativos da História, mas o que os fatos mostram sobre ele é um pouco diferente do que dizem os livros e artigos que o situam como o melhor do mundo em algum momento.

Pela lista de rating de Rob Edwards, mais completa que o MegaDatabase para jogadores antigos, Anderssen nunca chegou a ser o melhor do mundo, mesmo considerando separadamente seus resultados oficiais e os amistosos. Suas melhores colocações foram 2º em 1858, quando foi derrotado por Morphy, e novamente 2º entre 1869 e 1872.

Quando Alekhine venceu Capablanca, em 1927, e durante algumas décadas, vários autores também comentaram que Capablanca era mais forte, e acusaram Alekhine de ter recusado uma revanche por medo, mas ao que tudo indica a história real não foi tão simples assim. Kasparov discute com detalhes esse episódio em seu excelente livro **"Meus Grandes Predecessores"**. Além disso, uma análise objetiva da qualidade dos jogos de ambos e de seus confrontos com os outros jogadores da época mostram que Alekhine estava à frente de Capablanca em 1926, mas foi superado por Capa em 1927 e só retomou a liderança em 1930, mas depois Capablanca voltou ao primeiro lugar em 1933, e novamente Alekhine passou à frente em 1934, então Fine foi para o topo da lista, em 1937, seguido por Keres, em 1938, e finalmente Alekhine recuperou a primeira posição em 1940 e a manteve até sua morte, em 1946.

As diferenças entre os ratings de Capa e Alekhine nesse período foram muito estreitas, de modo que pequenos detalhes no método de cálculo ou nos parâmetros da fórmula já podem alterar as posições no ranking. Por isso é muito difícil saber quem de fato foi o melhor no momento em que disputaram o match de 1927. Mas é certo que as afirmações de que Alekhine seria claramente mais fraco do que Capablanca estão incorretas. Ambos tinham quase mesma força desde meados dos anos 1920 até o final dos anos 1930.

Portanto há vários momentos na história nos quais as avaliações subjetivas não concordam bem com os fatos concretos. Jogadores mais carismáticos, como Capablanca, Anderssen e Philidor parecem ter sido superestimados, enquanto jogadores menos populares entre seus contemporâneos, como Steinitz e Alekhine, parecem ter sido injustamente depreciados. Kasparov também analisa a rejeição que se tinha contra Steinitz, contestando o rótulo que lhe atribuíam como um jogador desagradável. Kasparov apresenta fragmentos de cartas nas quais Steinitz se mostra uma pessoa muito amável e diplomática. É possível que Steinitz tenha sido vítima de discriminação devido às suas deficiências físicas, que na época eram tratadas de forma muito diferente de como é hoje. Durante a maior parte da história, as pessoas portadoras de alguma deficiência eram discriminadas, maltratadas e até mesmo sacrificadas. No século XIX essa situação não era tão grave quanto nos séculos anteriores, mas ainda estava longe do paradigma atual. Por isso é bastante provável que Steinitz tenha sido vítima de numerosos preconceitos. Enquanto Blackburne, que habitualmente é retratado como um cavalheiro, há registros de que em certa ocasião ele teria covardemente agarrado Steinitz e o lançado através da janela de um hotel.

Nesse contexto, somos colocados diante a um fato interessante: a força de Philidor parece ter sido realmente grande para a época, mas é discutível se foi superior à de Stamma, e seguramente não foi tão superior a ponto de explicar uma vitória de 8,5×1,5 sobre Stamma. Claro que isso não significa que a história sobre esse match tenha sido inventada, mas significa que, caso ela seja real, não reflete com equidade as proporções entre as forças desses jogadores.

Os vários sucessos de Philidor jogando às cegas e concedendo vantagem de Peão e lance, talvez produzam uma impressão exagerada sobre sua real supremacia. A qualidade dos lances nos jogos de Ercole Del Rio, Stamma, Atwood e Verdoni são praticamente do mesmo nível de Philidor ou até ligeiramente acima (considerando exclusivamente os 56 jogos de Philidor sem oferecer vantagem). Ponziani, Lolli, Jonathan Wilson, Joseph Wilson, Conway, Bowdler, Campbell, Hols estiveram uns 100 pontos de rating abaixo de Philidor. Harrowby e Clark uns 200 pontos abaixo.

Isso leva a uma possível revisão histórica sobre se em alguns momentos Ercole del Rio chegou a ser o melhor do mundo, intercalado com Philidor, e “coloca mais lenha na fogueira” sobre a discussão sobre se existiu de fato o match entre Philidor e Stamma em 1747 e, caso tenha existido, qual foi o resultado. Também ajuda a preencher uma lacuna sobre quais teriam sido os sucessores de Philidor até os tempos de La Bourdonnais. Habitualmente se considera um intervalo vazio de 1795 a 1815, quando surge

Deschapelles, mantendo-se como melhor até 1821 (algumas fontes citam 1825 ou 1826), então Labourdonnais assume a liderança até sua morte, em 1840, sendo seguido por Saint Amant e (1843) Staunton.

Entre Philidor e Staunton

Depois de Philidor até os matches entre Labourdonnais e McDonnell, de 1834, ainda temos um período com jogos relativamente escassos, dificultando medidas acuradas, mas a partir de 1837, com o livro de Von der Lasa e, principalmente, a partir de 1843, os registros começam a se tornar abundantes e as medidas começam a proporcionar avaliações bastante realistas sobre as forças dos jogadores.

De acordo com H. J. R. Murray em sua obra prima "A History of Chess", até por volta de 1850 os melhores jogadores do mundo não gostavam de que seus jogos fossem registrados, para evitar que rivais pudessem estudar suas partidas e se preparar contra eles. Mas não está muito claro em que medida isso reflete a verdade, porque vários dos melhores jogadores, inclusive Stamma e Philidor, divulgaram suas descobertas mais importantes sobre finais e aberturas.

Portanto, até 1843 o método de avaliar a habilidade do jogador com base na qualidade dos lances permite preencher a lacuna sobre quem foram os melhores jogadores do mundo nesse período. A partir de 1843, os trabalhos de Rob Edwards, Jeff Sonas e Arpa Elo já encontram subsídios suficientes para utilizar métodos baseados nos resultados dos confrontos entre os jogadores. Apesar disso, ainda surgem situações polêmicas nas quais a medida da força com base na qualidade dos lances se torna necessária para dirimir dúvidas e esclarecer detalhes interessantes. O caso de Eichborn é o mais notável, mas existem outros além dele.

No período entre Philidor e Staunton, alguns detalhes importantes estão relacionados às medidas das forças de Deschapelles e Labourdonnais em comparação aos jogadores posteriores, contra os quais eles não chegaram a medir forças diretamente. Não conheço partidas de Labourdonnais ou Deschapelles contra Saint Amant, Staunton, Kieseritzky, Von der Lasa, Anderssen etc. E mesmo que houvesse, como chegaram ao auge em momentos diferentes, a comparação fica difícil.

No caso de Labourdonnais, seus matches totalizaram 85 partidas contra McDonnell, proporcionando uma amostra robusta e substancial para uma medida acurada das forças de ambos, possibilitando comparar a qualidade de jogo nesta época com épocas anteriores e posteriores, bem como possibilitando comparar as forças desses dois jogadores com as forças dos grandes campeões que os sucederam e contra os quais não se tem registros de confrontos diretos contra eles.

Antes de 1843, há alguns momentos específicos nos quais temos um volume razoável de jogos de uma mesma pessoa: 1620 (Greco), 1788-95 (Philidor), 1834 (Labourdonnais), 1837 (Lasa). Além disso, temos alguns períodos nos quais temos um número razoável de jogos de pessoas diferentes jogando entre si, que são insuficientes para medir as forças relativas e mais insuficientes ainda para conectá-los a períodos posteriores, mas permitem determinar o nível de jogo da época, ainda que não permitam determinar com precisão os níveis individuais, por haver poucos jogos de cada enxadrista. Desse modo podemos saber que a força de Philidor era pouco menor que a de Labourdonnais e a força de Staunton era similar à de Labourdonnais.

Há algumas polêmicas sobre a força real de Staunton, com acusações de que ele registrava prioritariamente as partidas que vencia. Mas aparentemente todos os jogadores fazem isso. O detalhe é que Staunton era escritor e jornalista, por isso o volume de jogos que ele registrou ao longo da vida pode ser maior do que o registrado por outros jogadores, de modo que ao combinar os jogos registrados por ele com os jogos dele registrados por outros, os registrados por ele talvez representem uma porcentagem maior do total e isso teria um viés no cálculo de sua força maior do que o viés na força da média dos outros jogadores de sua época.

Se houvesse um método para identificar quais jogos no Megadatabase foram registrados pelo próprio Staunton e quais foram registrados por outras pessoas, poderia compará-los e verificar se há diferença na qualidade dos lances dele nesses dois grupos de partidas, e então corrigir a distorção. Mas suspeito que, se houver de fato esse problema, deve ser pequeno e deve haver muitos efeitos que distorcem os ratings de todos os jogadores, para mais e para menos. Bastaria procurar com empenho para encontrar muitos vieses. No caso de Anderssen, por exemplo, discute-se sobre se nos jogos casuais ele jogava abaixo de seu nível dos jogos oficiais, com a diferença que nesse caso se pode separar esses grupos de jogos e medir objetivamente a diferença. E os resultados mostram que a diferença é pequena, a meu ver.

Outra maneira de tentar estimar a magnitude da distorção consiste em medir a força de Staunton pela qualidade dos lances de suas partidas e comparar com seu rating medido pelos confrontos com seus oponentes. Ao fazer isso, os resultados são praticamente iguais (as diferenças não são maiores do que para outros jogadores de sua época). Se esse problema produzisse uma distorção relevante, seria esperado que nos confrontos contra os oponentes fosse observado um rating substancialmente maior do que com base na qualidade dos lances, mas isso não acontece. Portanto, se há tal problema, as distorções parecem ser menores do que o mínimo necessário para que fossem detectáveis, o que as torna praticamente irrelevantes.

Curiosamente, quase não há evolução na qualidade de jogo entre 1575 e 1737. A correlação nesse período entre o rating médio e o ano é 0,017 e a correlação entre o ano e o rating do jogador mais forte do período é 0,028. A evolução começa com Stamma e Philidor, mas os grandes saltos ocorrem a partir de 1830 e 1870. A medida da evolução do jogo nesse período é uma questão ainda a ser explorada com maior profundidade, em estudos que pretendo fazer no futuro. Mas os resultados preliminares indicam esses números.

Pode parecer estranho que em quase 200 anos não se tenha observado evolução, mas quando se considera a escassez de livros e de jogos registrados nesse período, a ausência de evolução parece ser uma resposta natural. Esse tema será analisado com mais detalhes no capítulo que tratará da evolução do jogo ao longo do tempo.

Com a análise da qualidade dos lances, podemos apontar Verdoni ou Atwood como os prováveis sucessores de Philidor, em 1795, e com a rápida evolução de Atwood ele se torna provavelmente o melhor do mundo em 1796, mantendo-se até 1800 (talvez até 1801), quando é superado por Sarratt, depois Williams (1813), depois Cochrane (1818), depois Deschapelles (1820), depois McDonnell (1826) e então Labourdonnais (1829).

Diferentemente do que os livros históricos sugerem, Labourdonnais aparentemente não se manteve como melhor do mundo até sua morte, em 1840. Em 1834 ou 1835 foi superado por Bledow, que depois foi superado por Boncourt (1836) e Saint Amant

(1836), depois Von Bilguer (1837), Saint Amant retomou a liderança em 1838, Von der Lasa em 1839, Staunton em 1840, Von der Lasa novamente assume a liderança em 1848, até que, em 1850, é superado pelo adolescente de 12 anos Paul Morphy.

Quando se faz essa avaliação com base nos confrontos dos jogadores, é difícil assegurar que Morphy tenha sido de fato o melhor do mundo tão cedo, porque ele não chegou a enfrentar os melhores da época. Seus resultados contra Eugène Rousseau (18x2) e James McConnell (15x1) sugerem isso, mas o problema é que medir forças com Rousseau e McConnell não proporciona uma boa ideia sobre como teria sido se o inexperiente Morphy tivesse enfrentado oponentes do nível de Staunton e Von der Lasa. Com isso, a análise da qualidade dos lances pode lançar luz sobre essa questão. E o resultado confirma a supremacia de Morphy.

Infelizmente não há registros da maioria dos jogos de Morphy nesses 2 matches de 1849. Há registro de apenas 2 partidas contra Rousseau em 1849, uma das quais foi desse match e a outra Morphy jogou às cegas em seu aniversário de 12 anos, e apenas 4 jogos contra McConnell. Por outro lado, há um total de mais de 10 jogos de Morphy anteriores a 1850, inclusive contra seus familiares (Alonzo e Ernest), que não serviriam para o cálculo de sua força relativa por não serem conhecidas as forças de seus oponentes, mas são dados preciosos para que seja calculada sua força com base na qualidade dos lances, e assim se torna possível conhecer sua força absoluta aproximada em 1849 e compará-la aos melhores do mundo, mesmo Morphy não os tendo enfrentado diretamente. Os resultados dessa análise indicam que em 1849 Morphy ainda era um pouco menos forte que Staunton e Von der Lasa, mas em 1850 Morphy já os ultrapassa.

Em 1853, Max Lange ultrapassa Morphy por pouco, mas já fica novamente para trás em 1855 e Morphy se conserva como número 1 até 1864, quando Paulsen passa à liderança, depois Suhle (1868), novamente Paulsen (1869), Mackenzie (1870), Steinitz (1872), Zukertort (1881), Steinitz (1882), Zukertort (1883) e, finalmente Steinitz, em 1886 e surge o título de campeão mundial oficial, ao mesmo tempo em que Steinitz retoma sua posição de número 1, mantendo-a até 1891.

Com a criação do título mundial oficial não deixam de surgir jogadores que ocupam o topo do ranking, sem que tenham conquistado o título, bem como jogadores que conquistam o título sem que sejam os primeiros do ranking.

As poucas fontes que citam alguns nomes depois de Philidor geralmente apontam Bernard, Carlier, Leger e Verdoni como os melhores jogadores do Café de La Régence, e não seria muito exagero estimar que fossem também os melhores do mundo, exceto pelo detalhe que Philidor viveu seus últimos dias em Londres, onde jogou várias partidas com Atwood, no Old Slaughter's Coffee, outro centro de excelência de Xadrez na época. Portanto havia outros jogadores muito fortes pelo mundo, mas que não frequentavam o Café de La Régence.

Há poucos jogos de Verdoni e apenas um de Bernard e Carlier em consulta. Neste único jogo, apresentaram qualidade (2163) um pouco superior à de Verdoni e de Atwood em 1795, então é possível que de 1795 a 1796, Bernard tenha sido o melhor do mundo. Mas a partir de 1796 até pelo menos 1800 é pouco provável que qualquer deles tenha alcançado ou superado Atwood. Mas é difícil assegurar qualquer coisa com base em apenas 1 partida ainda por cima em consulta, porque esse valor 2163 pode ter uma incerteza maior que 200 pontos.

O fato é que, tomando por base exclusivamente os resultados empíricos dos jogos que ficaram registrados, não há elementos para considerar qualquer desses três (Bernard, Carlier, Leger) como sucessor de Philidor, e a única base para isso seriam as opiniões dos jogadores da Franca na época.

Na lista de Rob Edwards há algumas divergências em relação à minha lista. Sua lista começa em 1820, com Deschapelles, depois Labourdonnais em 1822, Deschapelles retoma de 1829 a 1834, depois Labourdonnais de 1835 a 1840, Deschapelles de 1841 a 1842, Staunton de 1843 a 1846, Von der Lasa de 1847 a 1848, Morphy de 1849 a 1867, Steinitz de 1868 a 1889. Há períodos de quase empate (entre Deschapelles e Labourdonnais, por exemplo).

Embora a base de dados de Rob seja mais completa, há algumas lacunas punctuais. Por exemplo: não inclui jogos de Bledow anteriores a 1839, mas os melhores resultados de Bledow foram em 1835. Também não inclui 163 jogos de Von der Lasa disputados em 1837.

Por isso nos anos anteriores a 1840 há algumas divergências entre a lista dele e a minha.

Paulsen e Zukertort são jogadores famosos, mas Mackenzie nem tanto e Suhle é bem pouco conhecido, por isso é bastante interessante que em algum momento tenham sido os melhores do mundo. O mesmo se pode dizer de Bledow, Atwood, Verdoni, Sarratt, Boncourt e Von Bilguer, todos jogadores fortíssimos, que em determinado momento foram os melhores do mundo, ou pelo menos estiveram muito perto disso, mas até o momento não lhes haviam sido rendidos os devidos tributos.

A fantástica força de Morphy aos 12 anos é um fenômeno único na história, e talvez isso explique porque Fischer considerava Morphy não apenas o melhor enxadrista de todos os tempos, mas também o maior talento natural que já existiu.

Nesse ponto eu teria que discordar de Fischer, embora Morphy seja meu jogador favorito. O fato de Morphy ter manifestado um talento excepcional muito precocemente, isso não implica que tenha mantido mesmo ritmo de desenvolvimento cognitivo, portanto não significa que em idade adulta ele tenha aumentando proporcionalmente sua habilidade. Sua força máxima como adulto foi apenas 80 pontos de rating maior que sua força aos 12 anos. Na grande maioria dos outros jogadores, a força máxima alcançada é mais de 300 pontos maior do que a força que tinham aos 12 anos. Por isso a precocidade de Morphy não pode ser tomada como critério numa situação como essa. No caso de usar a curva de evolução da força em função da idade de Lasker para estimar a de Philidor é uma situação diferente, porque ambos se mantiveram no topo por muitos anos, assim, na ausência de dados no intervalo de 1750 e 1780, pode-se e deve-se tentar usar os recursos disponíveis para tentar estimar a força de Philidor nessa época.

No caso de Morphy é diferente, porque o ritmo de desenvolvimento foi muito mais rápido que o normal durante os primeiros anos de vida, mas depois dos 12 o ritmo foi mais lento. Ainda houve uma melhora em sua qualidade de jogo dos 12 aos 20 anos, mas foi uma melhora pequena se comparada ao desenvolvimento de outros grandes jogadores dos 12 aos 20 anos, como Fischer, Carlsen, Kasparov, Reshevsky, Capablanca, Judit e outros que também foram prodígios infantis.

Quando se avalia objetivamente a força máxima alcançada por cada jogador em idade adulta, não há uma supremacia clara de Morphy sobre outros grandes campeões como Fischer ou Kasparov. Ao contrário, Morphy fica um pouco abaixo deles, embora aos 12 anos Morphy fosse mais forte do que qualquer deles chegou a ser nessa idade.

Outro detalhe importante é sobre Alexander McDonnell, que todos o conhecem por ter sido vencido em 1834 por Labourdonnais, mas em anos anteriores ele parece ter sido mais forte do que Labourdonnais e possivelmente mais forte que Deschapelles, que o colocaria como o melhor do mundo entre 1826 e 1829. É difícil afirmar com segurança, porque há poucas partidas nesse período tanto de Deschapelles quanto de McDonnell quanto de outros jogadores, mas tentando interpolar os resultados disponíveis e traçar uma curva de variação da força em função da idade, o que os poucos dados disponíveis indicam é que McDonnell foi o melhor nesse intervalo. Lembrando que essas diferenças são geralmente estreitas e as incertezas são relativamente grandes, de modo que a simples descoberta de uma partida que não havia sido computada no cálculo já seria suficiente para alterar a ordem dos primeiros colocados.

Embora no Megadatabase haja apenas 2 partidas de McDonnell anteriores a 1830 e ambas ele perdeu, quando se considera o conjunto de seus jogos, pode-se notar que em 1834 e nos anos seguintes sua força estava diminuindo, portanto nos anos anteriores a 1830 é provável que estivesse mais forte. Isso é corroborado por sua idade. Em 1826 ele estava com 28 anos, provavelmente perto de seu auge. O gráfico abaixo mostra a evolução da força de McDonnell durante o período no qual se dispõe de partidas dele registradas:

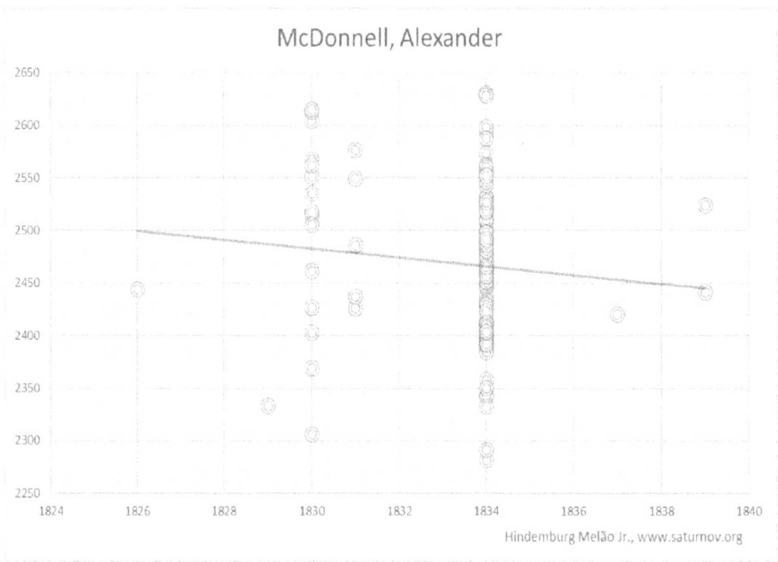

Embora tenha um elevado grau de incerteza, essa medida na força de McDonnell suscita uma possibilidade interessante: ele pode ter sido mais forte do que se pensava, pode inclusive ter sido o melhor do mundo em alguns momentos.

Assim, podemos listar alguns prováveis candidatos a preencher a posição de melhor do mundo numa época em que não se tinha uma ideia clara sobre quais eram os melhores jogadores. Essa lista certamente não é perfeita, mas onde não havia qualquer informação, agora se pode ter uma ideia razoável e solidamente amparada por um método bem fundamentado. Se eventualmente forem descobertas/divulgadas mais partidas desse período, os cálculos podem ser refinados, reduzindo as incertezas.

Também é importante esclarecer que há algumas complicações quando se considera os diferentes relatos dos jogadores da época. Boncourt, por exemplo, afirma que depois da morte de Philidor, o melhor do mundo foi Carlier, até 1815 (com o surgimento de Deschapelles, depois Labourdonnais). Mas o próprio Boncourt, em 1836, apresenta qualidade de jogo superior à de qualquer desses três. Como a amostra de jogos é pequena, é possível que os relatos de Boncourt sobre quem eram os melhores jogadores sejam mais confiáveis do que os ratings medidos com base em tão poucas partidas.

Portanto a lista apresentada aqui não é a palavra definitiva sobre o assunto, mas é uma tentativa de preencher algumas lacunas.

Karpov–Kasparov, 1984-85

Um dos confrontos mais dramáticos da história do Xadrez foi sem dúvida o primeiro e mais longo match entre Kasparov e Karpov.

Após uma rápida ascensão, Kasparov já havia se tornado o melhor do mundo aos 19 anos, em 1982, mas por uma margem muito estreita em relação ao segundo melhor, e durante os 10 anos seguintes ficou disputando com Karpov, cabeça-a-cabeça, a posição número 1 no ranking mundial. Em 1992, Kasparov estava apenas 4 pontos de rating à frente de Karpov, mas daí em diante sua vantagem foi se alargando. Mesmo com a excepcional vitória de Karpov em Linares, 1994, não foi suficiente para se manter no páreo ao lado de Kasparov, começando a ceder lugar aos novos talentos que estavam emergindo.

Para que se possa compreender melhor o contexto em que ocorreu esse match, é recomendável ler "Meus Grandes Predecessores", no qual Kasparov relata vários detalhes sobre os bastidos dos matches de 1974, 1978 e 1981 entre Karpov e Kortschnoj. Outros livros que tratam dessas competições, sob outras perspectivas, também podem proporcionar uma visão panorâmica mais imparcial sobre a atmosfera tensa que permeava aqueles eventos. Não entrarei em detalhes sobre isso, porque fogem ao escopo desse livro.

O fato é que a disputa em questão ia muito além dos limites estabelecidos pelas bordas do tabuleiro, e houve rumores de que o match foi interrompido por motivos que não estavam relacionados a aspectos técnicos nem operacionais, mas sim por razões políticas. Foi uma interrupção incomum e foi a primeira e única vez que algo assim aconteceu num campeonato mundial de Xadrez. Aliás, não foi propriamente uma interrupção; foi uma anulação, o que é ainda mais extraordinário.

A alegação foi de que a disputa estava se prolongando além do esperado, mas os boatos eram de que Kasparov, que começou perdendo, estava começando a virar jogo, e Karpov não estava conseguindo reagir bem. Havia muitos interesses políticos envolvidos, porque o Xadrez era esporte nacional na ex-URSS, e a posição política de Karpov era praticamente oposta à de Kasparov.

Dizem que no match de 1974 entre Karpov e Kortschnoj, para decidir qual deles enfrentaria Fischer, as autoridades soviéticas haviam decidido que Karpov deveria vencer e Kortschnoj deveria entregar o jogo, mas Kortschnoj não "respeitou" a decisão e jogou para tentar vencer, por isso foi punido de diversas formas, inclusive foi suspenso por 1 ano e teve seu estipêndio reduzido em 33%. Também há boatos (que talvez não sejam tão boatos) de que chegaram a ameaçar a família de Kortschnoj em 1978 e 1981.

Quando o desafiante deixou de ser Kortschnoj e passou a ser Kasparov, não deve ter mudado muita coisa. Karpov tinha boas relações com os altos escalões do regime da época, enquanto Kasparov assumia um papel de antagonista.

No que diz respeito à parte esportiva, alguns diziam que como Karpov era 12 anos mais velho, deveria ter se cansado ao longo do match, enquanto Kasparov, além de não sofrer tanto efeito de cansaço, por ser muito mais jovem, ainda por cima estava aprendendo, ganhando experiência nesse tipo de competição e melhorando sua performance a cada nova partida. Por isso alguns acreditam que os organizadores do evento interromperam o match para dar a Karpov um tempo para se recuperar. Mas essa decisão desagradou a ambos, porque Karpov estava vencendo por 5x3 e 40 empates, faltando apenas 1 vitória para conservar seu título, enquanto Kasparov precisava de 3 vitórias. Por outro lado, Karpov teve um início muito bom, com 4 vitórias entre os 9 primeiros jogos, depois foram 18 empates seguidos, e Karpov obteve mais 1 vitória, deixando o escore 5x0 e 22 empates.

Nesse ponto da disputa, algo extraordinário aconteceu. Nas 21 partidas seguintes, Karpov não conseguiu vencer nenhuma, enquanto Kasparov obteve 3 vitórias, sendo que as duas últimas foram consecutivas e, logo em seguida, o match foi interrompido. Por isso Kasparov estimava que, embora ele estivesse perdendo por 5x3, o jogo estava virando a seu favor. O quadro abaixo resume o histórico desse match:

1	2	3	4	5	6	7	8	9	10	11	12	13	14	15	16	17	18	19	20	21	22	23	24
½	½	1	½	½	1	1	½	1	½	½	½	½	½	½	½	½	½	½	½	½	½	½	½
½	½	0	½	½	0	0	½	0	½	½	½	½	½	½	½	½	½	½	½	½	½	½	½

25	26	27	28	29	30	31	32	33	34	35	36	37	38	39	40	41	42	43	44	45	46	47	48
½	½	1	½	½	½	½	0	½	½	½	½	½	½	½	½	½	½	½	½	½	½	0	0
½	½	0	½	½	½	½	1	½	½	½	½	½	½	½	½	½	½	½	½	½	½	1	1

Contra a vontade de ambos os competidores, o match foi anulado e foi estabelecida uma nova data para recomeçar, dessa vez com uma mudança nas regras: em vez de ser campeão o primeiro a obter 6 vitórias, ficou estabelecido que o campeão seria aquele que obtivesse maior números de pontos entre um total de 24 partidas. Uma escolha que parecia bastante conveniente, já que nesse primeiro match Karpov estava vencendo por 5x0 nos primeiros 24 jogos.

Não tenho como saber se os rumores sobre a manipulação política têm algum fundo de verdade, mas se tiverem, então o tiro saiu pela culatra, porque Kasparov já saiu na liderança e venceu por 13x11.

1	2	3	4	5	6	7	8	9	10	11	12	13	14	15	16	17	18	19	20	21	22	23	24
1	½	½	0	0	½	½	½	½	½	1	½	½	½	½	1	½	½	1	½	½	0	½	1
0	½	½	1	1	½	½	½	½	½	0	½	½	½	½	0	½	½	0	½	½	1	½	0

Agora podemos analisar a evolução desse match sob uma nova perspectiva, com maior riqueza de detalhes, investigando como foi a evolução na qualidade de jogo de cada um dos competidores. O gráfico a seguir mostra os ratings absolutos de Kasparov e Karpov em cada uma das 48 partidas do match. Também foram feitas uma regressão linear que representa a evolução global de cada jogador e uma regressão polinomial de grau 6, que representa a evolução global com maior sensibilidade para variações locais.

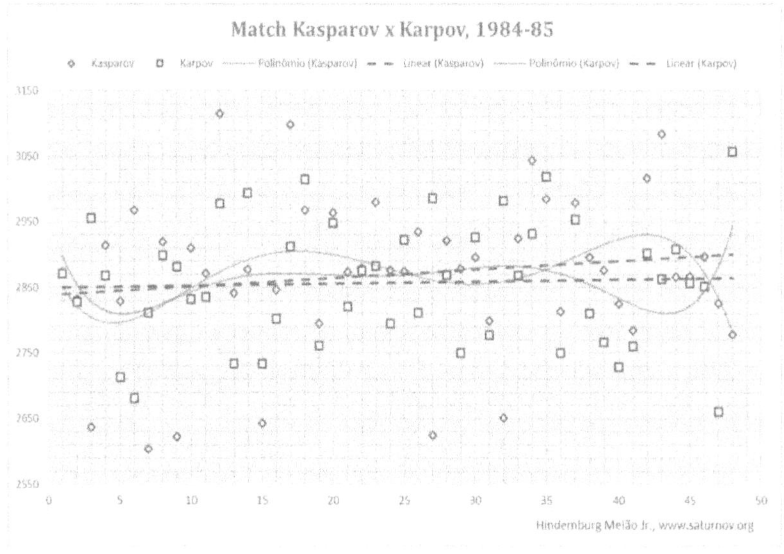

A primeira característica marcante que podemos observar é que Karpov manteve uma dispersão muito menor em seu nível de jogo, com desvio padrão 187, enquanto Kasparov apresentou desvio padrão 238. Portanto, embora o nível médio de ambos tenha sido semelhante, Kasparov teve muitos altos e baixos, especialmente nos primeiros jogos, sendo que seus pontos altos muitas vezes não eram suficientes para vencer, enquanto seus pontos baixos resultaram em derrotas.

Karpov, por sua vez, manteve muita consistência e não jogou nenhuma partida com qualidade comparável às 6 piores partidas de Kasparov (losangos azuis mais baixos). Por outro lado, Karpov também não jogou nenhuma vez tão bem quanto as 3 melhores de Kasparov (losangos azuis mais altos). Por isso embora Kasparov tenha, em média, jogado melhor, ele estava perdendo, pois nas partidas que ele jogou pior, sua qualidade de jogo foi suficiente para perder, enquanto nas partidas de Karpov que ele jogou pior, não acumulou desvantagens suficientes para perder.

A hipótese de que Karpov estaria ficando cansado não encontra suporte nos fatos, inclusive a qualidade intrínseca de jogo de Karpov melhorou levemente ao longo do match, embora a qualidade de Kasparov tenha melhorado mais. Isso é compreensível, pois aos 34 anos, embora Karpov fosse mais velho, estava longe de sentir o peso da idade. Enquanto Kasparov, aos 22, estava em franca ascensão.

Analisando a evolução global com sensibilidade para variações locais, pode-se notar mais um fato importante. Nos últimos jogos o desempenho de Kasparov estava caindo, enquanto o de Karpov estava subindo! Embora essas variações sejam mais indicativos de oscilações aleatórias do que de uma tendência persistentes de subir e cair, não é algo que se possa negligenciar, e o fato concreto é que nos últimos jogos o desempenho de Karpov estava melhorando um pouco, enquanto o de Kasparov estava piorando um pouco.

Para investigar melhor esse comportamento, foram testadas regressões polinomiais de grau 2, 3, 4, 5 e 6. Em todas elas Kasparov esteve caindo nas últimas partidas. No caso de Karpov, ele esteve subindo nas regressões de grau 4, 5 e 6 e caindo levemente (menos que Kasparov) nas regressões com grau 2 e 3. O gráfico abaixo mostra os resultados da regressão polinomial com grau 3:

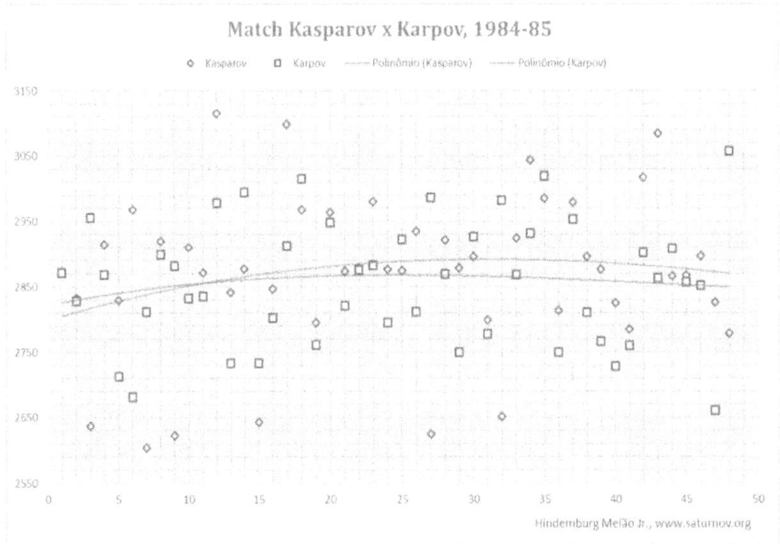

Pode-se notar que Karpov teve um desempenho mais constante, exceto pelas naturais flutuações estatísticas, enquanto Kasparov apresentou um crescimento até aproximadamente a 30ª partida e daí em diante começou a decair levemente (mais rapidamente do que Karpov).

Como a amostra de dados é pequena, não há como saber com segurança qual das interpretações é a mais adequada, se a regressão linear ou uma das regressões polinomiais. Mas todas as polinomiais concordam em alguns pontos, sendo que o principal deles é que, no conjunto, Kasparov não estava melhorando em comparação a Karpov a partir da 30ª partida.

Como é possível que Kasparov estivesse melhorando nos primeiros jogos, se ele estava perdendo, e estivesse piorando nos últimos, se estava ganhando? E a resposta é bastante simples: acaso. Para uma diferença de níveis de jogo tão estreita quanto a existente entre eles na época, não seria possível determinar com segurança qual deles era o melhor com base em menos do que algumas centenas de partidas. E seria operacionalmente inviável e comercialmente desinteressante promover um evento tão longo. Por isso o resultado acabou sendo, em parte, determinado pelo acaso.

Considerando os conjuntos de jogos de ambos, sabemos que Kasparov estava um pouco mais forte que Karpov, e analisando a qualidade dos lances desse match, também podemos constatar que Kasparov estava, em média, jogando melhor, porém o fato de sua oscilação na qualidade de jogo ser maior fazia com que ocorressem mais frequentemente situações nas quais suas desvantagens acumuladas ao longo de cada partida fossem suficientemente grandes para que ele perdesse, enquanto Karpov, como suas oscilações foram mais estreitas, era mais raro que as micro desvantagens que ele acumulava ao longo das partidas fossem suficientes para que ele perdesse.

Há outros detalhes estatísticos que precisam ser considerados, tais como as incertezas nos ratings, de modo que o crescimento ou decrescimento dos ratings nos últimos poucos jogos podem não refletir com acurácia a real variação nas forças desses jogadores. Portanto é provável que nos últimos jogos Kasparov esteve caindo de qualidade de jogo enquanto Karpov esteve subindo, mas pode não ter sido tão acentuadamente quanto se observa no gráfico.

Considerando esses fatos, se o objetivo dos organizadores ao adiar o match foi favorecer Karpov, tudo indica que foi uma péssima ideia, pois não há nenhuma evidência de que Karpov estivesse cansado. Nos últimos jogos, a qualidade do jogo de Karpov estava melhorando enquanto a de Kasparov estava piorando, a maior amplitude de variação na qualidade de jogo de Kasparov favorecia Karpov, e o principal fator: Karpov precisava de apenas 1 vitória para ser campeão, enquanto Kasparov precisava de 3, e os motivos pelos quais Kasparov venceu mais partidas na segunda metade do match foram mero acaso, assim como foi por acaso que Karpov venceu mais partidas no início, pois a diferença na qualidade de jogo entre eles era pequena para explicar a variação observada nas vitórias de cada jogador tanto no início quanto no final do match. O livro “O andar do bêbado” analisa muitos casos semelhantes, nos quais uma diferença aleatória acaba sendo interpretada incorretamente como se fosse indicativa de maior habilidade ou maior competência.

As oscilações na qualidade de jogo que provocaram as derrotas de cada lado foram estritamente causais, sem relação com qualquer mudança substancial de melhora ou piora de qualquer deles, pois as inclinações das retas de melhora na qualidade do jogo de ambos era muito suave e pode-se dizer que ambos mantiveram praticamente mesmo nível do início ao fim, com uma variação cumulativa que pode ter chegado no máximo a uns 50 pontos de rating para Kasparov, que nem de longe compensaria a desvantagem de precisar de 3 vitórias contra 1.

Outro ponto importante é que aos 22 anos, e em franca ascensão, qualquer adiamento só daria a Kasparov mais tempo para que melhorasse ainda mais, enquanto Karpov, aos 34 anos, na melhor das hipóteses permaneceria no mesmo nível.

O novo match, iniciado em 3 de setembro de 1985, corroborou esse fato: Kasparov começou vencendo a 1ª partida, mas na 4ª partida Karpov venceu, e com isso teria encerrado o match a seu favor, se não tivesse sido anulado. Mas nesse caso ainda havia mais 20 partidas pela frente, e Karpov acabou perdendo.

Se os boatos sobre esse match tiverem algum fundo de verdade, é irônico que as autoridades políticas, ao tentarem privilegiar deslealmente um atleta, acabaram prejudicando-o.

Fischer, Karpov e Kasparov

Bobby Fischer foi um dos personagens mais controversos da história do Xadrez. Campeão dos EUA aos 13 anos de idade, campeão com 100% dos pontos possíveis aos 20 anos, venceu os matches da semifinal e quartas de final do Torneio de Candidatos com 100% de vitórias. Numa das partidas, Taimanov pendurou uma Torre numa posição empatada e cometeu outros erros relativamente básicos, assim como Larsen aparentemente jogou abaixo de sua força normal. Isso conduz à pergunta: Fischer realmente jogou num nível 3400 nestes matches? Com base nos ratings de Larsen (2660) e Taimanov (2635), o cálculo de rating performance de Fischer teria sido 736+2635=3371 e 736+2660=3396. Mas qual foi a verdadeira qualidade de jogo de Fischer nesses certames?

Analisando a qualidade dos lances nas 11 partidas de Fischer no Campeonato Nacional de 1963, pode-se observar uma combinação dos dois efeitos: Fischer jogou acima de seu nível médio da época e seus oponentes jogaram abaixo. Ainda não havia rating FIDE em 1963, mas tomando como base os ratings de Chessmetrics, que nessa época eram cerca de 70 pontos acima do FIDE, o rating médio dos participantes era 2594 (2524 FIDE). Fischer tinha 2759 (2689 FIDE). Pela minha lista Fischer tinha 2713 e a média do torneio foi 2541. Convertendo em força absoluta ajustada para a inflação de 2021,5, Fischer tinha 2805 e a média do evento foi 2633.

Mas a qualidade do jogo de Fischer nestas partidas foi de 2819, enquanto a qualidade média de seus oponentes foi 2149!

Pode parecer estranho como enxadristas profissionais com 2500 jogaram num nível abaixo de 2200, mas ao analisar algumas das partidas, esse fato pode ser constatado sem muita dificuldade. Na partida contra Edmar Mednis, por exemplo, ambos jogaram abaixo de seus níveis normais, sendo que Mednis jogou muito abaixo. Mednis desperdiçou uma oportunidade de vitória e várias oportunidades de obter vantagem. Outro detalhe é que a oportunidade de vitória era bem difícil de ser descoberta por humanos, embora fosse trivial para engines, com um brilhante sacrifício de Dama que nem Fischer nem Mednis perceberam. Esse tipo de lance – fácil para computadores, mas difícil para humanos – tende a distorcer um pouco as avaliações.

Não deve distorcer muito, devido aos motivos já citados em capítulos anteriores, pois foram utilizados diferentes arquivos PB de Lc0, cujo estilo é muito semelhante ao de humanos e o tipo de erro cometido também é semelhante ao de humanos.

Analisando subjetivamente a partida com Stockfish 14 e Lc0 28, podemos notar que realmente há vários erros cometidos por Mednis. Analisando objetivamente, considerando a porcentagem de erros neste jogo, fica claro que Mednis não esteve em seu nível normal, perto de 2500. Nessa partida a correlação entre rating e porcentagem de acertos foi 0,95, e Mednis teve uma porcentagem de acertos bastante similar à das engines com 1700 de rating, enquanto Fischer teve uma porcentagem de acertos similar à das engines com 2500. Os ratings foram estimados por 3 métodos diferentes e em todos eles Mednis teve qualidade de jogo de 1700. A partida teve 62 lances, portanto trata-se de uma amostra razoável e a medida não deve ter incerteza muito grande.

Um detalhe questionável é: se Fischer jogou em nível 2500 e Mednis em nível 1700, como é possível que até o lance 35 ainda houvesse oportunidade de empate para Mednis? A resposta pode ser, em parte, porque a qualidade do jogo continua sendo medida depois que o jogo ficou claramente vencido por um dos lados, e nesse caso Fischer continuou jogando vários dos melhores lances depois que já havia assegurado a vitória, enquanto a qualidade do jogo de Mednis caiu principalmente depois que ele ficou perdido. Outra explicação é que as incertezas em cada jogo individual são cerca de 310 pontos de rating, portanto não há como obter estimativas muito acuradas em apenas 1 jogo. Mas quando se considera 11 jogos, a incerteza cai para cerca de 90 pontos.

Portanto a conclusão é de que Fischer realmente jogou esse campeonato num nível muito elevado, perto de 2819, mas o principal fator que determinou seu escore de 100% foi que seus oponentes jogaram contra ele num nível muito mais baixo. Fischer jogou 14 pontos acima de sua força habitual, enquanto seus oponentes jogaram, em média, 484 pontos abaixo de suas forças habituais. Uma das explicações para essa pobre atuação de seus oponentes pode ser algo similar ao que acontecia com Philidor, em que seus adversários jogavam intimidados e performavam abaixo de suas forças típicas.

Outro motivo que contribuiu para esse resultado pode ter sido simplesmente a flutuação estatística. Entre muitos eventos realizados, é natural que algumas vezes haja uma predominância significativa de todos os adversários de um jogador atuarem abaixo da média do que costumam jogar, e Fischer teve a sorte de isso ter ocorrido com ele, além de ter tido o mérito de jogar num nível excepcional.

Mas os resultados mais marcantes envolvendo Fischer e suas performances sobre-humanas foram seus confrontos contra Taimanov e Larsen.

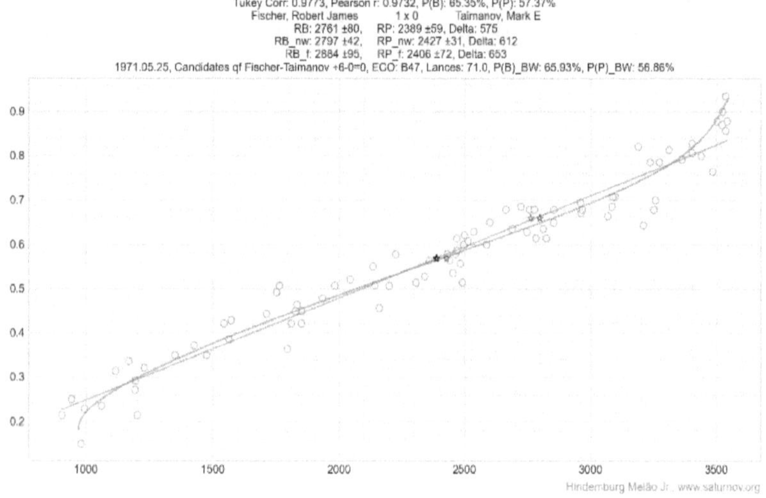

Contra Taimanov, Fischer jogou com nível absoluto 2909, um pouco acima de seu jogo habitual na época (2822). Mas contra Larsen, Fischer teve provavelmente a melhor atuação de sua vida, com qualidade de jogo 3.113. Essa talvez tenha sido a qualidade de jogo mais alta que alguém já obteve num match de 6 partidas. Em jogos individuais é relativamente comum acontecer de a pessoa ter mais de 3100. Entre jogadores com 2800, pelo menos 10% das vezes eles acabam tendo performance 3100+, mas manter essa média num total de 6 jogos consecutivos é algo absolutamente extraordinário. Quanto a seus adversários, Taimanov jogou no nível 2509 e Larsen no nível 2516. Um resultado raro em eventos desse nível, por isso refiz os cálculos, para conferir se não havia cometido algum erro, mas parece ter sido realmente esse o resultado. Como se não bastasse a surra traumática, quando Taimanov retornou para a URSS, foi penalizado por essa derrota considerada "vexatória".

Numa entrevista concedida por Taimanov a Lautier, anos mais tarde, ele comentou:

> *"Fui privado dos meus direitos civis, meu salário foi tirado de mim, fui proibido de viajar para o exterior e censurado na imprensa. Era impensável para as autoridades que um GM soviético pudesse perder para um americano, sem uma explicação política. Fui banido da sociedade por dois anos."*

Não está claro se a esposa o deixou ou se ele a deixou para evitar "contaminá-la" com seus problemas. Acho terrível a maneira como Fischer foi "descartado" pelos EUA depois de ter feito uma gigantesca publicidade americana durante a guerra fria, mas muito pior foi a maneira como a URSS tratou Taimanov.

De acordo com Kasparov, em "Meus Grandes Predecessores", Petrosian tinha boas relações com as autoridades soviéticas, mesmo assim não foi poupado. Spassky e Petrosian também sofreram sanções, alguém precisava pagar pelo fato de os russos perderem a hegemonia que mantinham no Xadrez há décadas.

No match contra Petrosian, a qualidade de jogo de Fischer foi 2923 e, na final, contra Spassky, Fischer apresentou qualidade de jogo 2850. De modo geral, atuou dentro de suas expectativas típicas, com pouca oscilação, exceto contra Larsen.

Em relação à qualidade de jogo de seus oponentes nesses confrontos, Petrosian jogou no nível 2464 e Spassky no nível 2659. Supondo que naquela época Spassky fosse o segundo melhor do mundo, a superioridade de Fischer sobre seus adversários naquele momento era de quase 200 pontos em termos de qualidade de jogo.

Depois de 20 anos afastado, quando Fischer decidiu retornar e disputou o match "revanche" em 1992, Spassky conseguiu manter um nível muito alto, com qualidade de jogo 2572, enquanto Fischer apresentou nível bem abaixo do de 1972, mas ainda assim extraordinário: 2648.

Nestes matches poderia ser feita também uma estimativa bayesiana, considerando conjuntamente o rating calculado com base na qualidade dos lances e o rating calculado com base nos resultados de cada confronto. No match de 1972, a diferença de pontos para Spassky indica uma diferença de 89 pontos, bem menor que os 191 pontos baseados na qualidade de jogo. Isso pode ser, em grande parte, devido ao "amortecimento" dos empates. Lembrando que o sistema Elo utiliza um modelo matemático dicotômico, isto é, não deveria existir empate.

Com isso podemos saber a força absoluta máxima alcançada por Fischer em seu auge, bem como podemos obter respostas precisas e bem fundamentadas sobre essas dúvidas que permaneciam em aberto há meio século.

Karpov

Linares 1994 foi um dos torneios mais fortes da história, e Karpov sagrou-se campeão com uma tremenda vantagem sobre o segundo colocado. Esse resultado foi especialmente notável por ter ocorrido quase 20 anos depois que Karpov conquistou o título mundial, portanto já não estava tão jovem, e já havia sido ultrapassado na lista de rating pelas novas gerações de prodígios, como Anand, Kramnik e Ivanchuk. Em 1995, Karpov ficou em 6º no ranking mundial, atrás inclusive de Fischer, que após seu cavalheiresco match revanche contra Spassky, em 1992, seu rating de 2785 voltou a ser considerado ativo e permaneceu assim por 5 anos.

Conforme já comentamos, uma das teorias para tentar explicar esse surpreendente resultado de Karpov foi que ele, a partir da segunda rodada, sempre jogava contra quem havia enfrentado Kasparov na rodada anterior, e seus oponentes chegavam esgotados fisicamente, intelectualmente e moralmente. Agora, pela primeira vez, podemos testar objetivamente essa hipótese. E o resultado é que não foi isso que aconteceu! Os oponentes de Karpov jogaram contra ele com nível médio de jogo de 2642, só um pouco abaixo da média do evento, mas quando jogaram contra Kasparov, tiveram nível médio 2464. Isso levanta algumas outras dúvidas: se Karpov jogou, em média, suas partidas com nível 2898, enquanto Kasparov jogou com nível 2904, além disso os oponentes de Kasparov jogaram menos forte contra ele, como é possível que Karpov tenha feito muito mais pontos no torneio? Além do mais, Shirov, Bareev e Kramnik jogaram em níveis acima dos de Kasparov e Karpov, mas ficaram atrás.

A resposta é que a diferença de qualidade entre os jogos deles foi muito estreita, apenas 52 pontos entre o mais alto (Kramnik, 2950) e o mais baixo (Karpov, 2898) entre estes, e um evento com apenas 13 rodadas em único turno não tem sensibilidade suficiente para apontar a classificação mais justa. O resultado mais justo teria sido Kramnik, Bareev, Shirov, Kasparov e Karpov empatados com mesma pontuação. Em seguida Anand e Gelfand. Depois Kamsky e Ivanchuk, seguidos por Lautier, Topalov e Judit. Em 13º e 14º ficariam Illescas e Beliavsky.

Portanto, Karpov jogou muito bem nesse evento e teve todos os méritos para ser campeão, porém outros jogaram igualmente bem e tiveram méritos similares, mas por flutuações estatísticas acabaram ficando para trás.

Outra possível explicação é que vários entre os primeiros colocados jogaram acima de seus níveis habituais, e em alguns jogos podem ter feito lances melhores do que os indicados pelas melhores engines, mas não receberam uma pontuação justa, porque se nenhuma das melhores engines votou no lance que o jogador fez, ainda que fosse o melhor lance, ele não recebeu pontos e sua porcentagem final de acertos acabou sendo menor. Como as penalidades estão correlacionadas com os Evals, então mesmo quando os lances são diferentes e nenhuma engine vota naquele lance, ainda assim a penalidade pode ser pequena se o lance não tiver grande diferença de Eval em relação aos lances indicados pelas engines. Apesar desses cuidados para minimizar distorções, podem acontecer situações como a descrita, e para um conjunto de apenas 13 partidas, não seria surpresa deparar com alguns erros perto de 50 pontos de rating nos valores calculados com base na qualidade dos lances.

É importante lembrar que esses eventos que estamos analisando (Fischer–Larsen, Fischer–Taimanov, Karpov em Linares etc.) foram escolhidos justamente porque produziram resultados anormais, resultados improváveis, resultados raros. Portanto é compreensível que a explicação esteja associada a flutuações estatísticas raras e improváveis, que só ocorrem 1 vez a cada 1.000 eventos ou até mesmo 1 a cada 10.000 eventos, com oscilações 3 desvios padrão distantes da média ou mais, logo a qualidade de jogo pode apresentar diferenças de rating muito grande, num nível muito atípico.

Outro ponto interessante a ser considerado é que tanto Linares 1994 quanto AVRO 1938 são considerados dois dos torneios mais fortes da História, como se tivessem aproximadamente mesmo nível, mas na verdade tiveram níveis bastante diferentes. Se considerar a presença dos primeiros do ranking, AVRO teve 8 entre os 10 melhores do mundo, enquanto Linares chegou a incluir o 40º do ranking. Por esse critério, AVRO foi muito mais forte. Por outro lado, se considerar a força absoluta dos jogadores, a média em Linares foi 2754, enquanto em AVRO foi 2639, uma vantagem bastante clara a favor de Linares, o que é esperado, devido à evolução na compreensão do jogo nesse período.

Também convém esclarecer que essa diferença de 115 pontos é muito mais expressiva e acurada do que as diferenças de 50 pontos citadas acima, porque aquelas foram medidas em jogadores individuais, com base em apenas 13 partidas, enquanto estas são baseadas no torneio inteiro, 56 partidas em AVRO e 147 em Linares. Além disso, cada partida teve 2 jogadores, portanto em AVRO se tem a média de 112 ratings e em Linares 294 ratings. Isso torna a incerteza na medida bem menor.

Para esclarecer um pouco melhor porque são contados 2 jogadores por partida ao calcular a incerteza no rating médio dos torneios: em cada partida típica, um jogador faz 40 lances, e quanto maior o número total de lances, menor é a incerteza. Se considerar o torneio inteiro de 56 partidas, são 56 × (40+40) lances, pois considera-se os 40 lances das Brancas e os 40 das Pretas.

Kasparov

Em 1996, Kasparov venceu com certa facilidade o supercomputador da IBM Deep Blue. Ele já havia vencido com muito mais facilidade o Deep Tought, em 1989. Mas em 1997, aconteceu algo surpreendente: Kasparov foi derrotado por Deep Blue II. Lembro-me de que um amigo havia comentado:

"No começo eu estava torcendo para o computador, porque, sabe como é, a gente sempre torce para o mais fraco, mas depois que começou a palhaçada, passei a torcer para o Kaspa".

A situação é complexa, e essa interpretação de que estava acontecendo alguma "palhaçada" é polêmica. Alguns afirmavam que a IBM talvez estivesse usando um comitê de GMs que estariam ajudando Deep Blue II, outros suspeitavam que Kasparov havia sido subornado, já que a IBM estava promovendo aquele match com o objetivo de divulgar um novo produto, e o impacto comercial seria muito maior se o computador que utilizava seu produto vencesse o campeão. Foram escritos muitos artigos na época, e circularam muitos boatos, muitas teorias da conspiração e possivelmente algumas hipóteses bem fundamentadas. Mas o que de fato aconteceu?

Não temos como saber o que ocorreu por trás dos bastidores, mas podemos conferir alguns fatos importantes que podem fornecer pistas preciosas. Podemos medir a qualidade de jogo de Deep Blue II e a de Kasparov nesse confronto.

A qualidade de jogo de Kasparov nesse match foi 2697. Para efeito de comparação, no match de 1996 Kasparov teve qualidade de jogo 2966. No match contra X3D Fritz, em 2003, quando Kasparov já não estava em tão boa forma, a qualidade de jogo foi 2923. Isso poderia indicar que Kasparov talvez não tenha jogado com sua força total. Em todo caso, apenas 6 partidas não proporcionam uma corroboração conclusiva. A análise, obviamente, não pode parar por aqui. A qualidade de jogo de Deep Blue I, em 1996, foi 2596, enquanto a qualidade de jogo de Deep Blue II foi 2745. Portanto há fortes indícios de que houve um progresso muito grande e a nova versão de Deep Blue estava de fato mais forte.

Não há como saber se esse aumento na força foi devido a algum auxílio externo que o computador recebeu de GMs humanos, mas analisando a evolução de milhares de programas ao longo da história, não existe nenhum exemplo no qual algum programa top mundial tenha dado um salto de 150 pontos de rating em 1 ano, exceto quando um programa passa a utilizar trechos do código de outros programas mais fortes ou arquivos de redes neurais de outros programas. Mas as evoluções reais por aprimoramento do código costumam ser em torno de 30 pontos por ano, raramente chegando a 100 pontos. Isso não significa que a IBM jogou de maneira desleal, mas indica que algo muito estranho aconteceu, e quando se considera também que a IBM recusou a revanche para Kasparov e desativou o computador, tudo parece se encaixar com a hipótese de que havia algo a esconder, e uma tentativa de apagar os vestígios de algo que não gostariam que fosse descoberto.

Se os funcionários e executivos da IBM acreditassem realmente que aquela havia sido uma vitória justa e representativa da força de Deep Blue, o mais natural seria que comemorassem o resultado e o colocassem para medir forças com qualquer outro que quisesse enfrentá-lo, para confirmar, acima de qualquer suspeita, sua supremacia, tal como tem sido feito com Rybka, Komodo e outros programas que são verdadeiramente mais fortes que os humanos. Komodo jogou matches oferecendo 1 Peão de vantagem contra qualquer humano, mas Deep Blue II foi "aposentado".

O que podemos concluir disso? É difícil fazer qualquer afirmação categórica, porque há poucos elementos sobre o que aconteceu por trás dos bastidores. Mas o que os números mostram é que Kasparov jogou abaixo de sua força e Deep Blue II deu um salto evolutivo em 1 ano muito maior do que qualquer outro programa na história do Xadrez que estivesse encabeçando a lista de maior rating. Além disso, Deep Tought, em 1989, teve rating absoluto 2282 (o rating propagandeado na época era 2450 a 2550). De 1989 até 1996 subiu 314 pontos, média de 45 pontos por ano. Mas é necessário descontar quanto desse ganho de performance foi devido ao aumento na velocidade de processamento, e como Deep Blue I era cerca de 5,4 vezes mais rápido que Deep Tought, isso corresponde a cerca de 105 pontos a mais de rating, restando 209 pontos de aumento de rating devido a melhorias em sua heurística, portanto houve uma média de ganho de 30 pontos por ano, praticamente igual à média dos demais programas. De repente, de 1996 para 1997, subiu 145 pontos, sem que tenha acontecido qualquer revolução no conhecimento que possa explicar isso. Ainda que 43 desses 145 pontos estejam relacionados à dobra na velocidade, ainda seria difícil explicar os 102 pontos de aumento em apenas 1 ano.

Quando foi lançado Stockfish 12, utilizando inovações em redes neurais, houve um salto de cerca de 100 pontos de rating, o que foi considerado extraordinário, e realmente foi. O gráfico a seguir mostra a evolução das versões normais no momento em que foi lançada a versão NNUE de Stockfish 12:

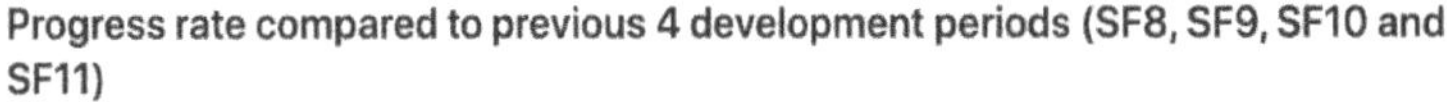

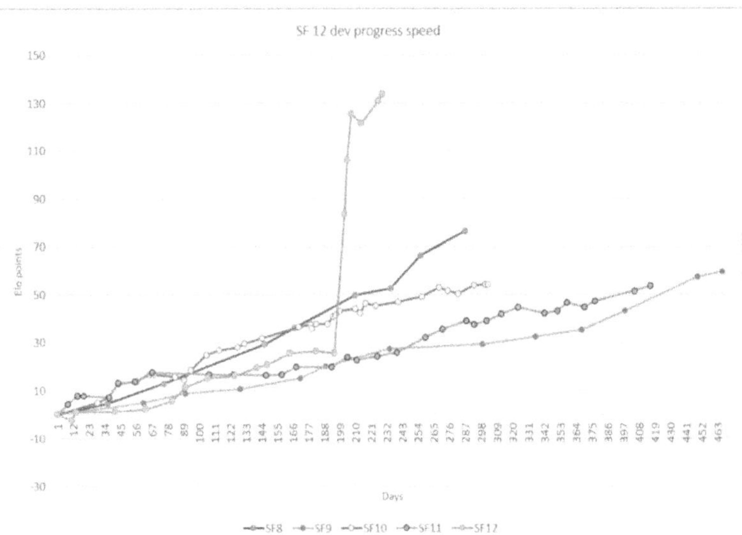

Havia uma explicação científica para esse salto, mas no caso de Deep Blue, até onde sei, não existe tal explicação.

O baixo desempenho de Kasparov também é bastante estranho, mas não apenas isso. Kasparov jogou uma variante condenada da defesa Caro-Kann, muito diferente de seu estilo habitual, e em outra partida ele abandonou apressadamente uma posição empatada.

Quando se considera esse conjunto de fatores, parece que as suspeitas de que aconteceu algo nesse evento que não foi revelado ao público não é mera teoria da conspiração.

Matches controversos

Muitos torneios importantes, inclusive disputas pelo título mundial, terminaram de maneira inesperada e com resultados pouco convincentes. Como tais eventos são muito numerosos, nesse capítulo analisaremos apenas alguns. Num possível volume 2 desse livro, analisaremos outros casos desse tipo.

Botvinnik–Bronstein, 1951

Entre os resultados que temos prontos até o momento, talvez o mais controverso seja o match pelo título mundial entre Botvinnik e Bronstein, em 1951, que terminou empatado, 12x12, sendo que com o empate o campeão conserva o título. Nessa época, Bronstein estava em seu auge, havia atingido seu máximo rating histórico em 1950, enquanto Botvinnik, embora estivesse claramente acima dos demais, no ano seguinte desabou quase 100 pontos, portanto não estava numa boa fase. As tabelas a seguir mostram as classificações dos 15 primeiros do mundo em janeiro de 1951 e janeiro de 1952:

Nomes	Vitórias	Derrotas	Empates	Porcentagem	Rating	N Jogos	R FIDE	R Maximo	Ano Rmax
Botvinnik, Mikhail	304	55	172	73,45%	2668	531	2570	2685	1948
Reshevsky, Samuel Herman	204	46	140	70,26%	2608	390	2535	2634	1948
Bronstein, David Ionovich	134	42	110	66,08%	2584	286	2493	2593	1950
Fine, Reuben	277	43	161	74,32%	2582	481	2531	2619	1949
Smyslov, Vassily V	182	54	159	66,20%	2551	395	2488	2600	1950
Keres, Paul	453	96	248	72,40%	2549	797	2481	2633	1938
Najdorf, Miguel	319	58	183	73,30%	2547	560	2507	2643	1946
Gligoric, Svetozar	149	38	114	68,44%	2546	301	2483	2567	1950
Unzicker, Wolfgang	104	22	63	71,69%	2540	189	2454	2548	1950
Kotov, Alexander	159	88	115	59,81%	2539	362	2472	2606	1950
Boleslavsky, Isaak	128	47	151	62,42%	2530	326	2456	2562	1948
Stahlberg, Gideon	317	116	266	64,38%	2526	699	2481	2588	1947
Alekhine, Alexander	750	144	397	73,47%	2526	1291	2510	2698	1931
Ekstrom, Folke	25	10	8	67,44%	2515	43	2404	2533	1948
Bogoljubow, Efim	552	259	346	62,66%	2510	1157	2440	2587	1925

Nomes	Vitórias	Derrotas	Empates	Porcentagem	Rating	N Jogos	R FIDE	R Maximo	Ano Rmax
Reshevsky, Samuel Herman	217	48	147	70,51%	2607	412	2537	2634	1948
Keres, Paul	465	98	254	72,46%	2593	817	2500	2633	1938
Smyslov, Vassily V	201	59	166	66,67%	2585	426	2504	2600	1950
Botvinnik, Mikhail	320	66	195	71,86%	2573	581	2524	2685	1948
Fine, Reuben	282	45	165	74,09%	2570	492	2525	2619	1949
Bronstein, David Ionovich	146	52	132	64,24%	2554	330	2489	2593	1950
Najdorf, Miguel	323	58	190	73,20%	2553	571	2509	2643	1946
Eliskases, Erich Gottlieb	384	68	283	71,50%	2550	735	2508	2605	1939
Euwe, Max	712	216	455	67,93%	2548	1383	2473	2625	1935
Bolbochan, Julio	95	32	100	63,88%	2544	227	2459	2548	1951
Pachman, Ludek	131	62	108	61,46%	2525	301	2448	2536	1949
Stahlberg, Gideon	322	117	275	64,36%	2522	714	2477	2588	1947
Ekstrom, Folke	25	10	8	67,44%	2515	43	2404	2533	1948
Zemgalis, Elmars	70	7	38	77,39%	2514	115	2430	2521	1951
Boleslavsky, Isaak	134	48	158	62,65%	2513	340	2450	2562	1948

Conforme se pode observar, tanto Bronstein quanto Botvinnik caíram, mas Botvinnik caiu mais.

Antes desse match, haviam se enfrentado apenas duas vezes, ambas aconteceram enquanto o mundo estava em guerra: a primeira foi no campeonato soviético de 1944, em maio, e terminou em vitória de Bronstein. Apesar disso, Botvinnik foi campeão do torneio, enquanto Bronstein ficou em antepenúltimo. A segunda vez foi no campeonato soviético de 1945, em junho, e terminou empatada. Novamente Botvinnik foi campeão soviético, mas dessa vez Bronstein ficou num honroso 3º lugar.

Botvinnik foi um jogador sólido e científico, mas não tinha receio de assumir riscos, quando necessário, a semelhança de Steinitz, Fischer e de seu discípulo Karpov. Enquanto Bronstein foi um jogador extremamente agressivo e criativo, que se empenhava em provocar complicações e desequilibrar posições, à semelhança de Alekhine, Keres e Tal.

O resultado final desse confronto foi um empate, mas foi um empate duramente disputado, com trocas de socos e chutes por ambos os lados:

		1	2	3	4	5	6	7	8	9	10	11	12	13	14	15	16	17	18	19	20	21	22	23	24
1	**Bronstein,David Ionovich**	½	½	½	½	1	0	0	½	½	½	1	0	½	½	½	½	1	½	0	½	1	1	0	½
2	**Botvinnik,Mikhail**	½	½	½	½	0	1	1	½	½	½	0	1	½	½	½	½	0	½	1	½	0	0	1	½

Para avaliar melhor o desempenho dos jogadores ao longo do match, fizemos um gráfico similar ao utilizado para representar a evolução do match entre Kasparov e Karpov, 1984, no qual podemos ver a evolução na qualidade de jogo de cada competidor:

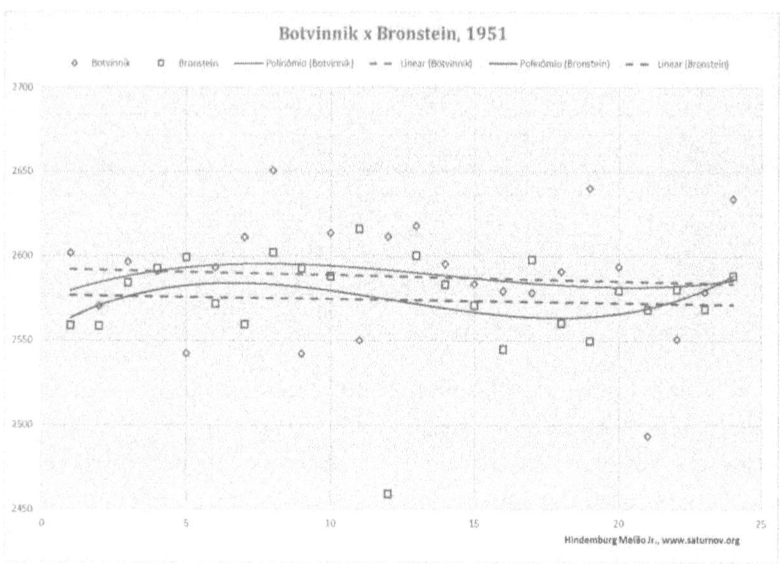

Ambos tiveram desempenho global muito semelhante e o empate foi um resultado justo. Botvinnik apresentou qualidade de jogo 2588, enquanto Bronstein apresentou qualidade 2574.

Podemos notar algumas diferenças importantes em comparação ao match KxK. Por exemplo: embora a dispersão geral tenha sido maior para Botvinnik, enquanto Bronstein manteve maior uniformidade ao longo de quase todo o match, houve um "acidente" na 12ª partida, em que o jogo de Bronstein esteve muito abaixo de sua qualidade habitual. Houve vários erros de ambas as partes, mas os dois pontos mais críticos parecem ter sido estes:

Posição após o lance 10...fe4:

Botvinnik estava com Pretas e Bronstein jogou aqui 11.Ce4. Botvinnik comenta que teria sido melhor fe4, com jogo pouco claro, mas as melhores engines atuais mostram que tanto Ce4 quanto fe4 deixariam as Pretas com clara vantagem. O lance que mantém o jogo equilibrado parece ser Bc4, indicado por Lc0 28 e Stockfish 14.1.

O outro momento crítico foi depois de 12...Dd6:

Onde Bronstein jogou f4. Botvinnik assinala como um grave erro estratégico, porque deixa o Bispo "d2" afastado da luta. As engines concordam e depois disso dão vantagem decisiva para as Pretas. Mas houve vários outros momentos anteriores e posteriores nos quais Bronstein esteve claramente abaixo de seu nível normal.

Na partida 21 foi Botvinnik quem esteve muito abaixo de seu nível habitual, e embora não fosse uma diferença tão marcante quanto no caso de Bronstein, foi também suficiente para perder. Com isso, cada um deles entregou um ponto relativamente fácil e se compensaram.

A conclusão é que o empate foi justo, jogaram praticamente no mesmo nível, e também foi justo que Botvinnik conservasse o título, pois sua força de jogo no ano anterior era claramente maior, assim como nos anos seguintes. Em situações como estas, de empate num match pelo título mundial, talvez o desafiante merecesse algum tipo de título simbólico, como "campeão mundial honorário" ou "co-campeão mundial", algo que o fizesse ser lembrado com mais destaque do que como mero desafiante ao título, afinal, empatar um match com o campeão do mundo é uma realização quase tão importante quanto ser campeão, diferindo por uma margem bastante estreita, mas as honrarias concedidas aos campeões são desproporcionalmente maiores.

Steinitz–Chigorin, 1892

Outro match pelo título mundial com resultado polêmico foi entre Steinitz e Chigorin. Em 1883, Chigorin obteve alguns resultados expressivos, inclusive 4º lugar no Torneio Internacional de Londres, que contou com vários dos melhores jogadores do mundo, inclusive Zukertort, Steinitz e Blackburne, sendo que em seu confronto direto contra Steinitz, Chigorin venceu as duas partidas. Mas nos anos seguintes, não participou de eventos.

Em 1889, seria natural que Steinitz enfrentasse Gunsberg, Blackburne ou Mackenzie, que eram os melhores do mundo depois dele, embora sua vantagem em relação a qualquer destes fosse mais de 100 pontos. Entretanto acabou jogando contra Chigorin, que era o 11º do ranking.

Kasparov relata que, em 1888, os diretores do clube de Havana haviam oferecido um patrocínio a Steinitz e sugerido que ele apontasse um oponente à altura para jogar contra ele um match pelo título mundial, e o nome indicado por Steinitz foi Chigorin. Se não fosse pelo detalhe de Steinitz nunca ter fugido a uma disputa e também pelo fato de Chigorin ter escore 3x1 contra ele, poderia parecer que Steinitz estivesse indicando um oponente mais fraco para obter uma vitória fácil, mas considerando esses fatos, parece-me que ele realmente acreditava que Chigorin seria um adversário mais forte que os demais, especialmente porque Steinitz já havia esmagado Blackburne em 1862 por 7x1 e 2 empates, repetindo a proeza em 1876, de maneira ainda mais devastadora, com escore 7x0, sem empates. Por isso, embora o rating de Blackburne fosse maior que o de Chigorin, os confrontos dele contra Steinitz indicavam que Blackburne não teria melhores chances do que nos matches anteriores. Mackenzie também havia sido derrotado por Steinitz por 3x1 e 1 empate em 1883.

Havia outros fortes candidatos, além de Chigorin, com rating maior, inclusive Von der Lasa, que embora estivesse com 70 anos e longe de sua melhor forma, ainda permanecia entre os 10 melhores do mundo. Quando George Foreman enfrentou Mike Tyson pelo título mundial de Boxe, muitos zombaram que ele já estava velho, mas mesmo assim foi um dos que mais ofereceu resistência ao feroz campeão. Zukertort havia sido recentemente derrotado por Steinitz, por isso também não seria uma disputa de muito interesse. A situação de Winawer era semelhante, também estava perto dos 70 anos. Weiss era um jovem promissor, foi um jogador pouco conhecido e, de certo modo injustiçado. Weiss foi extremamente forte, chegando a ser número 1 do mundo alguns anos depois, mas nessa época ainda não seria um rival à altura, além disso, em seus 2 confrontos diretos contra Steinitz, não havia causado tanta impressão, com uma derrota e um empate. A tabela abaixo mostra os 15 melhores do mundo na época:

Nomes	Vitórias	Derrotas	Empates	Porcentagem	Rating
Steinitz, William	250	70	72	73%	2526
Gunsberg, Isidor	65	46	28	57%	2422
Blackburne, Joseph Henry	210	117	98	61%	2420
Mackenzie, George Henry	265	90	79	70%	2414
Winawer, Szymon	101	56	39	61%	2402
Von Bardeleben, Curt	32	11	20	67%	2399
Van Foreest, Dirk	26	6	11	73%	2383
Burn, Amos	52	30	11	62%	2375
Von Heydebrand und der Lasa, Tassilo	186	77	32	68%	2373
Zukertort, Johannes Hermann	195	113	87	60%	2364
Chigorin, Mikhail Ivanovich	86	57	19	59%	2363
Englisch, Berthold	63	37	66	58%	2360
Berger, Johann Nepomuk	37	16	43	61%	2356
Zannoni, Fermo	17	5	12	68%	2355
Weiss, Miksa	34	27	42	53%	2351

Gunsberg e Chigorin pareciam ser oponentes de nível adequado, e como o escore de Steinitz contra Chigorin estava negativo, mas ele nunca havia chegado a enfrentar diretamente Gunsberg, e como não havia rating na época que posicionasse Gunsberg oficialmente como segundo melhor do mundo, parece ter sido a escolha mais justa, com base nas informações de que Steinitz dispunha para tomar essa decisão. E, conforme esperado, Steinitz o venceu com certa facilidade por 10,5x6,5. Além disso, Gunsberg acabou tendo sua oportunidade e também foi vencido no ano seguinte.

		1	2	3	4	5	6	7	8	9	10	11	12	13	14	15	16	17
1	**Steinitz,William**	0	1	0	1	1	0	0	1	1	1	0	1	0	1	1	1	½
2	**Chigorin,Mikhail Ivanovich**	1	0	1	0	0	1	1	0	0	0	1	0	1	0	0	0	½

Mas logo em seguida, Chigorin deu um salto evolutivo. No mesmo ano foi co-campeão no torneio de Nova Iorque, à frente de Gunsberg e Blackburne.

Em 1890, Steinitz enfrentou Gunsberg e o venceu após uma luta dura, por 6x4 e 9 empates.

Assim, em 1892, Chigorin parecia estar mais bem preparado, já era o 6º melhor do mundo. Embora ainda não fosse o oponente mais forte para Steinitz, estava em ascensão e chegou a ser 3º melhor do mundo em 1893, 94 e 95 pelo rating EDO, e chegou a 2º melhor em minha lista em 1903. Esse detalhe de estar em ascensão, enquanto Steinitz estava chegando ao fim de seu reinado, é muito importante. A essa altura, Steinitz já não era o número 1 do mundo, embora conservasse o título mundial. Tanto em minha lista quanto na de Rob Edwards, o melhor do mundo no início de 1892 era Tarrasch, sendo que a diferença de Steinitz para Chigorin estava em apenas 51 pontos pela minha lista e 49 pela lista EDO. Nessa mesma época, Steinitz estava 45 pontos atrás de Tarrasch.

Nesse novo cenário, as chances de Chigorin eram bem melhores do que no match de 1889, embora Steinitz ainda fosse o favorito. Assim como no match anterior, Chigorin começou vencendo a primeira partida do match, mas, diferentemente do anterior, dessa vez foi travada uma luta muito mais intensa, que só foi decidida nas últimas partidas.

Houve um momento crítico na última partida que poderia ter alterado a História do Xadrez. Após uma longa série de vitórias alternadas, desde a 14ª partida, numa disputa cabeça-a-cabeça, na qual Chigorin assumia a liderança, então Steinitz igualava, Chigorin novamente assumia a liderança, e novamente Steinitz igualava... isso se repetiu várias vezes até que, no sprint final, na 22ª partida Steinitz abriu 1 ponto de vantagem. Com isso, Steinitz estava vencendo por 9x8, mas na 23ª partida Chigorin estava a caminho de igualar novamente o match: tinha uma peça de vantagem e posição ganhadora. O diagrama a seguir mostra o momento crítico após o lance 31...Tcd2:

As Brancas não precisavam fazer nada especial para vencer, bastaria seguir jogando lances naturais, tomar o Peão b7 etc., já que as Pretas nem sequer podem tomar "d5", pois levariam Cf4. Em breve Steinitz teria que abandonar.

Entretanto, Chigorin jogou Bb4??, tirando a peça que defendia o mate em 2! Levou Th2 e perdeu o jogo de maneira dolorosa, numa posição claramente vencedora, por um erro primário do tipo que ele deve ter cometido poucas vezes na vida, e terrivelmente teve o azar que um desses erros ocorreu justamente na disputa de sua vida. Se Chigorin tivesse vencido essa partida, o match empataria novamente em 9x9 e ele continuaria na luta pelo título. Os comentaristas da época relatam que havia mais de mil pessoas assistindo a essa partida e depois do lance de Chigorin, vários se levantaram e começaram a lamentar que uma competição tão importante terminasse de forma tão triste.

Steinitz manteve-se campeão, mas dessa vez venceu pela estreita margem de 10x8 e 5 empates.

		1	2	3	4	5	6	7	8	9	10	11	12	13	14	15	16	17	18	19	20	21	22	23
1	**Steinitz,William**	0	½	½	1	½	1	0	0	½	0	1	0	1	1	0	1	0	1	0	1	½	1	1
2	**Chigorin,Mikhail Ivanovich**	1	½	½	0	½	0	1	1	½	1	0	1	0	0	1	0	1	0	1	0	½	0	0

Esse incidente da última partida levou muitos críticos a questionar se foi justo o resultado desse match. Por isso vamos analisar a qualidade de jogo geral que os competidores tiveram:

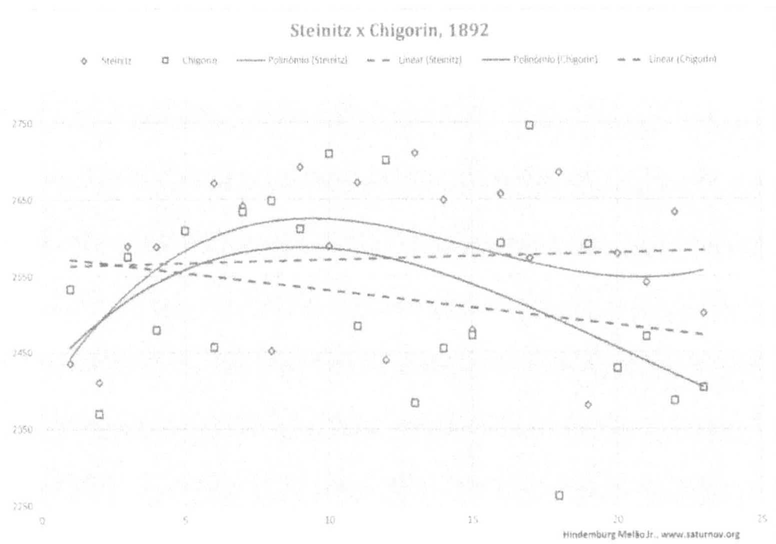

Conforme se pode observar, Steinitz esteve melhor durante praticamente o match todo, e apresentou um jogo mais estável. Ambos foram melhorando até aproximadamente a 8ª partida, sendo a melhora de Steinitz um pouco mais rápida que a de Chigorin. Daí em diante, ambos começaram a cair de performance, sendo que a queda de Chigorin foi um pouco mais rápida. Embora Steinitz já estivesse com idade avançada, a curva de sua qualidade de jogo foi melhor.

A qualidade de jogo de Steinitz esteve no nível de 2536, enquanto a de Chigorin foi 2439.

O que podemos concluir disso é que Steinitz jogou de fato melhor, além de ter um histórico mais robusto de melhores resultados. Chigorin jogou muito bem, mas não o suficiente para merecer o título mais do que Steinitz. Quando se seleciona um momento dramático, como o desse erro no último lance da última partida, pode-se ficar com uma impressão distorcida sobre os fatos. Mas quando se avalia objetivamente todos os lances de todas as partidas do match, fica claro que Steinitz jogou melhor e o resultado final foi justo.

Lasker–Schlechter, 1910

No mesmo ano em que Steinitz venceu Chigorin, Lasker venceu o grande Blackburne por 6x0 e 4 empates. Com a ascensão de Lasker, o destino de Steinitz estava selado.

Logo em seguida, em 1894, o jovem Lasker conquistou o título mundial e desde então dominou o Xadrez nas décadas seguintes, não havendo nova oportunidade para Chigorin, embora Chigorin tenha se mantido entre os melhores até o fim de sua vida, e seja reconhecido como pai do Xadrez soviético. Alekhine, Keres e principalmente Botvinnik aprenderam com a "escola soviética" praticamente inaugurada por Chigorin. Botvinnik foi ele próprio um novo divisor de águas, com o qual Karpov e Kasparov tomaram suas primeiras lições importantes.

O match entre Lasker e Steinitz foi relativamente fácil para Lasker, que àquela altura já estava 95 pontos de rating acima de Steinitz. Começaram numa disputa apertada até a 6ª partida, mas, a partir da 7ª, Lasker abriu uma vantagem de 5 vitórias seguidas e não "largou mais o osso" até o final. O match terminou 10x5 com 4 empates.

Em 1895, mesmo não sendo mais campeão mundial, Steinitz ainda criou sua última obra prima no torneio de Hastings, uma de suas partidas mais famosas, talvez a mais famosa.

Em 1896, foi disputado o match revanche e Lasker venceu com folga ainda maior: 10x2 e 5 empates.

Em 1903, com Chigorin no auge, houve um match entre ele e Lasker, mas não foi pela disputa do título mundial. Foi um match de treinamento em que Chigorin jogou todas com Pretas e todas elas foram com o Gambito Rice. O resultado foi 2x1 para Lasker e 2 empates. Se considerar que Chigorin teve as Pretas em todas, esse foi um resultado bastante equilibrado e sugere que Chigorin ainda poderia ter algumas chances, se tivesse disputado o mundial nesse ano.

Em 1907, Lasker defendeu seu título pela primeira vez (exceto a revanche concedida a Steinitz). Seu oponente foi o brilhante jogador de ataque Frank Marshall, mas não foi páreo para o campeão, que o esmagou pelo escore de 8x0 e 7 empates. Nessa ocasião, Lasker era 110 pontos mais forte que Marshall e havia vários outros candidatos que poderiam ter oferecido uma oposição bem mais vigorosa, especialmente Maroczy, que em 1907 havia ultrapassado Lasker como primeiro no ranking mundial, com 2568 contra 2564. Um confronto entre eles teria sido extremamente interessante. Outro jogador que estava bem perto do título era Karl Schlechter, que em 1907 era 3º do mundo. Mas essa ainda não foi sua vez.

Em 1908, Tarrasch foi o desafiante e o resultado foi 8x3 a favor de Lasker, com 5 empates. Em 1909, Lasker obteve outra vitória devastadora sobre o grande Janowsky, um dos maiores jogadores de ataque da época, 8x0 e 2 empates. Não parecia haver ninguém no mundo em condições de jogar contra Lasker de igual para igual, até que, em 1910, ele enfrentou Karl Schlechter, que estava na modesta 8ª posição do ranking. Há alguns anos, Rubinstein vinha se destacando e seria talvez o candidato mais forte, embora ainda fosse improvável que pudesse ter superado Lasker, mesmo porque o desafiante precisaria vencer o campeão por 2 pontos de vantagem para ser declarado novo campeão. Antes da existência da FIDE, era o próprio campeão quem ditava as condições para a disputa.

Tudo indicava que seria um novo massacre. Desde Steinitz, todas as vitórias de Lasker sobre seus oponentes foram avassaladoras. Mas, para surpresa de todos, o match começou com 5 empates, até que finalmente Lasker conseguiu uma posição vencedora, com vantagem material, mas numa posição muito tensa. Lasker tinha as Pretas e depois do lance 31...b5 a posição resultante foi esta:

Na opinião de Capablanca, depois das trocas em b5 as Pretas ficaram com grande vantagem, mas as melhores engines modernas mostram que o jogo estava empatado. A luta prosseguiu, com imprecisões de ambos, até que, em determinado momento, Lasker obteve vantagem decisiva, mas estava pior no relógio. Seguiram jogando, com mais alguns descuidos de ambos, e no lance 54 Lasker cometeu um grave erro no apuro de tempo, que permitiu a Schlechter virar o jogo e vencer! Com isso Schlechter abriu um ponto de vantagem. Pela primeira vez, em muitos anos, Lasker estava em sérios apuros.

O match prosseguiu e Schlechter se manteve firme, com mais 4 empates, conservando seu ponto de vantagem. A última partida é uma das mais polêmicas da história. Embora Schlechter estivesse vencendo por 1x0, ele precisava vencer por pelo menos 2 pontos para conquistar o título. Se vencesse por apenas 1 ponto, o match seria considerado empatado e nesse caso o campeão conservaria o título. Portanto Lasker precisava apenas do empate nessa partida para vencer o match. Foi um jogo tenso e dramático, com vários erros de ambos do início ao fim, mas o momento mais crítico foi após o lance 39 das Brancas:

O jogo está empatado, as Pretas só precisam dar xeques com Dh4 e Dh2, enquanto as Brancas devem jogar Rd2 e Re1. Se as Brancas tentam algo diferente, podem ficar em desvantagem. Mas com o empate, Lasker conservaria o título. Então Schlechter decidiu forçar o jogo com Dh1, esquivando-se do empate e ficando em posição inferior. Ainda houve muitas complicações nos lances seguintes, Lasker voltou a cometer erros e a posição ficou quase equilibrada novamente, mas, ao final, o campeão se impôs, venceu a partida e empatou o match.

		1	2	3	4	5	6	7	8	9	10	
1	**Lasker,Emanuel**	½	½	½	½	0	½	½	½	½	1	5.0 / 10
2	**Schlechter,Carl**	½	½	½	½	1	½	½	½	½	0	5.0 / 10

Assim, o valente Schlechter, o primeiro a fazer balançar a coroa de Lasker, acabou empatando o match, mas Lasker continuou com o título de campeão.

Em 1911, graças a esse excelente resultado contra Lasker, subiu no ranking e chegou a ser o 3º do mundo. Em 1914 estourou a primeira guerra mundial. Os profissionais de Xadrez não ganhavam muito dinheiro nem mesmo nos períodos "normais". Agora, num período de guerra, certamente tomar aulas de Xadrez não era uma prioridade. Com isso, a vida de Schlechter, que já não era muito boa, piorou bastante. Em seus últimos dias, não tinha mais o que comer, sua saúde se debilitou cada vez mais, e acabou morrendo de fome.

Schlechter é lembrado como um dos maiores jogadores de todos os tempos, e principalmente por ter sido o primeiro a interromper a série de massacres que Lasker impunha a seus oponentes. Mas enquanto vivo, passou seus últimos dias no esquecimento e na penúria. Uma história trágica e um fim muito triste para um dos grandes gênios da história.

Analisando a qualidade dos lances de cada jogador, podemos constatar que Lasker realmente jogou melhor, mas com uma extraordinária força de vontade, Schlechter conseguiu se manter em pé de igualdade nos resultados e até mesmo assumir a liderança contra o campeão.

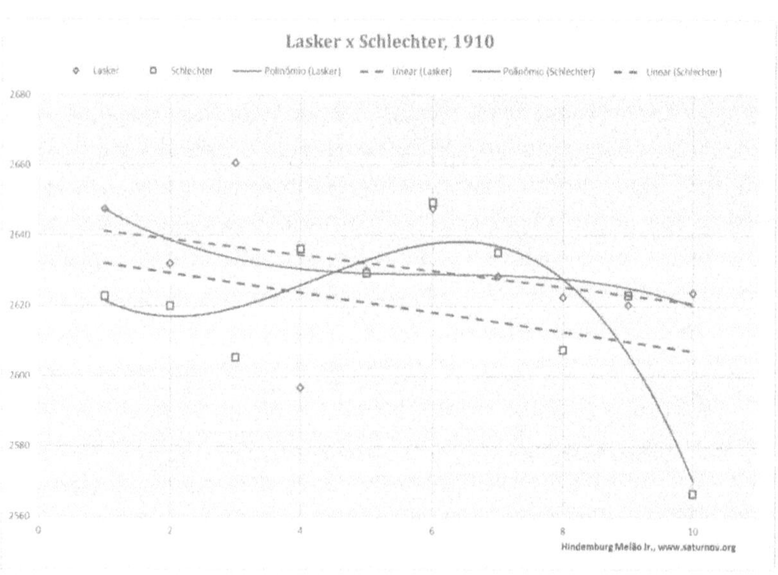

Embora Schlechter tenha passado à frente ainda na primeira metade do match, Lasker apresentou um jogo superior durante a maior parte da disputa. Até o 6º jogo houve uma ascensão de Schlechter e um declínio de Lasker, mas a partir de então Lasker manteve seu leve declínio enquanto Schlechter desabou. A performance média de Lasker foi de impressionantes 2631 contra 2574 de Schlechter. Ambos se saíram muitíssimo bem, especialmente quando se compara aos jogos de Botvinnik e Bronstein, 40 anos depois e com o conhecimento científico do Xadrez bem mais desenvolvido.

Pode parecer estranho que Lasker, em 1910, estivesse jogando melhor que Botvinnik em 1951, porque ao analisar as partidas se pode encontrar vários erros. Por outro lado, quando se considera a complexidade das posições, essas avaliações ficam mais compreensíveis.

Um detalhe que costuma ser polemizado é que o match Lasker–Schlechter foi inicialmente planejado para ser disputado em 30 partidas, mas por motivos financeiros acabou sendo reduzido para 10. Se houvesse mais partidas em disputa, aumentaria as probabilidades de um dos jogadores conseguir abrir uma vantagem de 2 pontos, isso é fato, porém o que não se costuma considerar é que o lado que teria maior probabilidade de ficar com essa vantagem era o de Lasker.

Muitos argumentam que se o match tivesse sido de 30 partidas, as chances de vitória de Schlechter teriam sido maiores, quando na verdade, quanto maior fosse o número total de partidas, se considerar a maneira como ambos estavam jogando, maior seria a probabilidade de Lasker vencer.

É indiscutível que Schlechter jogou bravamente e brilhantemente, mas também é indiscutível que a essa altura a qualidade de jogo de Lasker era superior, bem como seu histórico recente de resultados. Na ocasião desse match, Lasker tinha cerca de 58% de probabilidade de vitória em cada partida, portanto quanto mais partidas fossem jogadas, maior seria a probabilidade de que a vantagem ficasse do lado de Lasker, como se jogasse um dado numerado de 1 a 12 com 12 faces equiprováveis em que Lasker ganharia 1 ponto para números maiores que 5, enquanto Schlechter ganharia para números de 1 a 5. Quanto mais vezes esse dado fosse lançado, maior seria a probabilidade de que o jogador que ganha 7 em 12 acumulasse mais pontos do que o jogador que ganha 5 em 12.

Com isso encerramos essa primeira lista de matches controversos. Até a publicação do volume II, certamente haverá mais jogos analisados e será possível fazer novas análises desse tipo, inclusive do match entre Karpov e Kortschnoj de 1978, que já foi brevemente citado na análise do match Kasparov–Karpov, 1984, e o match Alekhine–Capablanca.

Carlsen–Nepomniachtchi, 2021

O recente match pelo título mundial entre Carlsen e Nepomniachtchi não se enquadra entre os matches controversos – aqueles cujo resultado foi apertado e não se tem certeza se o vencedor jogou de fato melhor –, mas por ter terminado anteontem, decidi incluir uma análise desse match utilizando os mesmos recursos estatísticos. O quadro abaixo mostra o resumo histórico do campeonato:

			1	2	3	4	5	6	7	8	9	10	11		TB	Perf.	+/-
1	**Carlsen,Magnus**	2855	½	½	½	½	½	1	½	1	1	½	1	7.5 / 11		2914	+9
2	**Nepomniachtchi,Ian**	2782	½	½	½	½	½	0	½	0	0	½	0	3.5 / 11		2723	-9

O match começou bastante equilibrado e as expectativas eram de que poderia ser como os demais confrontos de Carlsen, nos quais todos os jogos terminaram empatados, ou quase todos. Mas a partir da 6ª partida, Nepomniachtchi perdeu 4 das 6 restantes. Minha impressão (e creio que muitas pessoas pensaram o mesmo) foi de que Nepomniachtchi ficou abalado com a derrota e, a partir de então, sua qualidade de jogo caiu.

Essa explicação me parecia lógica, pois 14 partidas é muito pouco, e seria difícil se recuperar com um ponto a menos contra Carlsen nessas condições, portanto Nepomniachtchi precisaria tentar forçar complicações, para evitar que as partidas restantes empatassem, e isso tornaria o desafio ainda mais difícil tendo Carlsen como oponente, porque embora todos os melhores do mundo tenham "estilo universal", Carlsen tem estilo universal inclinado para o lado de Capablanca, sendo particularmente difícil lhe arrancar algum ponto, visto que ele não se envolve em complicações desnecessárias. Ciente disso, Nepomniachtchi estaria obrigado a buscar não apenas o melhor lance em cada posição, mas também algum plano capaz de criar complicações suficientes para que o empate pudesse ser evitado, ao mesmo tempo em que seria desejável que fossem produzidas tabiyas com as quais ele estivesse mais familiarizado do que Carlsen, caso contrário as complicações seriam favoráveis a Carlsen. O desafio de vencer Carlsen, que era gigantesco, havia se tornado ainda maior.

Como consequência, poderia explicar o aumento abrupto na densidade de derrotas.

Mas depois de avaliar a qualidade do jogo de cada um deles em cada uma das partidas, ficou claro que não foi bem isso que aconteceu. O gráfico abaixo mostra como foi a evolução dos jogadores ao longo do match:

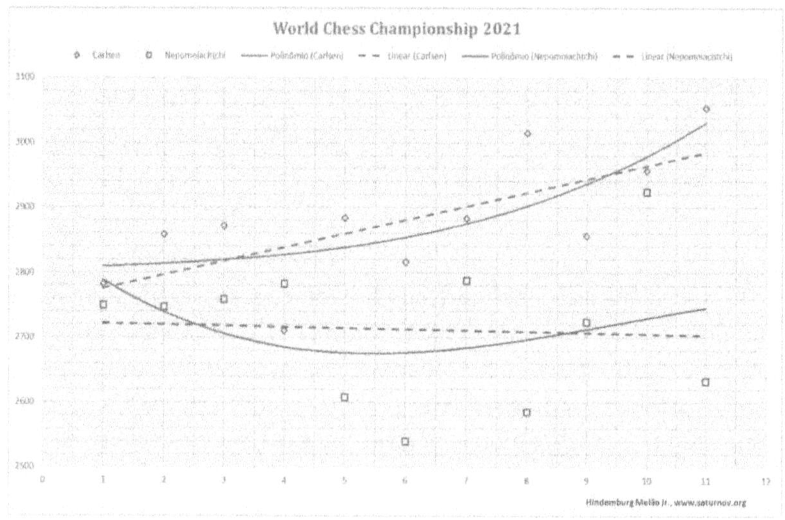

O jogo de Carlsen foi, em média, melhorando no decorrer do match, enquanto o de Nepomniachtchi se manteve aproximadamente estável, com ligeira queda, se tomar como base a regressão linear que sintetiza o match inteiro. Se considerar a regressão polinomial, que sintetiza os momentos críticos do match, a situação de Carlsen é a mesma, ele começou melhorando e continuou melhorando até o fim. Mas no caso de Nepomniachtchi, para um polinômio de grau 2,7 ou 3, ele começou caindo até a 6ª partida e depois começou a subir. Para um match com apenas 11 jogos não é adequado fazer uma regressão polinomial com grau acima de 3, pois produziria overfitting. Mas pode-se considerar os jogos individuais, sem uma curva de regressão, e nesse caso o que se observa é que, até o jogo 4, ambos estavam melhorando num ritmo similar, mas Carlsen jogou pior na 4ª partida. Ainda assim, a performance média de Carlsen nos primeiros 4 jogos foi 2806 contra 2760 de Nepomniachtchi. Mas a partir da 5ª partida,

Carlsen retoma seu nível habitual e segue melhorando, enquanto a qualidade dos lances de Nepomniachtchi cai na 5ª partida e cai mais ainda na 6ª. Na 7ª em diante, sua qualidade de jogo oscila, chegando a mais de 2900 na 10ª partida, na qual alcançou sua melhor qualidade técnica nesse evento, mas não foi suficiente para fazer frente a Carlsen, que chegou a mais de 3000 em duas partidas e dominou praticamente todo o match.

No final, Nepomniachtchi jogou com qualidade média de 2713, enquanto Carlsen jogou com 2881. A qualidade de jogo na segunda metade do match foi realmente mais baixa para Nepomniachtchi e mais alta para Carlsen, mas as curvas que representam essa evolução não concordam com a hipótese de que a derrota na 6ª partida teria provocado essa queda na qualidade de jogo, mesmo porque a queda de qualidade começou na 5ª partida. A partir da 7ª, a qualidade média foi maior do que na 5ª e na 6ª.

Por outro lado, houve um gigantesco aumento na amplitude de oscilação na qualidade de jogo de Nepomniachtchi. Nas 4 primeiras partidas, ambos apresentavam amplitude de variação muito estreita, mas a partir da 5ª partida, a qualidade de jogo de Nepomniachtchi passou a oscilar muito mais, chegando a níveis acima de 2900 e abaixo de 2550. Enquanto Carlsen se manteve acima de 2800 em quase todas as partidas (exceto na 1ª e na 4ª).

Portanto não houve uma queda na qualidade de jogo de Nepomniachtchi que pudesse ser associada com a derrota na 6ª partida, mas houve um aumento na amplitude de variação. Então pode ser que realmente algo tenha levado a Nepomniachtchi a adotar uma postura que provocou essa maior oscilação em sua qualidade de jogo. Isso seria consistente com a hipótese de que ele teria começado a buscar lances que não fossem necessariamente os mais fortes, mas que pudessem conduzir a posições mais complexas. Como resultado dessa estratégia, acabou acelerando a derrota... Mas é difícil criticar tal escolha, pois se prosseguisse jogando "normalmente", sem tentar aumentar as complicações, o resultado provável seria um estrangulamento gradual ao longo do match. Por esse caminho do "tiroteio", pelo menos havia algumas chances práticas.

Inflação

Quando se utiliza um sistema de rating baseado nos confrontos entre os jogadores, observa-se que ao longo dos anos e décadas os ratings sobem mais do que poderia ser explicado pelo aumento na qualidade de jogo. A esse efeito se dá o nome "inflação". Embora a inflação no rating cresça em progressão aritmética, enquanto a inflação financeira cresce em progressão geométrica, é preciso lembrar que o rating está numa escala logarítmica, portanto a força de jogo medida pelo rating está crescendo em progressão geométrica. Esse efeito tem uma série de implicações indesejáveis, entre as quais a dificuldade para comparar jogadores de épocas diferentes.

Medir a inflação na Economia é extremamente simples e fácil, por isso há vários métodos triviais para isso, bastando comparar a desvalorização média da unidade monetária em comparação a um conjunto ponderado de commodities. Mas no caso do Xadrez a situação é muito mais difícil e mais complexa, porque não existe um parâmetro fixo como o valor nominal da moeda. Todos os ratings estão variando uns em reação aos outros e nenhum deles permanece fixo para que possa ser tomado como referencial. Além disso, as forças dos jogadores estão mudando o tempo todo, conforme vão ficando adultos e depois envelhecendo, conforme vão estudando, aprendendo, treinando, se cansando, esquecendo etc.

Houve várias tentativas de medir a inflação no rating, bem como tentativas de eliminar a inflação (como o rating EDO). Mas até o momento não havia um método que pudesse equacionar o problema de maneira similar ao que se faz na Economia, estabelecendo um referencial estável, praticamente fixo, e a partir dele medindo as variações em qualquer época que se queira.

O primeiro a detectar o efeito inflacionário no rating e também a apresentar uma tentativa de solução foi o próprio Arpad Elo. Mas na época não havia muitos subsídios para que ele pudesse encontrar uma solução adequada, mesmo porque o grande surto de inflação iniciado em 1986 ainda não havia acontecido.

Uma das maneiras de se medir a inflação no rating consiste em verificar a correlação entre o rating do primeiro da lista e o ano em que ele chegou a seu rating máximo. Em seguida, verificar qual deve ser o ajuste nos ratings para que a correlação chegue o mais próximo de 0. Aplicando esse método, chega-se à uma inflação média de 1,54 pontos por ano entre 1840 e 1976. Mas o primeiro da lista não é uma boa representação para o conjunto de todos os jogadores de cada período. Em vez de tomar como base exclusivamente o primeiro da lista, pode-se considerar os 2 primeiros, ou 5 primeiros, ou 20 primeiros. Em todos os casos, chega-se a resultados muito similares, com inflação entre 1,48 e 1,67 pontos por ano, em média.

O gráfico abaixo mostra a reta de regressão da variação do rating dos 5 primeiros do ranking a cada ano desde 1838 até 1976:

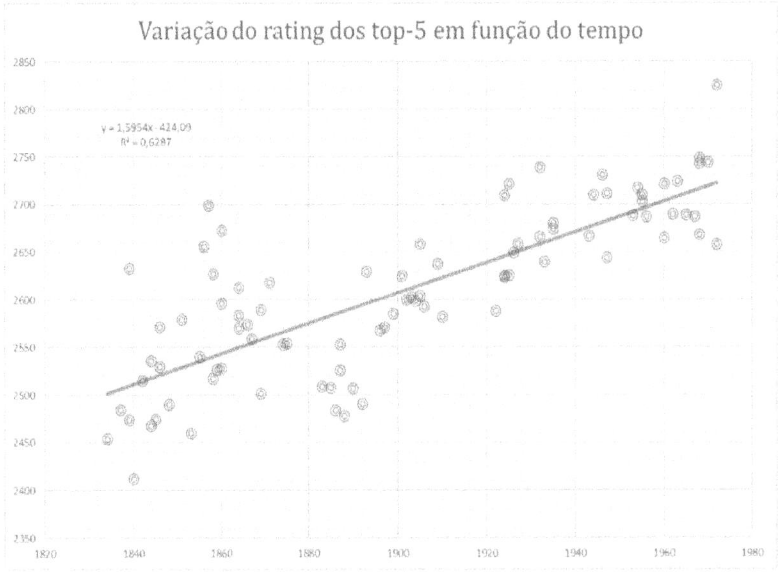

Mas esse método tem outros problemas. Um deles é que como nos primeiros anos há poucos jogadores registrados, pode ser mais apropriado usar somente o primeiro ou os 5 primeiros, pois se tentar incluir os 50 primeiros, por exemplo, por volta de 1838 a 1883, antes do grande torneio de Viena, havia menos de 50 jogadores ranqueados com mais de 24 partidas disputadas. E mesmo nas décadas seguintes, a diferença de força do 1º para o 50º era imensa, podendo ultrapassar 500 pontos, enquanto nos anos mais recentes a diferença do 1º para o 50º mal chega a 200 pontos. Isso acontece porque atualmente há muito mais jogadores, com maior densidade de jogadores por intervalo de rating, deixando as diferenças de força ao longo de uma mesma faixa de ranking bem mais estreita do que era.

Para corrigir essa distorção, foram realizadas algumas tentativas de ajuste por diferentes métodos. Testamos remover os jogadores com menos de 50 partidas, com menos de 100 partidas e ponderar em função do número de partidas disputadas. Em todos os casos os resultados ficaram entre 1,44 e 1,68. Com base nesse método, o melhor valor encontrado para medida da inflação entre 1838 e 1976 foi cerca de 1,5422 pontos por ano. Essa estreita amplitude de variação nos resultados poderia causar a ilusão de que o resultado obtido estivesse razoavelmente próximo do correto. Mas não está. Ou melhor, está próximo, mas não tanto quanto parece.

Conforme veremos mais adiante, a inflação entre 1838 e 1986 é cerca de 1,03 pontos por ano. E de 1987 em diante a inflação é cerca de 11,89 pontos por ano. Há uma faixa de transição entre 1976 e 1987, mas a mudança mais significativa ocorre em 1986. Os resultados anteriores a 1986 são bastante semelhantes às medidas originais de Arpad Elo, que havia encontrado 0,9 ponto por ano, mas diferem das medidas de Sonas e Edwards, que mediam perto de 0 antes de 1985.

A partir de 1986 também há divergências, porque no meu método a inflação foi 11,89 pontos ao ano, enquanto Sonas e Edwards mediram cerca de 5,7 pontos por ano. Mas essa segunda diferença se deve ao uso de métodos diferentes para cálculo, já que Sonas e Edwards medem a inflação no rating FIDE, que utiliza um fator k menor e não atualiza o cálculo a cada partida, mas sim a cada intervalo de alguns meses. Por isso é natural que haja tal diferença. Mas depois de corrigida a inflação, todos os resultados de todos os métodos acabam ficando bastante semelhantes entre si.

A lista a seguir mostra os 35 melhores jogadores de todos os tempos, com seus ratings corrigidos pela inflação. Para jogadores entre os anos 1860 e 2021 o cálculo foi baseado nos confrontos com seus oponentes. Para jogadores entre os anos 1475 e 1837, a força foi baseada no rating absoluto, calculado a partir da qualidade dos lances e convertido em rating deflacionado. Para jogadores entre 1837 e 1860 foram usados os dois métodos combinados, inclusive com o objetivo de calibração, para unificar os escores deixando ambos (antes e depois desse período) na mesma escala:

Nomes	R ajust
Fischer, Robert James	2932
Kasparov, Garry	2912
Alekhine, Alexander	2870
Morphy, Paul	2870
Capablanca, Jose Raul	2868
Kortschnoj, Viktor Lvovich	2866
Anand, Viswanathan	2862
Karpov, Anatoly	2859
Lasker, Emanuel	2856
Botvinnik, Mikhail	2839
Steinitz, William	2837
Maroczy, Geza	2832
Kramnik, Vladimir	2830
Tal, Mihail	2827
Carlsen, Magnus	2825
Kamsky, Gata	2824
Petrosian, Tigran V	2823
Ivanchuk, Vassily	2822
Shirov, Alexei	2821
Ponomariov, Ruslan	2820
Timman, Jan H	2820
Spassky, Boris Vasilievich	2817
Smyslov, Vassily V	2817
Geller, Efim P	2815
Short, Nigel D	2812
Topalov, Veselin	2805
Larsen, Bent	2805
Nimzowitsch, Aron	2805
Keres, Paul	2804
Paulsen, Louis	2804
Bronstein, David Ionovich	2803
Salov, Valery	2802
Reshevsky, Samuel Herman	2800
Najdorf, Miguel	2799
Rubinstein, Akiba	2799
Tarrasch, Siegbert	2799

O resultado é sem dúvida polêmico. Eu esperava que Carlsen ficasse pelo menos entre os 5 primeiros e com boas chances de ser o primeiro. Esse resultado me deixou cético, por nisso fiz várias análises de eventos importantes envolvendo as participações de Fischer, Kasparov, Karpov, Carlsen, Capablanca, Alekhine, Anand e Morphy, calculando as forças absolutas desses jogadores, com base na qualidade dos lances, e ajustando para o nível de inflação da época, assim poderia comparar a força medida pelos dois métodos e detectar eventuais distorções. O que os resultados mostraram foi que quando se corrige a inflação, com base nas partidas disponíveis no Megadatabase 2021, Carlsen fica realmente em 15º. Na lista original, ele ficava em 18º, porque alguns jogadores antigos (Polerio, Bledow e Lange) estavam com seus ratings distorcidos devido ao pequeno número de partidas de referência. Após as devidas correções, Carlsen ficou em 15º.

Também é importante lembrar que para diferenças de apenas 30 a 50 pontos, as incertezas nas medidas podem ser tão grandes quanto essas diferenças, ou seja, não são diferenças estatisticamente significativas. Isso não significa que haja "empate técnico", um termo utilizado frequentemente em situações inadequadas. Significa apenas que a probabilidade de o jogador com maior rating ser de fato mais forte não é muito maior que o contrário. Por exemplo: se um jogador tem 2850 e outro tem 2840, o que tem 2850 tem 57% de probabilidade de ser realmente mais forte, e 43% de probabilidade de que o outro seja mais forte. Portanto não são iguais, as diferenças de probabilidades são relativamente pequenas, mas não são zero. Esses valores são apenas um exemplo ilustrativo, pois a probabilidade dependeria do número de partidas disputadas por cada um deles e do desvio padrão na variação de seus ratings.

Mais um ponto que precisa ser considerado é que com base na força absoluta, em vez do rating deflacionado, Carlsen ficaria em 4º lugar:

Nomes
Kasparov, Garry
Fischer, Robert James
Anand, Viswanathan
Carlsen, Magnus
Kramnik, Vladimir
Kortschnoj, Viktor Lvovich
Ponomariov, Ruslan
Karpov, Anatoly
Kamsky, Gata
Topalov, Veselin
Ivanchuk, Vassily
Shirov, Alexei
Caruana, Fabiano
Aronian, Levon
Nakamura, Hikaru
Timman, Jan H
Karjakin, Sergey
Adams, Michael
Salov, Valery
Short, Nigel D
Vachier Lagrave, Maxime
Dreev, Alexey
Bareev, Evgeny
So, Wesley
Van Wely, Loek
Morozevich, Alexander
Gashimov, Vugar
Grischuk, Alexander
Giri, Anish
Svidler, Peter
Ding, Liren
Radjabov, Teimour
Mamedyarov, Shakhriyar
Leko, Peter
Gelfand, Boris

Novamente um resultado polêmico, pois intuitivamente me pareceria que Carlsen teria excelentes chances de ser o número 1, se considerasse a força absoluta, especialmente devido aos avanços com o uso de computador nas últimas décadas. Mas conforme já foi comentado acima, a análise da qualidade dos lances de Fischer, Kasparov, Carlsen e outros campeões mundiais mostrou que mesmo com base na força absoluta, Kasparov e Fischer ficam no topo.

Se quisermos comparar o talento inato dos jogadores, não é apropriado utilizar o rating absoluto, porque nesse caso os jogadores mais recentes são beneficiados, pois embora seja eliminado o efeito da inflação, não se desconta a evolução na compreensão do jogo. Isso não é "errado". É apenas uma das abordagens possíveis para medir a força relativa de jogadores de períodos diferentes.

Por outro lado, se quisermos saber como seria o resultado de um confronto entre o Capablanca de 1922 e o Carlsen de 2013, cada um jogando da maneira como o fazia em sua respectiva época, então o uso do rating absoluto é o método de cálculo apropriado. Nesse duelo, Carlsen provavelmente venceria com bastante facilidade. Por outro lado, se quisermos saber como seria se Carlsen tivesse nascido na época de Capablanca ou se Capablanca tivesse nascido na época de Carlsen, ou se tivessem nascido em qualquer época, ambos na mesma época, então o método de cálculo deveria ser o utilizado na primeira lista, que considera os ratings deflacionados, e nesse caso haveria uma luta duríssima, mas com probabilidade um pouco maior de vitória de Capablanca.

Por fim, é importante comentar mais um ponto importante: estão sendo considerados os picos históricos de maior rating alcançado ao longo da vida. Pillsbury, por exemplo, ficou em 54º, enquanto Anderssen ficou em 107º, embora Anderssen tenha se mantido por muito mais tempo perto do topo. Esse critério prejudica um pouco a avaliação de Carlsen em comparação a Fischer e Morphy, por exemplo. Mas se utilizasse um critério diferente, alguns jogadores que tiveram trajetórias meteóricas, como Morphy, Pillsbury, Lange, Atwood, Boi, etc. acabariam sendo muito mais prejudicados.

Após vários recálculos e revisões, alguns jogadores "surpreendentes" que surgiram entre os primeiros da lista acabaram saindo depois das correções, enquanto outros, surpreendentemente, não chegaram a aparecer. Eu esperava que Philidor e Greco ficassem entre os 50 maiores de todos os tempos, talvez entre os 10 primeiros, e Labourdonnais entre os 100. Mas Greco ficou apenas em 266º, Labourdonnais em 781º e Philidor em 794º. Em contrapartida, Polerio, Damiano, Lucena, Bledow e Lange ficaram entre os 15 primeiros. Os casos de Damiano e Lucena foram devido ao pequeno número de partidas, que, por sorte, resultaram em ratings excessivamente elevados porque talvez os jogos deles que ficaram registrados foram os melhores que disputaram na vida, não sendo representativos da força típica que tinham na maioria de suas partidas. Ao aplicar uma correção bayesiana semelhante à utilizada para o rating de Eichborn, ambos foram reposicionados em rankings mais realistas. Mas Polerio, Bledow e Lange são casos mais complexos.

Bledow ficava entre os 10 primeiros e seus resultados eram baseados em 27 jogos, portanto uma amostra suficientemente grande para que o erro na medida fosse pequeno. Mas novamente havia o problema da amostra enviesada de jogos registrados. Ainda assim, ele se destaca como o melhor jogador do mundo em 1835, à frente de Labourdonnais, Deschapelles, Saint Amant, Staunton e outros gigantes daquela época.

Lange teve um número de partidas ainda maior que Bledow, sendo sua força bem conhecida. Com base em seus confrontos, ele ficaria entre os 20 melhores, mas quando se analisa a qualidade dos lances de seus jogos, percebe-se que ele foi favorecido pela sorte, ou os jogos que ficaram registrados não são representativos da média de suas partidas, e sua força real era cerca de 90 pontos mais baixa. Ainda assim ele fica em 55º de todos os tempos, praticamente mesmo nível de Pillsbury, Morozevich e Chigorin, o que ainda me parece bastante surpreendente. Para mim, Lange era um jogador muito forte em sua época, mas algo como um dos 10 melhores do mundo em seu tempo e um dos 1000 de todos os tempos. Não imaginava que uma medida objetiva o situaria entre os 60 melhores de todos os tempos.

O caso de Polerio é o mais difícil de analisar, porque há 8 partidas dele registradas, e algumas são de um nível impressionante para a época, como sua vitória contra Domenico, registrada na ECO C de 1974, cuja qualidade é comparável às melhores partidas de Greco, com a diferença que as partidas de Greco são composições, mas Polerio jogou contra oponentes reais. Não obstante, em outras partidas ele comete erros relativamente graves, num nível similar ao de Ruy Lopez e Leonardo da Cutri. Assim, embora 8 partidas seja uma quantidade razoável para se fazer um cálculo com boa acurácia, essas partidas são muito curtas e apresentam larga variação em níveis de qualidade. Os resultados preliminares apontavam Polerio como o segundo melhor de todos os tempos, atrás apenas de Fischer. Mas a probabilidade de isso ser correto é baixíssima. E como a incerteza na medida era grande, os cálculos foram repetidos usando engines diferentes. Mesmo assim ele continuou entre primeiros, dessa vez em 4º lugar. Então foram calculadas as forças de seus oponentes com base no rating absoluto e depois seu rating com base nos confrontos com esses oponentes. Por fim, uma média ponderada usando seu rating com base nesses confrontos e seu rating com base na qualidade de seus lances. Então finalmente foi obtido um resultado realista: cerca de 49 pontos de rating abaixo de Greco.

Provavelmente há mais algumas anomalias na lista, porque é muito difícil e trabalhoso corrigir individualmente cada distorção. O custo de tentar incluir todos os principais jogadores desde o ano 1475 até 2021 esbarra em dificuldades como essa. Na medida do possível, tentei dar soluções satisfatórias, mas com o reduzido número de jogos disponíveis, é necessário fazer verdadeiras acrobacias para "tirar leite da pedra". Por isso os ratings de jogadores anteriores a 1700 devem ser encarados como medidas aproximadas, com base em amostras muito reduzidas de dados fragmentados, e mesmo com todos os esforços realizados, ainda pode haver algumas discrepâncias entre os valores medidos e os corretos.

No caso de Lange, por ter vivido numa época na qual o número de jogos registrados era maior, foi possível fazer um estudo mais minucioso para investigar em que medida sua força medida pelos confrontos com seus oponentes difere de sua força real. Ao que tudo indica, ele realmente não era tão forte quanto sugerem esses resultados, não a ponto de ser um dos 15 ou 20 melhores de todos os tempos, mas chegou a ser um dos melhores de seu tempo.

Em 1853, Lange teria chegado a quase 2550, cerca de 130 pontos acima de Buckle, que era o terceiro do mundo da época (Morphy em segundo). Mas com base na qualidade dos lances de suas partidas, sua força estava perto de 2460, ainda assim muito forte e seria o segundo depois de Morphy. Nessa mesma época, Anderssen estava com 2436 de rating absoluto. Por isso Lange realmente estava em excelente forma e foi um dos 2 ou 3 melhores do mundo nesse momento, porém sua força real era cerca de 90 pontos menor do que indicam seus confrontos, de modo que ele não deveria ser o 11º melhor de todos os tempos, como sugerem seus confrontos registrados. O mais provável é que sua força correta fosse cerca de 90 pontos menor, o que ainda o coloca entre os 100 melhores de todos os tempos.

O gráfico abaixo mostra a evolução de Lange ao longo dos anos, com base em seu rating absoluto:

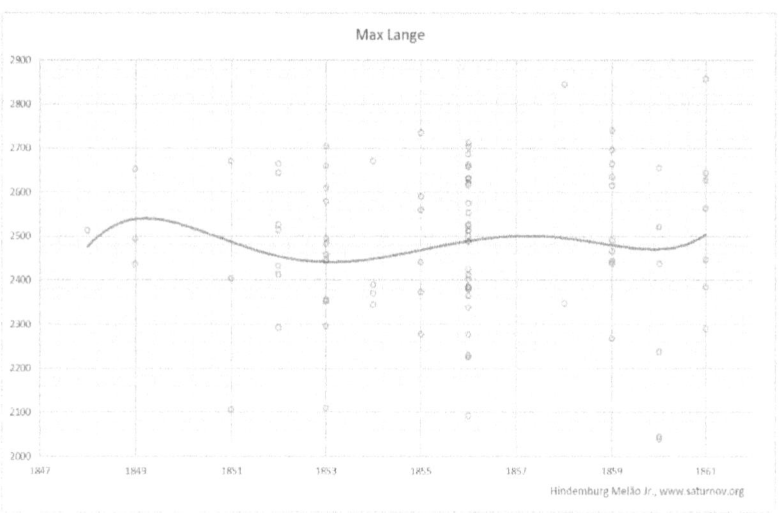

É interessante que a força absoluta máxima de Lange ocorre logo no início, em 1849, voltando a subir e chegando a um ponto alto em 1857, mas quando ele teve seus confrontos com melhores resultados registrados, em 1853, estava com sua menor força absoluta.

Durante pelo menos 14 anos ele se manteve com rating perto de 2500, portanto entre os melhores do mundo, e me surpreende que Morphy não o tenha enfrentado durante sua turnê pela Europa, nem em qualquer outra ocasião. Provavelmente Morphy o teria vencido com certa facilidade, mas se considerar que Morphy enfrentou vários outros mestres menores, não faz sentido que Lange tenha ficado fora da lista de oponentes de Morphy.

Embora Lange seja geralmente lembrado pelo ataque que leva seu nome, sempre que penso em Lange a primeira coisa que me vem à memória é sua extraordinária 3ª partida do match que ele venceu contra Anderssen, em 1859. Numa abertura Ruy Lopez, Defesa Bird, após o lance 8.f3, Lange, com Pretas, jogou uma combinação fantástica, com o mérito adicional de ter vencido nessa partia o rei das combinações, o grande Adolf Anderssen (jogam Pretas):

Tanto pelo resultado dessa partida quanto por esse match, pode-se ter uma ideia sobre a força de Lange em meados do século XIX.

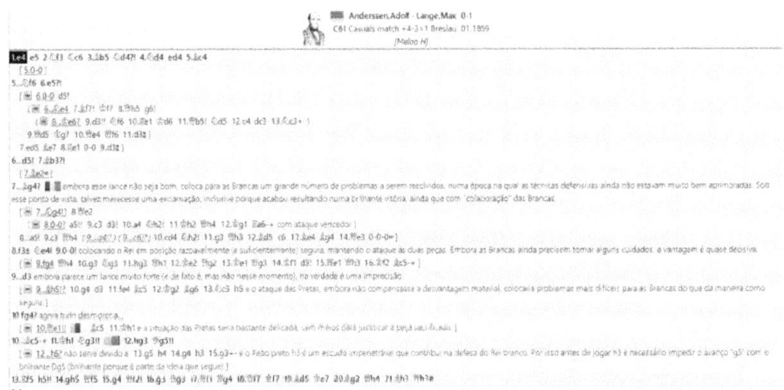

Anderssen,Adolf - Lange,Max 0-1
C61 Casuals match +4-3=1 Breslau 01.1859
[Meloo H]

1.e4 e5 2.♘f3 ♘c6 3.♗b5 ♘d4?! 4.♘d4 ed4 5.♗c4
[5.0-0]
5...♘f6 6.e5?!
[6.0-0 d5!
(6.♘e4 7.♗f7! ♔f7 8.♕h5 g6!
(8...♔e6? 9.d3!! ♘f6 10.♖e1 ♔d6 11.♕b5! ♘d5 12.c4 dc3 13.♘c3+-)
9.♕d5 ♔g7 10.♕e4 ♕f6 11.d3±)
7.ed5 ♗e7 8.♖e1 0-0 9.d3±]
6...d5! 7.♗b3?!
[7.♗e2=]
7...♗g4? embora esse lance não seja bom, coloca para as Brancas um grande número de problemas a serem resolvidos, numa época na qual as técnicas defensivas ainda não estavam muito bem aprimoradas. Sob esse ponto de vista, talvez merecesse uma exclamação, inclusive porque acabou resultando numa brilhante vitória, ainda que com "colaboração" das Brancas.
[7...♘g4!? 8.♕e2
(8.0-0? a5!! 9.c3 d3! 10.a4 ♘h2! 11.♔h2 ♕h4 12.♔g1 ♖a6-+ com ataque vencedor)
8...a5! 9.c3 ♕h4 (9...d4!?) (9...c6!?) 10.cd4 ♘h2! 11.g3 ♕h3 12.♗d5 c6 13.♗e4 ♗g4 14.♕e3 0-0-0∓]
8.f3± ♘e4! 9.0-0! colocando o Rei em posição razoavelmente (e suficientemente) segura, mantendo o ataque às duas peças. Embora as Brancas ainda precisem tomar alguns cuidados, a vantagem é quase decisiva.
[9.fg4 ♕h4 10.g3 ♘g3 11.hg3 ♕h1 12.♔e2 ♕g2 13.♔e1 ♕g3 14.♔f1 d3! 15.♕e1 ♕h3 16.♔f2 ♗c5-+]
9...d3 embora pareça um lance muito forte (e de fato é, mas não nesse momento), na verdade é uma imprecisão.
[9...♗h5!? 10.g4 d3 11.fe4 ♗c5 12.♔g2 ♗g6 13.♘c3 h5 e o ataque das Pretas, embora não compensasse a desvantagem material, colocaria problemas mais difíceis para as Brancas do que da maneira como seguiu.]
10.fg4? agora tudo desmorona...
[10.♕e1!! ♗c5 11.♔h1 e a situação das Pretas seria bastante delicada, sem meios para justificar a peça sacrificada.]
10...♗c5+ 11.♔h1 ♘g3!! 12.hg3 ♕g5!!
[12...h5? não serve devido a 13.g5 h4 14.g4 h3 15.g3+- e o Peão preto h3 é um escudo impenetrável que contribui na defesa do Rei branco. Por isso antes de jogar h3 é necessário impedir o avanço "g5" com o brilhante Dg5 (brilhante porque é parte da ideia que segue)]
13.♖f5 h5!! 14.gh5 ♕f5 15.g4 ♖h2! 16.g3 [illegible] 17.♕f1 ♕g4 18.♕f7 ♔f7 19.♗d5 ♔e7 20.♗g2 ♕h4 21.♔h3 ♕h3#
0-1

Outro jogador subestimado é Maroczy. Muito se fala sobre Rubinstein ter sido um dos possíveis "campeões mundiais não coroados", assim como Keres e Tarrasch. Mas na verdade Maroczy foi mais forte que Rubinstein, inclusive Maroczy chegou a ser número 1 do mundo durante 2 anos, enquanto a melhor colocação de Rubinstein foi 2º do mundo. Embora Rubinstein tenha se mantido por mais tempo em segundo do que Maroczy esteve em primeiro, o fato é que em nenhum momento Rubinstein chegou a menos de 40 pontos de rating de diferença para o primeiro, portanto com poucas chances reais de conquistar o título, caso tivesse disputado. Mas Maroczy chegou a ultrapassar Lasker e sem dúvida tem mais méritos que Rubinstein para ser considerado um "campeão mundial não coroado". Esse fato é corroborado por outras listas de rating: em Chessmetrics, Maroczy foi o 11º melhor de todos os tempos, à frente inclusive de Kortschnoj. Na lista de Rob Edwards, chegou a ser o 9º melhor de "todos os tempos" (até 1933). Em minha lista, Maroczy foi o 12º melhor de todos os tempos, atrás de Kortschnoj, mas à frente de Carlsen, Caruana e outros gigantes contemporâneos.

Outros jogadores subestimados são Kamsky, Ponomariov, Salov, Mamedyarov e Najdorf.

Kamsky nunca chegou a uma classificação melhor que 5º do mundo, mas foi o 15º melhor de todos os tempos! Isso porque viveu numa época com oponentes duríssimos. Pegou Kasparov no auge, Karpov quase no auge, Ivanchuk e Gelfand. Tanto Ivanchuk quanto Gelfand tiveram força de campeão mundial, mas tiveram o privilégio de viver no período áureo de Kasparov e Karpov, que ofuscavam todos os demais e os fazia parecer menores do que de fato foram. Se Ivanchuk, Gelfand e Kamsky tivessem nascido 15 anos depois ou 15 anos antes, muito provavelmente teriam sido campeões mundiais, pois cada um deles alcançou rating mais alto (e provavelmente chegou a ser mais forte) que vários campeões mundiais que atingiram seus ápices antes e depois deles, inclusive Petrosian, Spassky, Smyslov, Topalov, Khalifman e Euwe.

Kamsky também enfrentou vários outros problemas fora do tabuleiro, que serão analisados com mais detalhes em outro capítulo.

Ponomariov é um caso especialíssimo, conquistou o título mundial aos 17 anos, sendo de longe o campeão mundial mais jovem da

História, mas depois disso não apresentou evolução substancial. Na época que ele conquistou o título, eu estava analisando as partidas do campeonato para os sites Super Ajedrez Hispano-americano e Caissa Café, e profetizei para Ponomariov um futuro brilhante, pois a qualidade de suas partidas aos 17 anos de idade eram absolutamente impressionantes, comparáveis às de Karpov aos 24. Mas em vez de continuar subindo seu rating, logo depois começou a estabilizar e declinar. Esse contraste entre a expectativa gerada e o resultado efetivamente alcançado pode ter causado uma ideia incorreta sobre o altíssimo nível que ele chegou. Embora a melhor posição de Ponomariov no ranking tenha sido 3º lugar, quando se considera os melhores de todos os tempos, ele fica em 19º, à frente de muitos outros campeões mundiais. Mas assim como outros jogadores desse período, ele foi "vítima" da ruptura entre a FIDE e Kasparov, que gerou um título mundial com menos autoridade, pois todos sabiam que o melhor do mundo era Kasparov, embora quem ocupasse oficialmente o papel de campeão fosse outra pessoa. Com isso, a percepção sobre a posição de Ponomariov na História do Xadrez pode ter sido distorcida para menos, causando a sensação de que ele foi menos expressivo do que realmente foi. Mas o que os fatos concretos mostram é que ele foi praticamente tão forte quanto Carlsen e claramente mais forte que Caruana, mas por ter vivido na época de Kasparov, Karpov, Anand, Kramnik, Ivanchuk, sua força relativa a esses gigantes pode ter causado a falsa impressão de que ele não foi tão notável.

Salov chegou a ser número 3 do mundo, com Kasparov e Karpov na ponta. Não é preciso dizer mais nada. Najdorf foi número 2 do mundo, numa época de gigantes. E nas listas de Jeff Sonas, Najdorf chegou a número 1 do mundo durante alguns meses. Por fim, o grande Mamedyarov chegou a ser número 1 do mundo em 2007. Se o rating FIDE fosse mais dinâmico e acurado, esse fato teria sido documentado oficialmente.

Também é muito interessante notar as posições de Kortschnoj e Anand, ambos à frente de Karpov. Na minha cabeça, os melhores de todos os tempos deveriam ser Fischer, Kasparov, Karpov, Capablanca, Alekhine, Anand, Morphy, não necessariamente nessa ordem. E não descartava a possibilidade de Philidor e/ou Greco entrarem nessa lista. Várias listas dos melhores jogadores de todos os tempos são similares a isso. Mas o que os cálculos objetivos mostram é um pouco diferente. A força alcançada por Anand em seu auge, em 2000, foi simplesmente extraordinária. E quando se considera os resultados de Karpov e Kortschnoj, que foram contemporâneos, fica mais fácil de compará-los entre si e constatar que realmente em 1979 Kortschnoj foi não apenas mais forte do que Karpov naquele ano como também foi mais forte do que Karpov em qualquer outro momento. A comparação entre Anand no auge e Karpov no auge é mais difícil porque mais de 20 anos separam esses momentos. Mas com uma correção adequada da inflação, pode-se verificar esse fato. Quando se compara a qualidade intrínseca de jogo, com base na qualidade dos lances, a supremacia de Anand é maior, devido à evolução do jogo.

Um detalhe curioso é que embora a evolução do jogo pareça ser um processo relativamente lento, nenhum dos campeões mundiais anteriores a Fischer fica entre os 35 primeiros, quando ranqueados em força absoluta. Em parte, isso acontece porque as diferenças entre os primeiros colocados são geralmente muito estreitas. Ao ranquer por força absoluta, os gigantes Capablanca, Alekhine, Morphy, Steinitz, desaparecem da lista (top-50).

Nesse volume não faremos uma análise exaustiva sobre os motivos da inflação nem uma modelagem matemática detalhada, porque haverá um capítulo exclusivo sobre isso no volume II. Nossa intenção, com esse capítulo, é apenas apresentar um resumo da situação, algumas consequências desse efeito, como ficam os resultados corrigidos, etc. No volume II apresentaremos uma análise conceitual e quantitativa desse efeito, serão analisados alguns argumentos apresentados por Nunn, Sonas, Macieja, Glicko e outros que já discutiram essa questão. Por fim, apresentaremos algumas propostas de "solução" e um gráfico mostrando a evolução da inflação ao longo do tempo.

Com isso, esperamos proporcionar uma ideia razoavelmente correta e acurada sobre quais foram os melhores jogadores da História do Xadrez, com base numa escala atemporal, com atualização das forças em conformidade com os fundamentos do modelo de Rasch, mantendo os ratings consistentes com as expectativas de probabilidade de vitória, pois essa é a premissa a partir da qual qualquer sistema de avaliação precisa partir para que o método de cálculo faça sentido e seja capaz de representar com fidelidade os níveis de habilidade dos jogadores. Esperamos ter nos aproximado desse objetivo.

Ainda que nosso trabalho não esteja isento de erros e inexatidões, normais em trabalhos estatísticos desse porte, esperamos ter prestado nossa pequena contribuição à uma melhor compreensão sobre diferentes aspectos da evolução do Xadrez, que em grande parte reflete a evolução da Ciência e da Civilização, bem como espero que esse trabalho traga à luz novas métricas para diferentes tipos de avaliação esportiva, psicométrica, educacional, epistemológica, sociológica, entre outras.

Medida da evolução na compreensão do jogo

Quando se fala em inflação no rating, frequentemente se contesta se esse efeito não estaria compensado pelos avanços na compreensão do jogo. Agora podemos dar uma resposta a essa pergunta, acompanhada de medidas acuradas e objetivas.

No livro de 1978 de Arpad Elo, essa questão é abordada e ele chegou a medir uma inflação média de 0,9 ponto por ano.

Jeff Sonas e Rob Edwards já desenvolveram trabalhos interessantes no sentido de tentar medir a inflação, mas ambos – assim como Elo – tiveram que assumir algumas hipóteses que não são necessariamente boas representações da realidade. Ambos consideraram que determinado número de jogadores entre os primeiros do ranking mundial deveria, em média, ter aproximadamente mesma força em qualquer época. É uma hipótese bastante razoável e pode servir bem a uma primeira aproximação, mas apresenta alguns problemas. Por exemplo: quando se considera jogadores mais antigos, de 1880 a 1890, havia menos jogadores, a população mundial era menor, entre outros fatores que afetam os parâmetros relevantes para que essa hipótese seja válida. Se tentasse usar os 1% ou 0,1% melhores jogadores, em vez de os 50 primeiros ou 20 primeiros, também não resolveria, porque há um processo de self-selection que motiva as pessoas mais talentosas para determinada atividade a se dedicarem a essa atividade. Por isso numa população com 1.000.000.000 pessoas entre as quais 1.000 jogam Xadrez, em comparação a uma população com 1.000.000.000 entre as quais 10.000.000 jogam Xadrez, a probabilidade de que entre as 1.000 enxadristas estejam presentes 5 entre as 10 mais talentosas de toda a população é quase a mesma de que entre as 10.000.000 estejam presentes 5 entre as 10 mais talentosas de toda a população.

Ou seja, mesmo aumentando 10.000 vezes o número de jogadores de Xadrez entre uma população de 1 bilhão, esse aumento quase não afeta a probabilidade de que entre aquelas que jogam Xadrez estejam presentes grande parte das que possuem maior talento para essa modalidade. Por isso não seria muito apropriado usar uma porcentagem fixa dos melhores jogadores de cada época, ainda que o número total de jogadores de décadas passadas fosse menor que o atual. Portanto a ideia de Sonas e Edwards para lidar com essa questão foi comparativamente mais apropriada do que se tivessem utilizado porcentagens da população. Contudo, ainda padecem do problema de que não se pode assegurar que o nível médio dos 10 melhores, ou 20 melhores, ou 50 melhores, seja aproximadamente o mesmo ao longo do tempo.

Uma maneira mais acurada e mais "absoluta" de estabelecer um padrão estável ao longo do tempo é com base na qualidade dos lances, porque são utilizadas as mesmas engines e mesmos hardwares para medir a qualidade dos lances de jogadores de qualquer época. Em seguida, compara-se a medida do rating por esse método com o rating dos mesmos jogadores usando um método similar ao de Elo, aplicado ao longo de várias décadas. Então verifica-se como evolui a diferença entre os ratings medidos das duas maneiras: pelo método convencional (baseado nos confrontos entre os jogadores) e pelo rating absoluto (baseado na qualidade dos lances). O rating baseado na qualidade dos lances terá inflação 0 ao longo do tempo, portanto basta medir a diferença para conhecer quanto o rating medido com base nos confrontos está subindo.

Mas quando se faz isso se está medindo uma combinação da inflação e da evolução na compreensão do jogo. Se quisermos medir exclusivamente a inflação, uma das maneiras mais apropriadas é utilizado o método bayesiano de Rob Edwards, praticamente livre de inflação, e depois comparando os ratings absolutos aos ratings medidos por esse método. O resultado fornecerá uma medida global da evolução do jogo. Então, para calcular a inflação, basta comparar com os ratings medidos por um método similar ao de Elo. Assim pode-se medir separadamente cada um desses efeitos.

Uma das dificuldades é que o método para cálculo do rating absoluto é um processo lento, conforme já foi comentado, por isso demora centenas de horas para analisar algumas dezenas de partidas. Para comparar várias partidas de épocas diferentes com jogadores de vários níveis em cada período, seriam necessários muitos anos. Devido a essa dificuldade, os resultados preliminares desse estudo são baseados numa amostra relativamente pequena de jogos, que permite estimar aproximadamente como é a evolução do jogo e como é a inflação, mas não se pode assegurar que esses resultados estejam muito acurados.

Entre 1475 e 1840, a evolução na compreensão do jogo ao longo do tempo foi cerca de 0,18 ponto por ano, se for medida com base nos melhores jogadores de cada época. Uma forma alternativa de medir é com base nos NN de cada época, que seriam jogadores aleatórios. Nesse caso, o resultado é cerca de 0,62 ponto por ano. Embora a proporção seja grande entre um valor e outro, ambas estão bastante perto de 0. Lembrando que antes de 1840 – e principalmente antes de 1834 – não há como calcular acuradamente os ratings com base nos confrontos entre os jogadores, porque há poucas partidas que os conecta uns aos outros, por isso nesse período não se dispõe de dados para medida da inflação. Pode-se medir apenas a evolução na compreensão do jogo. Além disso, não há como medir a compreensão na evolução do jogo com base no método descrito logo acima porque precisaria dispor dos ratings medidos por confrontos entre jogadores. Por esses motivos é que a medição foi realizada com base nos melhores do mundo ou com base nos NNs.

O gráfico abaixo mostra essa evolução:

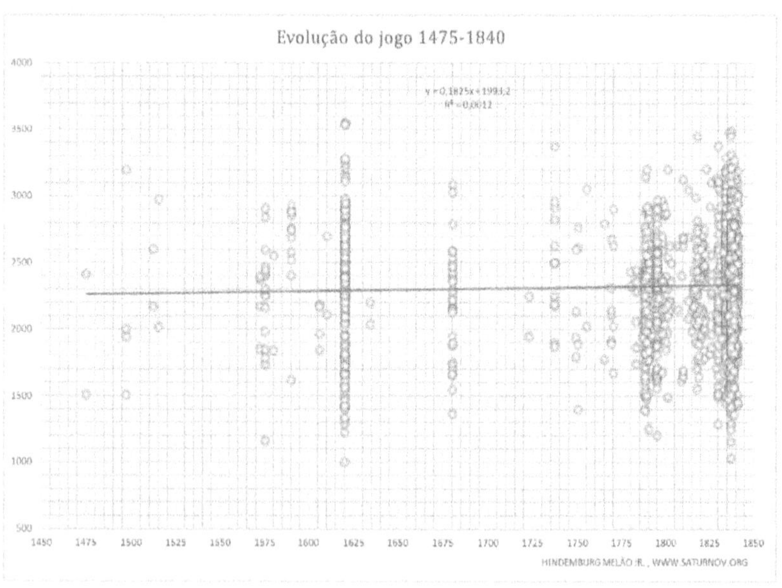

A amostra apresenta algumas propriedades indesejáveis, com grandes concentrações de partidas no tempo de Greco (1620), uma vasta lacuna de 60 anos, outra concentração no tempo de Maubisson e Murcey (1680), outra lacuna de quase 100 anos, outra concentração nos últimos anos de Philidor, depois Deschapelles, Labourdonnais e Von der Lasa, com várias lacunas muito largas intercaladas. Desse modo, poucos jogadores respondem por grande parte da determinação do coeficiente angular da reta, aumentando a incerteza nessa medida. Contudo, esses são os dados de que dispomos, e precisamos trabalhar com base nisso. O que esses dados mostram é que nesse período a evolução na compreensão do jogo parece ter sido mais lenta do que depois de 1840. Geralmente se considera que o grande salto ocorreu com Steinitz, entre 1870 e 1880, e outro salto com Philidor, em 1747. Mas os dados não indicam propriamente um salto. Indicam uma aceleração gradual entre os tempos de Labourdonnais e Lasker, sendo que Steinitz parece ter realmente protagonizado esse processo, mas seus contemporâneos levaram algum tempo para assimilar seus ensinamentos e refletir isso na qualidade de jogo dos melhores do mundo, e gradualmente esses conhecimentos foram alcançando também os jogadores de níveis mais baixos.

Depois dos anos 1840, o volume de jogos e a diversidade de jogadores começa a crescer rapidamente e isso possibilita medir muito melhor esse efeito. A partir de 1840 também se torna possível medir a inflação, que até então não podia ser medida porque não era possível usar adequadamente o sistema Elo, conforme já foi comentado, e a inflação é inerente ao sistema Elo. O rating absoluto é livre de inflação, logo não haveria inflação a ser medida com base nesse método antes de 1840.

Quando se considera o intervalo de 1840 a 2021, a inclinação da curva é bem mais acentuada, mas os valores exatos dependem de como se faz a medida. Se considerar os torneios mais fortes de cada época, o rating absoluto sobe cerca de 1,87 pontos por ano. Se considerar faixas específicas de rating, essa variação pode ser menor ou maior. Precisaria de um volume de dados 30 vezes maior para modelar acuradamente esse efeito, por isso com os dados disponíveis usaremos a evolução de jogo com variação média de 1,87 pontos por ano. Futuramente poderemos refinar e ampliar esse cálculo para diferentes faixas de rating. Lembrando que as variações não são lineares nem constantes. O modelo adotado para atualizar os ratings pela inflação é uma curva suave de regressão que poderia ser aproximada para uma reta com coeficiente angular de 1,87 pontos por ano, mas em alguns momentos esse ritmo é um pouco mais rápido, em outros momentos é um pouco mais lento.

Com isso, conseguimos medir a evolução na compreensão do jogo como sendo 0,62 ponto por ano antes de 1840 e 1,87 pontos por ano a partir de 1840. Certamente não há uma mudança abrupta em 1840, de modo que podemos suavizar esse efeito entre 1820 e 1860 com valores intermediários, e usar 1,87 depois de 1860 e usar 0,62 antes de 1820. Também não há razão para supor que essa evolução seja linear. Provavelmente não é. Mas conforme já vimos no exemplo de Rob Edwards, a tentativa de utilizar um modelo mais aderente aos dados, em vez de uma simples reta, acabou se mostrando inadequado quando a amostra disponível é pequena.

O gráfico a seguir mostra a evolução, em função do tempo, da diferença entre rating FIDE e rating absoluto com base em 4601 partidas:

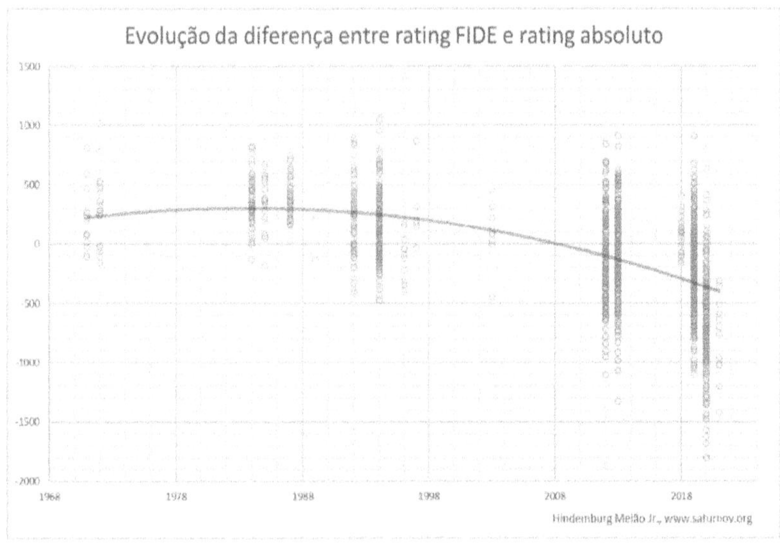

Até 1986 pode-se observar uma curva levemente ascendente e a partir de então uma curva descendente. Isso ocorre porque no rating FIDE estão presentes os efeitos combinados de inflação e evolução na compreensão do jogo. Como a evolução na compreensão do jogo aumenta cerca de 1,87 pontos por ano, enquanto a inflação antes de 1987 era 0,77 pontos por ano, então a qualidade intrínseca de jogo aumentava levemente em relação ao rating a cada ano, mas a partir de 1987 a inflação teve um surto para cerca de 5,74 pontos por ano, portanto muito maior do que a evolução do jogo no mesmo período. Com isso o rating passou a subir muito mais rápido que a evolução na compreensão do jogo. No novo método apresentado nesse livro, a inflação sobe 1,03 pontos a cada ano entre 1840 e 1986, e a partir de 1987 passa a subir 11,89 pontos por ano. Antes de 1840 não há dados suficientes para medir a inflação.

Um detalhe importante é que o fato de a inflação ser maior pelo novo método apresentado aqui, isso não representa um problema relevante. O mais importante é que a maior consistência do modelo possibilita uma correção mais uniforme e acurada. Por exemplo: um relógio que atrasa 30 a 31 segundos por mês é mais fácil de corrigir do que um relógio que às vezes atrasa 15 segundos, outras vezes 3 segundos, outras vezes 24 segundos etc. Embora o atraso de 30 ou 31 segundos seja maior, como se trata de um atraso mais homogêneo, fica muito mais fácil corrigir a anomalia, deixando o resultado corrigido mais acurado.

O gráfico a seguir mostra a evolução da diferença entre o rating relativo e o rating absoluto de jogadores entre 1840 e 2021. É importante destacar que o gráfico anterior considera partidas individuais, enquanto o próximo gráfico considera jogadores, portanto este é baseado na média de várias partidas para cada jogador, estreitando a amplitude de variação, por outro lado diminuindo a amostra total de elementos:

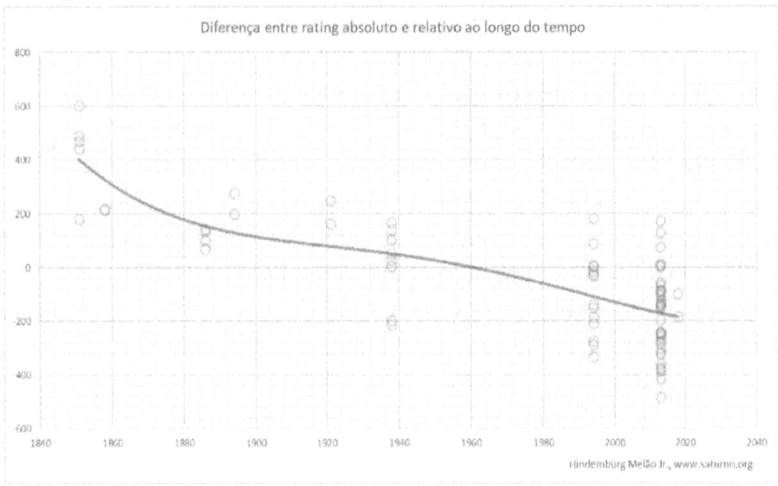

O número de eventos considerados ainda é pequeno, mas já se pode ter uma ideia geral sobre o comportamento dessa variável ao longo do tempo. No penúltimo capítulo, também analisamos um gráfico com o rating absoluto do número 1 do mundo entre os anos 1465 e 2021, que proporciona mais uma visão sobre o efeito da evolução na compreensão do jogo.

Há outras maneiras de se medir globalmente a evolução do jogo. Por exemplo: a porcentagem de empates é proporcional ao rating. Entre grupos de jogadores cuja dispersão nos ratings seja aproximadamente a mesma, os grupos com ratings mais altos empatarão mais entre si. Desse modo, considerando jogadores de mesmo rating em diferentes épocas, quanto maior a porcentagem de empates entre eles, maior deve ser a força absoluta desses jogadores. É uma hipótese plausível e concorda bem com os resultados experimentais, mas há alguns problemas com esse método, porque no século XIX os jogadores entre 2400 e 2700 empatavam entre si menos do que os jogadores entre 2100 e 2400 da mesma época. Essa anomalia impede que esse método seja utilizado antes de 1940, porque produziria resultados inconsistentes. Mas a partir de 1940, esse método se mostra bastante razoável:

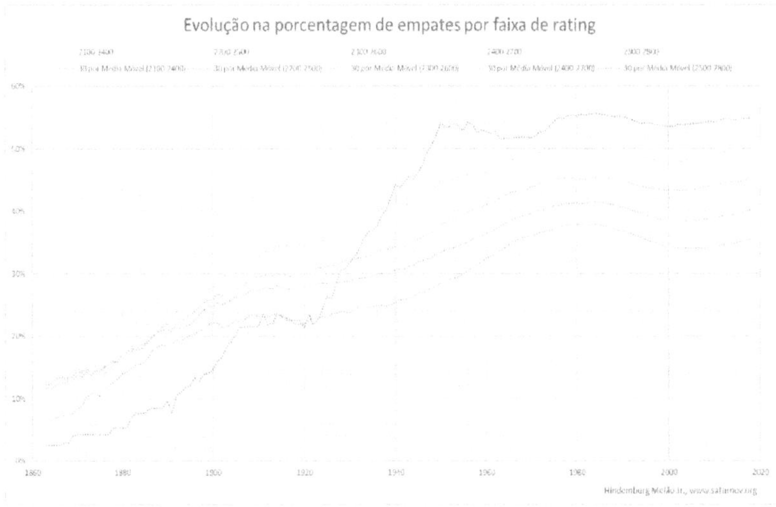

O gráfico acima mostra como as porcentagens de empates variaram ao longo dos anos em intervalos de rating de 300 pontos. É curioso observar que a linha azul fica acima de todas nos anos posteriores a 1940 e fica abaixo de todas antes de 1920. Ou seja, antes de 1920 os jogadores mais fortes empatavam menos entre si do que os jogadores menos fortes! Isso é contra-intuitivo e até mesmo ilógico, porque se os jogadores cometem menos erros e erros menos graves, a probabilidade de que um deles acumule ao longo da partida uma vantagem suficiente para vencer é menor do que entre jogadores que cometam mais erros e erros mais graves. Seja como for, é isso que os dados empíricos mostram.

Também podemos observar que a partir de 1980 a curva sofre uma mudança na inclinação que pode estar relacionada à inflação, corroborando as medidas de Sonas e Edwards que indicam que a origem da inflação ocorre aproximadamente em meados de 1985. Pelo método de cálculo que utilizei, a inflação se manifesta desde 1840, mantendo-se quase constante, e acelera a partir de 1987. Entre os jogadores mais fortes, a mudança no ritmo de crescimento ocorre por volta de 1950.

Com base na porcentagem de empates, o gráfico sugere que a inflação já existia pelo menos desde 1965, começou a acelerar até cerca de 2000 e depois desacelerou. O gráfico sugere também, grosso modo, que um jogador moderno (ano 2021) com 2250 de rating tenha força similar à de um jogador de 2550 em 1920. Isso muito provavelmente está errado, e sinaliza mais um problema com esse método baseado na porcentagem de empates.

Um dos motivos de esse método não funcionar muito bem é porque há diversos fatores alheios aos níveis de habilidade dos jogadores que influem nas porcentagens de empate, especialmente os empates combinados. Quando se está perto do final de um evento, os jogadores que ficarão nas primeiras posições já não precisam se arriscar e acabam empatando sem jogar. Isso é mais frequente entre jogadores com rating mais baixo (2000-2500) do que entre os top do mundo, que nos últimos anos têm sido mais combativos, inclusive jogando posições empatadas durante muitos lances, na expectativa de que o oponente cometa algum erro. Essas diferenças de conduta interferem nas probabilidades naturais de empate e acabam distorcendo a curva de evolução do jogo calculada com base nesse método. Ainda seria possível cortar jogos com menos de 25 ou 30 lances e só medir as porcentagens de empates em jogos acima de 30 ou 35 lances, ou algo assim, mas nesse caso haveria outro problema associação à evolução na Teoria de Aberturas, que seria subtraída, entre outros efeitos.

Outra maneira seria considerando as porcentagens de vitória das Brancas. Quanto mais alto o rating, maior é a sensibilidade à pequena vantagem de jogar com as Brancas e maior é a probabilidade de vitória com as Brancas em relação à probabilidade de vitória com as Pretas. Mas também há anomalias nesse método: para ratings mais baixos e/ou tempos mais curtos, as probabilidades com Brancas e Pretas deveriam ser quase iguais, mas não são. Esse método, embora também seja interessante e possa ser aplicado em algumas situações específicas, não fornece resultados fidedignos em períodos longos nem em faixas muito largas de rating.

Quando se considera jogos bullet no LiChess, por exemplo, as probabilidades de vitória com Brancas e Pretas deveriam ser quase iguais, mas o que se observa é que as Brancas ainda conservam uma vantagem acima do que seria esperado. As frequências de empates também são maiores que o esperado. Há mais empates entre jogadores de 1500 no LiChess em jogos blitz do que havia entre jogadores de 2400 em meados do século XIX, o que sugere uma clara inconsistência, porque, em média, jogadores de 2400 no século XIX jogavam muito melhor do que jogadores modernos de 1500 em partidas blitz.

Alguns jogos com pouco tempo acabam empatando porque cai o tempo de um dos jogadores, quando o outro tem apenas o Rei. Tal situação não é um caso de equilíbrio, no sentido de que acabar o tempo não é equivalente (nem aproximadamente) a ter ficado só com o Rei levando mate e rezando para cair o tempo do outro. Por isso tais empates também distorcem a medida de evolução do jogo baseada na porcentagem de empates.

Também convém enfatizar que um estudo da variação nas porcentagens de empates em função do rating para engines com forças entre 800 e 3500 mostrou que abaixo de 1600 as porcentagens de empate começam a aumentar ligeiramente. Isso acontece porque mesmo que um dos lados consiga vantagem suficiente para vencer, acaba não conseguindo arrematar por não conseguir dar mate com Rei e Torre contra Rei, ou Rei de dois Bispos contra Rei etc. Isso significa que as porcentagens de empate diminuem com o rating até certo ponto, mas em seguida a situação muda e a correlação se torna negativa. Isso explica algumas das anomalias comentadas acima.

Pode-se planejar outros métodos, além destes, que também poderiam servir para calcular a evolução na qualidade de jogo, mas poucos deles seriam capazes de produzir resultados consistentes e acurados como o método baseado no rating absoluto. O mesmo vale para a medida da inflação. Há vários métodos que podem ser utilizados, mas poucos deles fornecem resultados fidedignos.

Uma medida acurada e detalhada poderia ser realizada usando 100 a 300 engines para analisar cada partida do MegaDatabase, com 1 segundo por lance (ou pouco mais). Isso produziria dados abundantes sobre as forças de todos os jogadores e permitiria estudos da evolução da força em função da idade, da variação da força em função do cansaço ao longo da partida, a relevância do conhecimento teórico na força global, permitiria medir separadamente a força tática e a força estratégica de cada jogador, a força em finais e a força em aberturas, entre muitas outras coisas interessantes.

Usando apenas poucos milhares de partidas, o melhor que podemos fazer é um modelo preliminar para medir a evolução do jogo em função do tempo e para a inflação em função do tempo. Mas agora que o método já foi apresentado e pode ser amplamente utilizado por outros interessados em dar continuidade a esse estudo, é provável que brevemente o número de partidas analisadas para essa finalidade seja vastamente ampliado e, com isso, se torne possível compreender melhor diversos aspectos esportivos, educacionais, cognitivos, mnemônicos, etários e outros ligados ao Xadrez.

Considerando apenas os períodos 1858, 1886, 1938, 1994 e 2014, não ficou claro se houve deflação de 1886 a 1938 e depois inflação de 1938 a 1994, ou se simplesmente ocorrem oscilações aleatórias entre 1886 e 1994, entre outras possibilidades. Também não há dados suficientes para saber se 1938 foi o fundo da deflação nem se esse foi o momento a partir do qual a inflação voltou a subir. As análises locais do efeito não ficam muito claras, mas o efeito global pode ser inferido com razoável acurácia, e pode-se afirmar que a evolução em função da compreensão do jogo é cerca de 1,87 pontos por ano desde aproximadamente 1850. Esse resultado é um pouco diferente do que seria obtido com base nos estudos de Bratko, a partir dos quais se pode estimar uma evolução em torno de 1,5 pontos por ano. Mas quando se considera as diferenças entre os dois métodos, conclui-se que estão até mais concordantes do que o esperado.

Embora esses resultados sejam ainda inconclusivos, já fornecem algumas pistas e permitem descartar algumas hipóteses, bem como reforçar outras hipóteses. A partir de 1987, por exemplo, não há fundamento na hipótese de que a inflação estaria compensada pela evolução na compreensão do jogo. Antes de 1986, embora os resultados não sejam tão claros, parece que a evolução do jogo era um pouco mais rápida que a inflação.

Ilustres desconhecidos

Até meados do século XIX, muitos jogadores não gostavam de registrar e divulgar suas partidas nem gostavam que outras pessoas fizessem isso, porque não queriam que seus oponentes pudessem estudar seu repertório de aberturas e se preparassem contra eles. Isso resultou numa grave escassez de partidas registradas nesse período, deixando uma lacuna na História do Xadrez. Uma das consequências disso é a dificuldade para se determinar a força relativa dos jogadores dessa época, fazendo com que alguns deles fossem subvalorizados.

Nos casos de Urusov e Shumov, por exemplo, que tinham poucos confrontos contra jogadores europeus, embora tivessem muitos jogos entre si, não se sabia com segurança qual era a força relativa deles em comparação aos outros da mesma época. Agora, com o rating absoluto, torna-se possível comparar esses jogadores "ilhados" com a elite mundial da época, bem como de outras épocas.

Nos casos de Urusov e Shumov, suas forças calculadas com base nos confrontos com outros jogadores, ainda que fossem baseadas em poucas partidas, eram bem próximas das "corretas" (com base no rating absoluto, cuja incerteza na medida é muito menor), mas houve casos de jogadores grosseiramente subestimados, como Cochrane e Jaenisch. Já comentamos sobre vários outros casos, como Eichborn, a quem foi dedicado um capítulo inteiro, Atwood, Bledow, Lange etc., e não vamos repetir sobre estes aqui. Mas tentaremos revisar as avaliações feitas sobre alguns outros, que não foram mencionados até agora nesse livro, mas que também se pode dizer que foram injustiçados, pois não são reconhecidos na devida proporção de suas forças.

Nos anos de 1853 e 1854 temos um número razoável de partidas entre vários grandes jogadores, possibilitando comparar seus ratings relativos com seus ratings absolutos. O gráfico abaixo se baseia em 238 jogos desse período e mostra que os ratings relativos são muito próximos dos absolutos na maioria dos casos, mas há 2 exceções importantes:

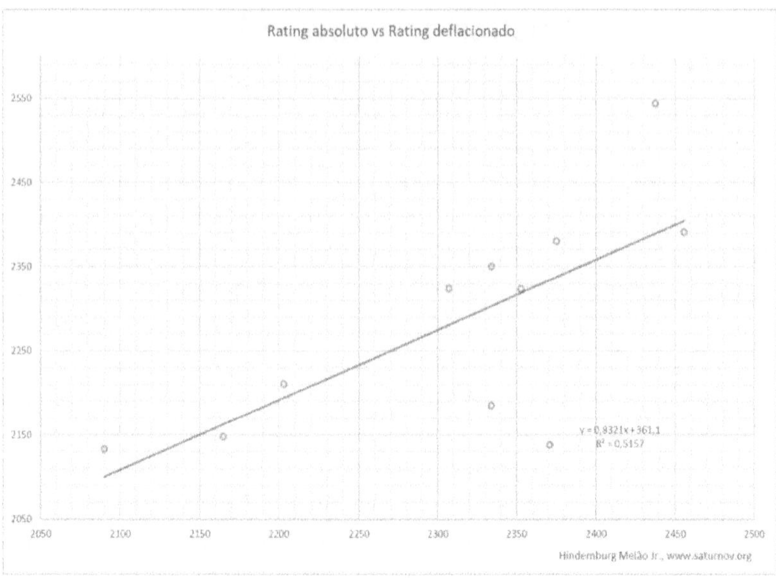

A correlação é 0,72, não é fraca, mas dois jogadores estão subavaliados (muito abaixo da reta). São justamente Cochrane e Jaenisch, que tinham força de 2334 e 2371, mas, com base nos confrontos, seus ratings eram calculados em cerca de 2185 e 2138, muito subavaliados. Há também um jogador superavaliado: Morphy, que tinha força em torno de 2437 com base na qualidade dos lances, mas estava avaliado como 2544 com base em seus confrontos. O caso de Morphy é mais complexo. Por enquanto veremos os casos de Cochrane e Jaenisch. Se ambos forem removidos e o gráfico for recalculado, a correlação sobe de 0,72 para 0,93! Vejamos:

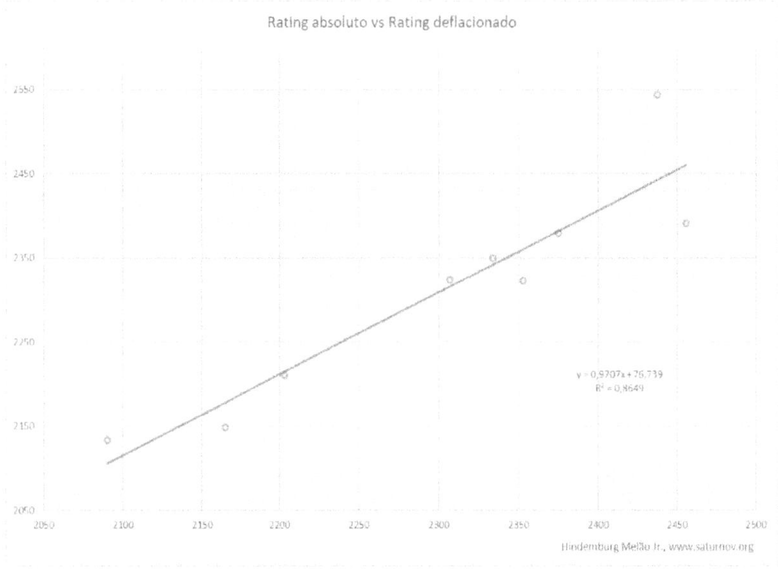

Além disso, com a inclinação da reta corrigida, a situação de Morphy fica bem menos distorcida. Também pode-se notar mais um jogador aparentemente subavaliado: o Barão Tassilo Von Heydebrand und der Lasa, reconhecido como um dos melhores da época, mas subavaliado pelo rating calculado com base nos poucos jogos registrados da época. Sua força em 1853 era similar à de Morphy e talvez um pouco superior, 2456, mas seu rating medido pelo confronto com seus oponentes era de 2390. Em parte, isso se deve ao fato de terem sido registradas muitas de suas partidas em 1837 (mais de 100) e com isso seu fator k diminuiu, de modo que ao chegar em 1853 ele precisaria de maior número de vitórias para fazer seu rating subir do que se tivesse um histórico com menos partidas (em cujo caso seu k seria maior). Por isso, embora tenha aumentado seu rating, entre os anos 1852 e 1853, esse aumento não foi representativo de sua força atualizada naquele momento. É provável que em 1853 ele fosse o melhor jogador do mundo, com base na qualidade dos lances de suas partidas.

Se removesse também Von der Lasa e Morphy do gráfico, a correlação ficaria quase perfeita, subindo para 0,98:

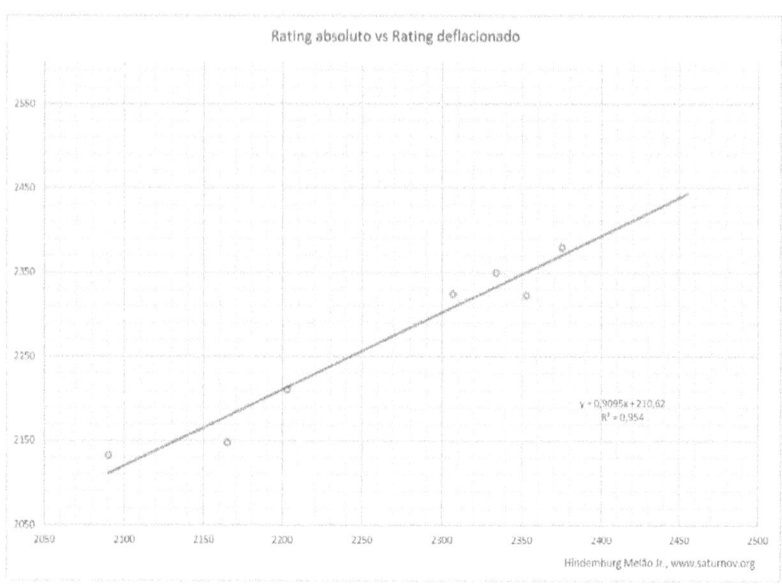

Mas o caso de Morphy é muito difícil de julgar, porque em 1850 a qualidade dos lances de suas partidas era similar à de 1855 e 1856, e não há jogos de Morphy de 1853, sendo necessário interpolar seus resultados de 1850 a 1854, mas todos os seus jogos de 1854 são oferecendo grande vantagem material, e nestas condições muitas vezes a melhor estratégia não é jogar os melhores lances possíveis, mas sim os lances que colocam problemas mais difíceis para o oponente, de modo que Morphy foi incentivado nessas partidas de 1854 a fazer lances que não fossem objetivamente os mais fortes, não porque ele não conseguisse encontrar os mais fortes, mas sim porque não era recomendável jogar os melhores naquelas condições. Isso pode ter provocado uma subavaliação da força de Morphy com base na qualidade dos lances em 1854, mesmo porque não faz sentido que de 1850 a 1854 ele tenha caído de força, sendo que em 1850 tinha 12 anos de idade e estava em fase de rápido desenvolvimento cognitivo.

Por isso talvez em 1853 Morphy fosse mais forte que Von der Lasa e provavelmente o mais forte do mundo.

Antes de Staunton houve alguns jogadores muito fortes, como Lewis, Sarratt, Von Bilguer etc., sobre os quais já comentamos em capítulos anteriores. Mas houve também fortíssimos jogadores durante e depois de Staunton que não são devidamente reconhecidos.

Dois deles já citamos acima: Cochrane, autor do complexo gambito Cochrane na defesa Petrov, e Jaenisch, autor do contra-gambito Jaenisch na abertura Ruy Lopez.

Hanstein, Horowitz, Harrwitz, Buckle, Boden e Kieseritzky em diversos momentos estiveram em 2º ou 3º do mundo nos anos entre 1840 e 1850. Talvez o mais injustiçado entre esses seja Kieseritzky, lembrado principalmente por sua derrota contra Anderssen, mas o que não se costuma dizer é que além de aquela partida, batizada "Imortal", ter sido informal, jogada num intervalo do torneio de Londres de 1851, poucos meses depois de um match no qual Kieseritzky havia vencido Anderssen por 7,5x3,5, ela foi baseada num estudo de Anderssen a partir de duas partidas daquele match, nas quais Anderssen havia jogado 7.Cc3, e nesse intervalo do torneio, Anderssen testou 7.d3, resultando naquela obra prima, uma das mais belas partidas da história. Convém lembrar também que nesse evento de Londres, além dessa vitória fantástica, Anderssen também havia vencido duas de suas três partidas contra Kieseritzky nesse torneio, e sagrou-se campeão, com todos os méritos. Outra curiosidade é que Anderssen jogou a Imortal com Pretas. Não é que ele foi o jogador que perdeu. Ele venceu, mas naquela época não havia ainda sido padronizado que as Brancas começam sempre, portanto Anderssen jogou com as Pretas, mas as Pretas tiveram o direito a executar o primeiro lance.

No manual de Xadrez de Idel Becker, há um comentário sugerindo que Dufresne jogava melhor que Kieseritzky. Talvez ele se referisse exclusivamente àquelas partidas específicas (a Imortal e a Sempre-viva), mas isso não está tão claro. O texto exato, *ipsis litteris*, é o seguinte:

Partida n.º 66

ANDERSSEN DUFRESNE

Berlim, 1852

GAMBITO EVANS

A "SEMPRE-VIVA": assim foi batizada por Steinitz esta partida imortal de Anderssen! Em alemão: "Ein Immergrün im Lorbeerkranze". Os ingleses dizem: "The Evergreen". Os franceses: "La toujours jeune".

Muitos a acham superior à "Imortal" (p. 158). Além de que o adversário joga melhor, há – no lance culminante da "Sempre-Viva" – mais sutileza, mais riqueza de combinações. Um vigor incomparável pulsa na sua deslumbrante força combinativa. Apesar da análise de Lasker (que achava preferível 19.B4R!), a "Sempre-Viva" permanece, genial e imorredoura, como a obra-prima do xadrez antigo.

Mas com base nos resultados desses jogadores, Kieseritzky foi claramente mais forte, chegando a ser o 2º melhor do mundo em minha lista de rating e 3º na lista de Rob Edwards. Dufresne foi um grande jogador e educador, o Handbook de Dufresne foi uma fonte de pesquisa para muitos dos novos talentos daquela época, mas seu máximo rating ao longo da vida foi 2535, enquanto Kieseritzky chegou a 2651.

Nos anos 1860, tiveram grande destaque Suhle e Kolisch. Em alguns momentos, Suhle chegou a ser o número 1 do mundo, embora muitos enxadristas nunca tenham ouvido falar nele. Neumann também foi um grande jogador dessa época. Os nomes mais lembrados desse período são Paulsen, Zukertort, Steinitz e Anderssen.

Nos anos 1870, Hosmer se manteve praticamente a década inteira entre os 5 melhores do mundo, mas nunca chegou a 4º lugar. Mackenzie é um jogador famoso, mas o que poucos sabem é que no início dos anos 1870 ele chegou a ser número 1 do mundo, à frente de Steinitz, Zukertort, Paulsen e outros gigantes da época.

Nas décadas seguintes, um dos nomes mais notáveis e pouco lembrado é Weiss, que em 1890 foi número 1 do mundo. Embora esse resultado tenha sido provocado pela queda de Steinitz antes de que Lasker assumisse a liderança, não é pouca coisa ter ficado à frente de Tarrasch, Steinitz, Gunsberg, Lasker, Burn, Chigorin, Blackburne, Zukertort e outros. Há uma partida famosa de Max Weiss contra Jacques Schwarz, 1883, citada no Manual de Xadrez de Idel Becker. Weiss, em alemão, significa "preto", enquanto Schwarz significa "branco". Nessa partida de 1883, Weiss (preto) jogou com Brancas, e naturalmente Schwarz (branco) jogou com Pretas. Depois 27 lances, terminaram empatados numa posição perfeitamente simétrica, conforme o diagrama abaixo:

Eles já haviam empatado em posição quase simétrica numa ocasião anterior, em 1880, mas aquela parece ter sido natural. Esta é provável que eles tenham combinado antecipadamente.

No início de 1898, Paul Lipke foi o segundo melhor do mundo, seguido de perto por Reszo Charousek. Embora ambos estivessem mais de 110 pontos abaixo de Lasker, que era o primeiro na época, estavam também acima de vários nomes consagrados, inclusive Steinitz, Tarrasch, Chigorin, Janowsky, Maroczy, Pillsbury, Schlechter, Blackburne, Gunsberg etc. Charousek ainda chegou a ter algum reconhecimento graças às suas várias partidas brilhantes, mas Lipke é bem pouco conhecido, o que representa uma grande injustiça com alguém que chegou a número 2 do mundo.

Outro jogador extremamente forte e pouco lembrado é Henry Ernest Atkins, que durante vários anos no início do século XX esteve entre os 5 melhores do mundo, chegando em duas ocasiões em 4º lugar no ranking mundial, (1912 e 1918). Nessas ocasiões, esteve à frente de nomes como Capablanca, Lasker, Alekhine, Maroczy, Rubinstein, Bogoljubow, Schlechter, Tarrasch e Nimzowitsch. Atkins também foi nada menos que 9 vezes campeão britânico, entre 11 participações, sendo 7 delas consecutivas.

Nas décadas seguintes, poucos jogadores chegaram a ficar entre os 5 primeiros do mundo sem que tenham se tornado amplamente conhecidos, mas alguns deles talvez sejam menos famosos do que merecem. Por exemplo Kashdan e Flohr. Kashdan foi segundo melhor do mundo em 1933 e 1934, Flohr foi segundo em 1936. Eliskases, Stein e Stahlberg chegaram a ficar entre os 5 primeiros do mundo em várias ocasiões, e talvez não sejam tão famosos quanto outros que permaneceram por mais tempo no topo, como os vários campeões do mundo que disputavam com eles um lugar no podium, inclusive Euwe, Botvinnik, Smyslov, Tal, Petrosian, Spassky e Fischer, além dos campeões não coroados, como Fine, Reshevsky, Bronstein, Keres e, pouco mais tarde, Kortschnoj.

Najdorf foi muito famoso, mas talvez o fato de ele ter chegado a 2º melhor do mundo seja um fato pouco conhecido. Dependendo de como o cálculo é realizado, chegou a ser número 1 durante alguns meses.

Com tantos campeões mundiais coroados e sem coroa jogando na mesma época, não sobrava muito espaço na lista dos 5 primeiros. Mesmo assim, Robert Byrne, famoso por suas derrotas contra Fischer, chegou a ser 5º melhor do mundo em 1974.

Robert Huebner chegou a segundo do mundo em 1975 (considerando Fischer inativo), além disso, um fato pouco conhecido é que Huebner é um dos melhores simultanistas às cegas de todos os tempos, talvez num nível similar ao de Pillsbury e Morphy. Em duas ocasiões, Huebner enfrentou 6 e 8 oponentes fortíssimos, em simultâneas às cegas, obtendo performance 2598. É provavelmente a maior performance já obtida numa simultânea às cegas desse porte. Kasparov, em simultâneas olhando para os tabuleiros contra 6 oponentes, costuma ter resultados perto de 2600. Em simultâneas às cegas, Kasparov também obteve alguns resultados extraordinários, mas seus oponentes não foram tão fortes quanto os de Huebner. Em 1985, Kasparov venceu 100% de seus 8 oponentes numa simultânea às cegas contra computadores. Embora os computadores da época tivessem 1900 de rating, ainda assim não é fácil obter 100% de aproveitamento jogando às cegas.

Entre os campeões mundiais não coroados, provavelmente o mais injustiçado foi Reshevsky. Após se destacar como um dos prodígios infantis mais impressionantes da história, ele foi forçado a abandonar o Xadrez para se dedicar aos estudos, porque era de uma família pobre e seus pais foram intimados judicialmente por permitirem que ele não frequentasse a escola, e isso levou um empresário a oferecer custear os estudos do garoto, desde que ele se afastasse do Xadrez. Assim, durante seus anos mais promissores para o desenvolvimento intelectual e enxadrístico, Reshevsky permaneceu completamente estagnado. Depois de adulto, voltou a praticar Xadrez e chegou a ser o melhor do mundo em 1952, aos 41 anos. Se não tivesse se afastado por quase 10 anos, seguramente teria sido campeão mundial em algum momento na década de 1930 ou 40.

Outros possíveis campeões mundiais cuja carreira foi interrompida foram Kamsky e Mecking. Kamsky chegou precocemente a 5º melhor do mundo, ficando atrás apenas dos supergigantes Kasparov, Karpov, Ivanchuk e Gelfand. Mas além de enfrentar a complexa vida de um pai que o espancava, ainda por cima foi obrigado a interromper seus estudos de Xadrez para se dedicar exclusivamente à faculdade, só retornando vários anos depois. Ele era cotado como um dos mais fortes candidatos ao título mundial para os anos seguintes. Anand, por exemplo, embora fosse 5 anos mais velho que Kamsky, estava praticamente empatado com ele no ranking. Anand acabou se consagrando campeão mundial e chegou a ser um dos maiores de todos os tempos, portanto o destino de Kamsky não deveria ser muito diferente. Kramnik era só um ano mais jovem que Kamsky, mas estava bem atrás dele no rating, mesmo assim Kramnik também foi campeão mundial, com o mérito adicional de essa vitória ter sido sobre o lendário Kasparov, e essa foi a segunda vez na história que um desafiante venceu invicto um match pelo título mundial. Portanto é muito provável que se Kamsky não tivesse se afastado, também teria sido campeão no início do século XXI ou final do século XX.

Henrique Costa Mecking é talvez o mais triste de todos os casos. Nasceu em 1952, num país do terceiro mundo, no qual o Xadrez praticamente inexistia. Na época havia 0 GMs e 0 MIs brasileiros. Eugênio German só conquistou o título de MI em 1968, logo depois Hélder Câmara, em 1972. Mesmo num cenário tão pobre enxadristicamente, sem apoio financeiro, sem treinadores de nível mundial, Mecking superou as adversidades e chegou a ser o segundo melhor do mundo em 1976, aos 24 anos. Pelo rating FIDE, chegou a 3º melhor em seu melhor momento.

Aos 21, Mecking havia vencido invicto o Interzonal de Petrópolis e aos 24 venceu também o Interzonal de Manila. Nestes eventos, posicionou-se à frente de gigantes como Smyslov, Spassky, Bronstein, Portisch, Polugaevsky, Geller, Hort, Reshevsky, Keres etc. Ele seguia crescendo rapidamente. Em 1976, pela minha lista de rating, Mecking só estava atrás de Karpov, em segundo no mundo. A tabela a seguir mostra como era o ranking mundial ao final de 1976 (Fischer estava inativo, mas a título de curiosidade achei melhor incluí-lo):

Nomes	Vitórias	Derrotas	Empates	Porcentagem	Rating
Fischer, Robert James	384	77	225	72,38%	2762
Karpov, Anatoly	307	33	290	71,75%	2652
Mecking, Henrique	161	47	159	65,53%	2631
Hort, Vlastimil	612	131	788	65,71%	2619
Kortschnoj, Viktor Lvovich	728	197	638	66,99%	2611
Petrosian, Tigran V	691	150	922	65,34%	2606
Polugaevsky, Lev	547	144	596	65,66%	2599
Tal, Mihail	780	199	693	67,37%	2582
Gulko, Boris F	147	68	102	62,46%	2578
Timman, Jan H	315	167	241	60,24%	2569
Huebner, Robert	283	73	235	67,77%	2566
Smyslov, Vassily V	753	178	893	65,76%	2564
Djukanovic, Marko	40	4	3	88,30%	2563
Keres, Paul	966	194	797	69,72%	2562
Larsen, Bent	684	265	361	65,99%	2561
Panno, Oscar	423	119	431	65,62%	2561
Romanishin, Oleg M	165	79	105	62,32%	2557
Stein, Leonid	416	99	437	66,65%	2557
Geller, Efim P	657	198	727	64,51%	2553
Evans, Larry Melvyn	273	111	259	62,60%	2553
Portisch, Lajos	641	187	742	64,46%	2552
Ljubojevic, Ljubomir	257	101	272	62,38%	2551
Byrne, Robert Eugene	261	105	327	61,26%	2551
Tseshkovsky, Vitaly	153	85	151	58,74%	2546
Spassky, Boris Vasilievich	539	110	653	66,47%	2546
Balashov, Yuri S	174	88	226	58,81%	2545
Savon, Vladimir A	281	132	355	59,70%	2543
Uhlmann, Wolfgang	661	253	683	62,77%	2539
Ribli, Zoltan	227	87	262	62,15%	2538
Kavalek, Lubomir	379	175	421	60,46%	2536
Quinteros, Miguel Angel	260	145	180	59,83%	2536
Sax, Gyula	205	91	177	62,05%	2535
Gligoric, Svetozar	954	269	1159	64,38%	2531
Dorfman, Josif D	34	23	25	56,71%	2523
Matulovic, Milan	486	215	545	60,87%	2520

Pelo ranking da FIDE de janeiro de 1977, a classificação era diferente:

pos	Player_ID	Name	Title	Fed	Rtng	+/-
1		Karpov, Anatoly	g	URS	2690	-5
2		Korchnoi, Viktor	g	URS	2645	-25
2=		Petrosian, Tigran	g	URS	2645	+10
4		Mecking, Henrique	g	BRA	2635	+15
5		Portisch, Lajos	g	HUN	2625	0
6		Hort, Vlastimil	g	CSR	2620	+20
6=		Polugaevsky, Lev	g	URS	2620	-15
6=		Tal, Mikhail N.	g	URS	2620	+5
9		Larsen, Bent	g	DEN	2615	-10
9=		Ljubojevic, Ljubomir	g	YUG	2615	-5
11		Spassky, Boris V.	g	URS	2610	-20
12		Huebner, Robert	g	GER	2600	+15
13		Ribli, Zoltan	g	HUN	2595	+20
13=		Romanishin, Oleg M.	g	URS	2595	+35
13=		Smyslov, Vassily	g	URS	2595	+15
16		Timman, Jan H.	g	NED	2590	+40
16=		Geller, Efim P.	g	URS	2590	-30
16=		Tseshkovsky, Vitaly	g	URS	2590	+40
19		Gulko, Boris F.	g	URS	2585	+55
20		Byrne, Robert E.	g	USA	2580	+40
21		Smejkal, Jan	g	CSR	2575	-40
22		Gufeld, Eduard	g	URS	2570	+25
23		Sax, Gyula	g	HUN	2565	+35
23=		Andersson, Ulf	g	SWE	2565	-20
23=		Balashov, Yuri S.	g	URS	2565	+20
23=		Vasiukov, Evgeni	g	URS	2565	-15
23=		Gligoric, Svetozar	g	YUG	2565	-10
28		Olafsson, Fridrik	g	ISL	2560	+10
28=		Bronstein, David I.	g	URS	2560	+20
30		Quinteros, Miguel A.	g	ARG	2555	+15
30=		Miles, Anthony J.	g	ENG	2555	+45
30=		Uhlmann, Wolfgang	g	GDR	2555	0
30=		Beliavsky, Alexander G.	g	URS	2555	-5
30=		Kholmov, Ratmir D.	g	URS	2555	+5
30=		Evans, Larry M.	g	USA	2555	+15
36		Panno, Oscar	g	ARG	2550	+30
36=		Liberzon, Vladimir M.	g	ISR	2550	+10
36=		Torre, Eugenio	g	PHI	2550	+45
36=		Kuzmin, Gennadi P.	g	URS	2550	-15

Com Mecking em 4º, pois conforme já foi comentado, o rating FIDE com um fator k pequeno atrasa na atualização da força de jogadores que estejam evoluindo muito rápido.

É discutível se naquele momento Mecking seria realmente o segundo melhor do mundo, inclusive porque em seus matches contra Polugaevsky e Kortschnoj, ele não demonstrou tanta força quanto seus oponentes mais experientes. Lembrando que em 1978 Kortschnoj estava mais forte inclusive que Karpov, embora Karpov tenha conseguido empatar o match e conservar o título.

Kasparov caçoa de alguns comentários de Mecking antes do match contra Kortschnoj, e talvez realmente naquele momento Mecking ainda não estivesse pronto para arrebatar o título, mas com a saída de Fischer, os melhores do mundo estavam "embolados", não havia um claro favorito ao título, assim como aconteceu com a saída de Kasparov, e em seguida o título foi trocado de mãos várias vezes em poucos anos. Algo semelhante teria ocorrido com Karpov, Kortschnoj, Mecking, Spassky e mais alguns outros. Por isso não me parece excesso de otimismo a possibilidade de que Mecking chegasse a ser campeão mundial, se não tivesse sido derrotado pela doença.

Mesmo porque, nos anos 1990 e 2000, em vários momentos, houve campeões que não eram claramente os mais fortes do mundo, mas no certame específico da disputa pelo título mundial tiveram melhor desempenho que seus oponentes e conquistaram merecidamente suas coroas.

Certamente houve outros grandes jogadores que não foram tão famosos quanto mereciam, e lamento por não ter feito uma lista mais completa que os incluísse a todos, mas se o fizesse, seria uma tarefa praticamente interminável. Tentei apontar os casos mais extraordinários, tanto para homenageá-los quanto para informar aos interessados em História do Xadrez sobre o nível a que chegaram alguns jogadores que são menos lembrados do que merecem.

Nos dois próximos capítulos, para encerrar esse primeiro volume dos 2022 maiores jogadores da História do Xadrez, apresentaremos uma lista com os jogadores que foram número 1 do mundo desde o ano 1465 até 2021. Tentei, na medida do possível, preencher algumas lacunas, mas nem sempre os jogadores apontados foram indiscutivelmente os melhores.

Por fim, a tão esperada lista com os 2022 melhores jogadores de todos os tempos.

Lista histórica dos jogadores número 1 do mundo

As colunas são, em ordem: ano de nascimento e de falecimento, nome, ano que passou a ser número 1 até deixar de ser.

Nasc.	Obit.	Título	Wch	Ex
1442	1517	Vinyoles, Narcís	1465	1470
1450	1512	Vicent, Francesc	1470	1470
1440	1500	Ingold	1470	1475
1450	1506	De Castellví i de Vic, Francesc	1475	1490
1465	1530	Lucena, Luis Ramírez	1490	1510
1480	1544	Damiano de Odemira, Pietro	1510	1544
			1544	1555
1535	1580	Ceron, Alfonso	1555	1560
1540	1580	López de Segura, Ruy	1560	1575
1542	1597	Da Cutri, Giovanni Leonardo	1575	1587
1528	1598	Boi, Paolo	1587	1590
1548	1612	Polerio, Giulio Cesare	1590	1605
1573	1647	Carrera, Pietro	1605	1610
1575	1640	Salvio, Alessandro	1610	1620
1600	1634	Greco, Gioacchino	1620	1634
1580	1656	Severino, Marco Aurelio	1634	1650
1610	1665	Genovino, Scipione	1650	1655
1630	1690	Maubisson	1655	1660
1632	1707	De Villette, Murcey	1660	1675
1655	1730	Cunningham of Block, Alexander	1675	1720
1698	1769	Lolli, Giambattista	1720	1730
1702	1792	Sire De Legall de Kermeur, François Antoine	1730	1737
1705	1755	Stamma, Philipp	1737	1747
1726	1795	Philidor, Francois Andre Danican	1747	1795
1740	1804	Verdoni	1795	1796
1745	1807	Atwood, George	1796	1800
1772	1819	Sarratt, Jacob Henry	1800	1813
1787	1870	Lewis, William	1813	1818
1798	1878	Cochrane, John	1818	1820
1780	1847	Deschapelles, Alexandre	1820	1826
1798	1835	McDonnell, Alexander	1826	1829
1795	1840	De Labourdonnais, Louis Charles Mahe	1829	1834
1795	1846	Bledow, Ludwig Erdmann	1834	1836
1765	1840	Boncourt, Hyacinthe Henri	1836	1836
1800	1872	De Saint Amant, Pierre Charles Four	1836	1837

Nasc.	Obit.	Título	Wch	Ex
1815	1840	Von Bilguer, Paul Rudolf	1837	1838
1800	1872	De Saint Amant, Pierre Charles Four	1838	1839
1818	1899	Von Heydebrand und der Lasa, Tassilo	1839	1840
1810	1874	Staunton, Howard	1840	1848
1818	1899	Von Heydebrand und der Lasa, Tassilo	1848	1850
1837	1884	Morphy, Paul	1850	1854
1832	1899	Lange, Max	1854	1855
1837	1884	Morphy, Paul	1855	1864
1833	1891	Paulsen, Louis	1864	1868
1837	1904	Suhle, Berthold	1868	1869
1833	1891	Paulsen, Louis	1869	1870
1837	1891	Mackenzie, George Henry	1870	1872
1836	1900	Steinitz, William	1872	1881
1842	1888	Zukertort, Johannes Hermann	1881	1882
1836	1900	Steinitz, William	1882	1883
1842	1888	Zukertort, Johannes Hermann	1883	1886
1836	1900	Steinitz, William	1886	1891
1857	1927	Weiss, Miksa	1891	1892
1862	1934	Tarrasch, Siegbert	1892	1893
1868	1941	Lasker, Emanuel	1893	1905
1870	1951	Maroczy, Geza	1905	1907
1868	1941	Lasker, Emanuel	1907	1914
1888	1942	Capablanca, Jose Raul	1914	1915
1868	1941	Lasker, Emanuel	1915	1920
1888	1942	Capablanca, Jose Raul	1920	1924
1868	1941	Lasker, Emanuel	1924	1927
1888	1942	Capablanca, Jose Raul	1927	1928
1868	1941	Lasker, Emanuel	1928	1930
1892	1946	Alekhine, Alexander	1930	1933
1888	1942	Capablanca, Jose Raul	1933	1934
1892	1946	Alekhine, Alexander	1934	1936
1888	1942	Capablanca, Jose Raul	1936	1937
1916	1975	Keres, Paul	1937	1938
1914	1993	Fine, Reuben	1938	1940
1892	1946	Alekhine, Alexander	1940	1941

Nasc.	Obit.	Título	Wch	Ex
1914	1993	Fine, Reuben	1941	1943
1892	1946	Alekhine, Alexander	1943	1944
1914	1993	Fine, Reuben	1944	1945
1911	1995	Botvinnik, Mikhail	1945	1951
1911	1992	Reshevsky, Samuel Herman	1951	1953
1921	2010	Smyslov, Vassily V	1953	1954
1916	1975	Keres, Paul	1954	1955
1924	2006	Bronstein, David Ionovich	1955	1956
1911	1995	Botvinnik, Mikhail	1956	1957
1921	2010	Smyslov, Vassily V	1957	1958
1911	1995	Botvinnik, Mikhail	1958	1959
1929	1984	Petrosian, Tigran V	1959	1960
1936	1992	Tal, Mihail	1960	1961
1931	2016	Kortschnoj, Viktor Lvovich	1961	1962
1929	1984	Petrosian, Tigran V	1962	1963
1943	2008	Fischer, Robert James	1963	1973
1935	2010	Larsen, Bent	1973	1974
1951		Karpov, Anatoly	1974	1978
1931	2016	Kortschnoj, Viktor Lvovich	1978	1979
1951		Karpov, Anatoly	1979	1981
1931	2016	Kortschnoj, Viktor Lvovich	1981	1982
1963		Kasparov, Garry	1982	1984
1951		Karpov, Anatoly	1984	1985
1963		Kasparov, Garry	1985	1995
1975		Kramnik, Vladimir	1995	1996
1963		Kasparov, Garry	1996	2003
1969		Anand, Viswanathan	2003	2005
1975		Topalov, Veselin	2005	2007
1975		Kramnik, Vladimir	2007	2008
1969		Ivanchuk, Vassily	2008	2009
1969		Anand, Viswanathan	2009	2010
1990		Carlsen, Magnus	2010	2017
1985		Mamedyarov, Shakhriyar	2017	2018
1990		Carlsen, Magnus	2018	2021

Legenda
Campeão mundial oficial
Campeão mundial oficioso
Primeiro no ranking a partir de 1886
Primeiro no ranking antes de 1886
Valor acurado
Valor impreciso
Valor estimado

Esta é possivelmente a lista mais completa de "campeões" do mundo ou de melhores jogadores do mundo, cobrindo o período de

1465 a 2021. A lacuna entre Greco e Philidor foi inteiramente preenchida, mas não há muita segurança de que os jogadores indicados fossem de fato os melhores da época. Os jogadores de 1680, por exemplo, são mais fracos que Lucena, Damiano, Ruy Lopez etc., mas como Cunningham ainda era muito jovem, é improvável que ele fosse o melhor do mundo em 1680.

Portanto, antes de Stamma (1737) algumas vezes o jogador considerado o mais forte da época é o único com partidas registradas no período, por isso em alguns casos o rating absoluto do jogador é perto de 1200, outras vezes perto de 1800 e possivelmente estes não foram os melhores do mundo.

O próximo gráfico mostra a evolução no rating absoluto do número 1 do mundo no momento em que chegou a número 1 (não é o momento que cada um chegou a seu máximo rating). Antes do ano 1700 as incertezas são grandes. Os pontos vermelhos são estimativas. Novamente são considerados os ratings no momento que chegou a número 1, não o máximo alcançado.

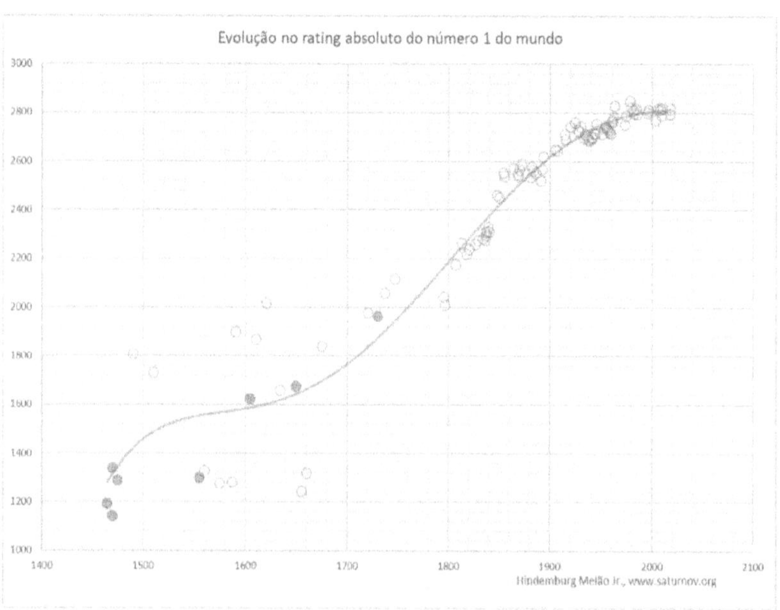

Os 2022 melhores de todos os tempos

#	Nomes	R Defl	Ano	R Abs	Rank	FIDE	USCF
1	Fischer, Robert James	2932	1971	2837	1	2705	2731
2	Kasparov, Garry	2912	1989	2851	1	2782	2821
3	Alekhine, Alexander	2870	1931	2701	1	2599	2615
4	Morphy, Paul	2870	1858	2564	1	2494	2505
5	Capablanca, Jose Raul	2868	1922	2682	1	2571	2592
6	Kortschnoj, Viktor Lvovich	2866	1979	2786	1	2644	2674
7	Anand, Viswanathan	2862	2000	2822	1	2813	2855
8	Karpov, Anatoly	2859	1978	2777	1	2680	2714
9	Lasker, Emanuel	2856	1924	2673	1	2576	2599
10	Botvinnik, Mikhail	2839	1948	2701	1	2589	2608
11	Steinitz, William	2837	1873	2559	1	2490	2511
12	Maroczy, Geza	2832	1905	2614	1	2511	2539
13	Kramnik, Vladimir	2830	2000	2790	1	2818	2861
14	Tal, Mihail	2827	1965	2721	1	2589	2612
15	Carlsen, Magnus	2825	2012	2807	1	2908	2955
16	Kamsky, Gata	2824	1995	2774	5	2751	2797
17	Petrosian, Tigran V	2823	1960	2708	1	2593	2620
18	Ivanchuk, Vassily	2822	1995	2772	1	2795	2840
19	Shirov, Alexei	2821	1994	2769	2	2740	2784
20	Ponomariov, Ruslan	2820	2001	2781	3	2751	2797
21	Timman, Jan H	2820	1987	2755	3	2631	2670
22	Spassky, Boris Vasilievich	2817	1968	2717	2	2604	2629
23	Smyslov, Vassily V	2817	1955	2692	1	2575	2600
24	Geller, Efim P	2815	1963	2705	2	2572	2603
25	Short, Nigel D	2812	1987	2747	3	2754	2790
26	Topalov, Veselin	2805	2005	2774	1	2794	2841
27	Larsen, Bent	2805	1970	2709	2	2593	2622
28	Nimzowitsch, Aron	2805	1927	2628	3	2522	2540
29	Keres, Paul	2804	1955	2679	1	2560	2580
30	Paulsen, Louis	2804	1864	2509	1	2445	2462
31	Bronstein, David Ionovich	2803	1955	2678	1	2556	2574
32	Salov, Valery	2802	1994	2750	4	2631	2666

As colunas indicam, em ordem:

N Posição no ranking histórico com base no rating deflacionado entre 1475 e 2021

Nomes: Sobrenome e nome

R Defla: Rating deflacionado (máximo alcançado na vida)

Ano: Ano no qual chegou a seu rating máximo

R Abs: Rating Absoluto (máximo alcançado na vida)

Rank: Melhor posição no ranking mundial

FIDE: Rating FIDE (máximo alcançado na vida)

USCF: Rating USCF (máximo alcançado na vida)

RA: Melhor no ranking com base no rating absoluto

O rating absoluto apresentado nessa coluna pode ser baseado na análise da qualidade dos lances ou baseado na conversão do rating deflacionado em rating absoluto, com base no ano em que o jogador alcançou seu rating deflacionado máximo. Em geral, nos casos de jogadores antigos, anteriores a 1845, o rating absoluto foi medido de forma direta pela qualidade dos lances, e para jogadores mais recentes esse rating foi calculado com base na conversão do rating deflacionado em rating absoluto. Em alguns casos são utilizados os dois métodos combinados.

Nos períodos em que não é possível determinar o rating deflacionado pelos confrontos diretos, esse rating é calculado com base no rating absoluto ou com base numa combinação do rating absoluto do próprio jogador e os ratings absolutos de seus oponentes e seus resultados contra estes oponentes.

Os ratings FIDE e USCF foram calculados usando as respectivas fórmulas destas federações e os valores de k conforme os critérios destas federações, com base nas partidas do Megadatabase 2021. Portanto não são idênticos aos ratings oficiais da FIDE nem da USCF. Além disso, em nossa lista o rating USCF foi calculado para todos os jogadores, inclusive fora dos EUA.

Nos momentos em que estas federações modificaram suas regras, nossos cálculos também acompanharam estas mudanças. A única diferença é que o rating foi atualizado a cada partida, que geralmente não faz muita diferença, exceto em alguns casos raros, como Fischer, que se atualizar o rating a cada partida, a cada jogo que ele venceu Taimanov, o rating dele subiu um pouco e o de Taimanov caiu um pouco, portanto no jogo seguinte a expectativa de Fischer fica maior e seu ganho de rating fica um pouco menor, repetindo esse efeito sucessivamente a cada nova partida, por isso o rating máximo a que ele chega é menor utilizando esse método de cálculo.

É interessante notar o caso de Kamsky, que ficou à frente de vários campeões mundiais e de vários jogadores número 1 do mundo, embora a melhor classificação dele no ranking tenha sido 5º lugar. Isso é fácil compreender, pois ele chegou a seu auge numa época em que precisou concorrer com Kasparov, Karpov, Ivanchuk e Gelfand, cada um deles perto de seus respectivos auges.

Diferentemente da lista do capítulo anterior, nesta lista são os ratings máximos que a pessoa alcançou.

Seguem os próximos nomes, até a 2022ª posição no ranking histórico. Como brinde, a lista foi estendida até 2100:

Top 2022 Chessplayers of All Time, by H. Melao Jr., www.saturnov.org

N	Nomes	R Defl	Ano	R Abs	Rank	FIDE	USCF	RA
1	Fischer, Robert James	2932	1971	2837	1	2705	2731	2
2	Kasparov, Garry	2912	1989	2851	1	2782	2821	1
3	Alekhine, Alexander	2870	1931	2701	1	2599	2615	61
4	Morphy, Paul	2870	1858	2564	1	2494	2505	838
5	Capablanca, Jose Raul	2868	1922	2682	1	2571	2592	102
6	Kortschnoj, Viktor Lvovich	2866	1979	2786	1	2644	2674	6
7	Anand, Viswanathan	2862	2000	2822	1	2813	2855	3
8	Karpov, Anatoly	2859	1978	2777	1	2680	2714	8
9	Lasker, Emanuel	2856	1924	2673	1	2576	2599	129
10	Botvinnik, Mikhail	2839	1948	2701	1	2589	2608	60
11	Steinitz, William	2837	1873	2559	1	2490	2511	887
12	Maroczy, Geza	2832	1905	2614	1	2511	2539	395
13	Kramnik, Vladimir	2830	2000	2790	1	2818	2861	5
14	Tal, Mihail	2827	1965	2721	1	2589	2612	37
15	Carlsen, Magnus	2825	2012	2807	1	2908	2955	4
16	Kamsky, Gata	2824	1995	2774	5	2751	2797	9
17	Petrosian, Tigran V	2823	1960	2708	1	2593	2620	48
18	Ivanchuk, Vassily	2822	1995	2772	1	2795	2840	11
19	Shirov, Alexei	2821	1994	2769	2	2740	2784	12
20	Ponomariov, Ruslan	2820	2001	2781	3	2751	2797	7
21	Timman, Jan H	2820	1987	2755	3	2631	2670	16
22	Smyslov, Vassily V	2817	1955	2692	1	2575	2600	78
23	Spassky, Boris Vasilievich	2817	1968	2717	2	2604	2629	40
24	Geller, Efim P	2815	1963	2705	2	2572	2603	52
25	Short, Nigel D	2812	1987	2747	3	2754	2790	20
26	Larsen, Bent	2805	1970	2709	2	2593	2622	47
27	Nimzowitsch, Aron	2805	1927	2628	3	2522	2540	296
28	Topalov, Veselin	2805	2005	2774	1	2794	2841	10
29	Keres, Paul	2804	1955	2679	1	2560	2580	112
30	Paulsen, Louis	2804	1864	2509	1	2445	2462	1676
31	Bronstein, David Ionovich	2803	1955	2678	1	2556	2574	113
32	Salov, Valery	2802	1994	2750	4	2631	2666	19
33	Reshevsky, Samuel Herman	2800	1952	2670	1	2565	2578	139
34	Najdorf, Miguel	2799	1946	2658	2	2557	2576	182
35	Rubinstein, Akiba	2799	1909	2588	2	2498	2523	577
36	Tarrasch, Siegbert	2799	1905	2581	1	2492	2520	654
37	Adams, Michael	2797	1997	2751	4	2787	2826	18
38	Euwe, Max	2793	1935	2631	3	2533	2554	282
39	Portisch, Lajos	2786	1972	2693	4	2576	2602	77
40	Dreev, Alexey	2785	1994	2733	10	2734	2777	22

Top 2022 Chessplayers of All Time, by H. Melao Jr., www.saturnov.org

N	Nomes	R Defi	Ano	R Abs	Rank	FIDE	USCF	RA
41	Gelfand, Boris	2784	1990	2725	4	2766	2813	35
42	Reti, Richard	2784	1924	2601	4	2493	2516	481
43	Schlechter, Carl	2784	1911	2577	3	2481	2511	696
44	Aronian, Levon	2782	2010	2760	2	2835	2880	14
45	Kashdan, Isaac	2782	1932	2614	2	2504	2522	390
46	Mackenzie, George Henry	2782	1871	2500	1	2467	2485	1867
47	Huebner, Robert	2781	1983	2709	2	2615	2655	46
48	Caruana, Fabiano	2780	2012	2762	2	2860	2904	13
49	Fine, Reuben	2780	1940	2627	1	2545	2564	301
50	Kolisch, Ignaz	2779	1860	2477	2	2406	2422	2535
51	Neumann, Gustav Richard	2779	1867	2490	2	2432	2444	2149
52	Svidler, Peter	2775	1997	2729	3	2796	2838	30
53	Pillsbury, Harry Nelson	2774	1901	2548	2	2477	2499	1034
54	Chigorin, Mikhail Ivanovich	2772	1903	2550	2	2462	2489	1012
55	Flohr, Salo	2772	1936	2612	2	2522	2539	415
56	Lange, Max	2772	1856	2462	1	2474	2480	2961
57	Morozevich, Alexander	2772	2000	2732	4	2755	2800	26
58	Stein, Leonid	2771	1968	2671	2	2559	2584	135
59	Bareev, Evgeny	2770	2002	2733	6	2689	2731	23
60	Nakamura, Hikaru	2770	2015	2758	2	2827	2870	15
61	Speelman, Jonathan S	2770	1987	2705	6	2591	2628	54
62	Vaganian, Rafael A	2769	1984	2699	6	2644	2687	65
63	Beliavsky, Alexander G	2768	1984	2698	3	2677	2714	69
64	Eliskases, Erich Gottlieb	2768	1939	2614	4	2529	2545	398
65	Ljubojevic, Ljubomir	2768	1987	2703	8	2561	2594	57
66	Yudasin, Leonid	2768	1990	2709	5	2582	2619	45
67	Karjakin, Sergey	2767	2015	2755	3	2818	2865	17
68	Grischuk, Alexander	2766	2003	2731	2	2832	2874	28
69	Polugaevsky, Lev	2766	1962	2655	2	2571	2596	192
70	Vidmar, Milan Sr	2766	1926	2587	5	2478	2504	596
71	Bogoljubow, Efim	2765	1925	2584	4	2498	2512	618
72	Van Wely, Loek	2765	2004	2732	2	2750	2789	25
73	Leko, Peter	2764	2001	2725	5	2741	2783	34
74	Marshall, Frank James	2764	1905	2546	3	2454	2485	1064
75	Ribli, Zoltan	2763	1987	2698	7	2609	2641	67
76	Gligoric, Svetozar	2762	1958	2643	7	2529	2551	227
77	Hort, Vlastimil	2761	1977	2678	4	2560	2583	116
78	Janowski, Dawid Markelowicz	2760	1899	2531	4	2456	2476	1297
79	Nikolic, Predrag	2760	1987	2695	9	2681	2725	72
80	Sax, Gyula	2760	1987	2695	10	2581	2615	73

Top 2022 Chessplayers of All Time, by H. Melao Jr., www.saturnov.org

N	Nomes	R Defl	Ano	R Abs	Rank	FIDE	USCF	RA
81	Mecking, Henrique	2759	1976	2674	3	2621	2661	128
82	Kotov, Alexander	2758	1950	2624	5	2494	2517	325
83	Miles, Anthony John	2758	1984	2688	6	2578	2612	91
84	Dubois, Serafino	2757	1858	2451	3	2372	2379	3442
85	Kavalek, Lubomir	2757	1979	2677	9	2536	2568	117
86	Nunn, John DM	2757	1984	2687	8	2603	2643	94
87	Tiviakov, Sergei	2757	1994	2705	9	2710	2744	53
88	Piket, Jeroen	2756	2001	2717	9	2668	2705	39
89	Gashimov, Vugar	2755	2009	2731	7	2753	2800	27
90	Ivkov, Borislav	2755	1965	2649	11	2532	2559	208
91	Polgar, Judit	2755	1995	2705	6	2704	2748	55
92	Taimanov, Mark E	2755	1970	2659	4	2545	2575	179
93	Gurevich, Mikhail	2754	1999	2712	5	2667	2707	42
94	Zukertort, Johannes Hermann	2754	1884	2497	1	2454	2480	1960
95	Bacrot, Etienne	2753	2005	2722	8	2755	2792	36
96	Bernstein, Ossip Samuel	2753	1903	2531	4	2434	2458	1285
97	Jussupow, Artur	2753	1986	2686	5	2625	2667	96
98	Khalifman, Alexander	2753	1993	2700	9	2668	2708	64
99	Mamedyarov, Shakhriyar	2753	2007	2726	1	2851	2890	33
100	Radjabov, Teimour	2753	2008	2728	4	2808	2857	32
101	Suhle, Berthold	2753	1864	2458	1	2412	2418	3147
102	Kasimdzhanov, Rustam	2752	2004	2719	3	2721	2765	38
103	Tartakower, Saviely	2752	1905	2534	6	2468	2487	1226
104	Chandler, Murray G	2751	1987	2686	5	2560	2600	97
105	Ehlvest, Jaan	2751	1989	2690	16	2611	2658	85
106	Vachier Lagrave, Maxime	2751	2015	2739	4	2847	2893	21
107	Andersson, Ulf	2750	1983	2678	5	2596	2631	115
108	Kholmov, Ratmir D	2745	1968	2645	7	2525	2553	219
109	Sokolov, Ivan	2745	1994	2693	10	2710	2751	76
110	Illescas Cordoba, Miguel	2744	1992	2689	22	2627	2671	87
111	Akopian, Vladimir Eduardovic	2743	2002	2706	9	2709	2753	49
112	Georgiev, Kiril	2743	1992	2688	14	2716	2758	92
113	Giri, Anish	2743	2015	2731	4	2827	2873	29
114	So, Wesley	2743	2016	2733	4	2839	2880	24
115	Stahlberg, Gideon	2743	1947	2603	4	2509	2535	466
116	Hodgson, Julian M	2742	1995	2692	9	2605	2639	80
117	Rabinovich, Ilya Leontievich	2742	1914	2541	13	2379	2406	1128
118	Yermolinsky, Alex	2742	1996	2694	24	2603	2628	75
119	Ding, Liren	2741	2015	2729	2	2847	2892	31
120	Epishin, Vladimir	2740	1994	2688	11	2662	2693	89

Top 2022 Chessplayers of All Time, by H. Melao Jr., www.saturnov.org

N	Nomes	R Defi	Ano	R Abs	Rank	FIDE	USCF	RA
121	Fedorov, Alexei	2740	1999	2698	8	2643	2684	68
122	Strokov, Anatoli	2740	1980	2662	78	2417	2431	164
123	Anderssen, Adolf	2739	1870	2456	3	2436	2443	3263
124	Krasenkow, Michal	2739	2000	2699	16	2738	2780	66
125	Lputian, Smbat G	2739	1988	2676	24	2610	2647	119
126	Navara, David	2739	2007	2712	8	2798	2838	43
127	Smirin, Ilia	2739	2001	2700	10	2719	2761	62
128	Torre Repetto, Carlos	2739	1924	2556	9	2428	2443	915
129	Graf, Alexander	2738	1997	2692	11	2656	2696	81
130	Harrwitz, Daniel	2738	1846	2410	5	2390	2408	5619
131	Teichmann, Richard	2738	1911	2531	5	2448	2467	1287
132	Psakhis, Lev	2737	1988	2674	12	2591	2627	126
133	Gulko, Boris F	2736	1987	2671	9	2608	2642	132
134	Malakhov, Vladimir	2736	2009	2712	8	2737	2775	41
135	Romanishin, Oleg M	2736	1977	2653	9	2589	2629	195
136	Agdestein, Simen	2735	1987	2670	10	2655	2695	136
137	Azmaiparashvili, Zurab	2735	1992	2680	8	2654	2695	110
138	Kaidanov, Gregory S	2735	1992	2680	9	2617	2653	111
139	Byrne, Robert Eugene	2734	1973	2643	5	2518	2544	225
140	Gruenfeld, Ernst	2734	1924	2551	5	2457	2483	997
141	Gheorghiu, Florin	2733	1979	2653	21	2530	2557	193
142	Seirawan, Yasser	2733	1990	2674	7	2642	2681	127
143	Szabo, Laszlo	2733	1952	2603	6	2496	2523	469
144	Averbakh, Yuri L	2732	1960	2617	13	2495	2516	371
145	Lautier, Joel	2732	1994	2680	13	2670	2711	107
146	Chernin, Alexander	2730	1990	2671	9	2610	2647	133
147	Sokolov, Andrei	2730	1985	2662	4	2614	2652	165
148	Buckle, Henry Thomas	2729	1851	2410	2	2345	2328	5586
149	Savon, Vladimir A	2729	1971	2634	20	2506	2537	269
150	Christiansen, Larry Mark	2728	1991	2671	7	2568	2607	134
151	Granda Zuniga, Julio E	2728	1993	2675	31	2743	2777	125
152	Hjartarson, Johann	2728	1988	2665	26	2604	2640	155
153	Smejkal, Jan	2728	1976	2643	15	2535	2558	228
154	Browne, Walter Shawn	2727	1974	2638	12	2523	2543	250
155	Dautov, Rustem	2727	1991	2670	8	2629	2666	140
156	Jakovenko, Dmitrij	2727	2008	2702	11	2776	2822	59
157	Sutovsky, Emil	2727	2001	2688	16	2737	2792	88
158	Makovetz, Gyula	2726	1892	2484	7	2321	2310	2327
159	Panno, Oscar	2726	1971	2631	13	2526	2545	280
160	Wang, Hao	2726	2011	2706	15	2794	2837	50

Top 2022 Chessplayers of All Time, by H. Melao Jr., www.saturnov.org

N	Nomes	R Defl	Ano	R Abs	Rank	FIDE	USCF	RA
161	Rublevsky, Sergei	2725	1998	2681	13	2701	2748	105
162	Uhlmann, Wolfgang	2725	1966	2621	13	2522	2546	344
163	Wang, Yue	2725	2008	2700	12	2748	2791	63
164	Benjamin, Joel	2724	1994	2672	14	2595	2628	130
165	Dominguez Perez, Leinier	2724	2004	2691	5	2809	2851	82
166	Lobron, Eric	2724	1992	2669	48	2555	2595	142
167	Sadler, Matthew D	2724	1998	2680	8	2746	2786	109
168	Oll, Lembit	2723	1992	2668	15	2593	2623	148
169	Khenkin, Igor	2722	1998	2678	13	2699	2738	114
170	Tseshkovsky, Vitaly	2722	1975	2635	13	2580	2616	265
171	Benko, Pal C	2721	1967	2619	11	2506	2527	360
172	Duras, Oldrich	2721	1910	2512	5	2437	2458	1609
173	Kengis, Edvins	2721	1991	2664	40	2585	2621	158
174	Tkachiev, Vladislav	2721	2000	2681	15	2708	2749	106
175	Almasi, Zoltan	2720	1994	2668	19	2745	2788	144
176	Bologan, Viktor	2720	2004	2687	31	2700	2746	93
177	Dolmatov, Sergey	2720	1989	2659	16	2557	2594	177
178	Eljanov, Pavel	2720	2013	2704	11	2788	2826	56
179	Hansen, Curt	2720	1991	2663	13	2624	2664	161
180	Harikrishna, Pentala	2720	2016	2710	8	2799	2839	44
181	Hracek, Zbynek	2720	1995	2670	28	2683	2725	137
182	Movsesian, Sergei	2720	2008	2695	10	2737	2780	74
183	Balashov, Yuri S	2719	1981	2643	14	2563	2602	226
184	Vasiukov, Evgeni	2719	1971	2624	11	2533	2574	323
185	Boleslavsky, Isaak	2718	1952	2588	9	2479	2493	586
186	Kupreichik, Viktor D	2718	1980	2640	10	2516	2545	241
187	Shabalov, Alexander	2718	1993	2665	22	2630	2664	156
188	Sultan Khan, Mir	2718	1933	2552	8	2452	2469	985
189	Bolbochan, Julio	2717	1954	2591	8	2483	2503	562
190	Lombardy, William James	2717	1961	2604	11	2490	2508	464
191	Spielmann, Rudolf	2717	1923	2533	5	2445	2467	1252
192	Lilienthal, Andor	2716	1935	2554	9	2459	2480	958
193	Petursson, Margeir	2716	1987	2651	25	2548	2580	199
194	Torre, Eugenio	2716	1980	2638	16	2552	2597	249
195	Tukmakov, Vladimir B	2716	1984	2646	10	2593	2624	213
196	Dorfman, Josif D	2715	1991	2658	11	2597	2631	181
197	Alterman, Boris	2714	1997	2668	43	2578	2621	147
198	Burn, Amos	2714	1874	2438	3	2407	2426	4052
199	Milov, Vadim	2714	1999	2672	16	2686	2724	131
200	Rozentalis, Eduardas	2714	1994	2662	18	2678	2717	163

N	Nomes	R Defl	Ano	R Abs	Rank	FIDE	USCF	RA
201	Evans, Larry Melvyn	2713	1963	2603	10	2493	2516	468
202	Finegold, Benjamin	2713	1994	2661	28	2611	2635	167
203	Nisipeanu, Liviu Dieter	2713	2006	2684	12	2738	2777	100
204	Zvjaginsev, Vadim	2713	1997	2667	23	2698	2743	152
205	Cheparinov, Ivan	2712	2008	2687	15	2775	2819	95
206	Dzindzichashvili, Roman	2712	1979	2632	9	2520	2540	276
207	Jobava, Baadur	2712	2010	2690	16	2751	2797	84
208	Unzicker, Wolfgang	2712	1959	2595	9	2498	2519	528
209	Nepomniachtchi, Ian	2711	2019	2706	5	2833	2871	51
210	Yu, Yangyi	2711	2017	2702	9	2803	2842	58
211	Hertneck, Gerald	2710	1993	2657	19	2574	2611	185
212	Kotronias, Vasilios	2710	1995	2660	46	2639	2681	172
213	Winawer, Szymon	2710	1882	2449	2	2409	2435	3533
214	Blackburne, Joseph Henry	2709	1887	2457	2	2434	2444	3184
215	Glek, Igor Vladimirovich	2709	1995	2659	24	2612	2641	176
216	Olafsson, Fridrik	2709	1961	2596	16	2496	2517	522
217	Volokitin, Andrei	2709	2012	2691	7	2740	2788	83
218	Von Heydebrand und der Lasa, Tassilo	2708	1853	2393	1	0	0	6711
219	Agzamov, Georgy	2708	1984	2638	24	2502	2527	254
220	Kovacevic, Vlatko	2708	1983	2636	14	2503	2539	262
221	Li, Chao B	2708	2015	2696	6	2780	2821	71
222	Lipke, Paul	2708	1896	2473	2	2375	2370	2632
223	Moiseenko, Alexander	2708	2011	2688	22	2730	2773	90
224	Nezhmetdinov, Rashid	2708	1948	2570	15	2430	2450	755
225	Pachman, Ludek	2708	1959	2591	11	2492	2507	558
226	Staunton, Howard	2708	1856	2398	2	2391	2409	6329
227	Sveshnikov, Evgeny	2708	1982	2634	18	2606	2640	271
228	Vladimirov, Yevgeniy	2708	1991	2651	6	2601	2634	200
229	Atkins, Henry Ernest	2707	1899	2478	4	2425	2441	2507
230	Ftacnik, Lubomir	2707	1987	2642	26	2628	2669	232
231	Inarkiev, Ernesto	2707	2016	2697	6	2769	2819	70
232	Kuzmin, Gennadi P	2707	1975	2620	19	2511	2542	351
233	Salwe, Georg	2707	1903	2485	22	2359	2378	2286
234	Sosonko, Gennadi	2707	1982	2633	17	2517	2534	274
235	Delchev, Aleksander	2706	2001	2667	35	2677	2713	149
236	Tomashevsky, Evgeny	2706	2011	2686	15	2760	2804	98
237	Andreikin, Dmitry	2705	2013	2689	13	2785	2825	86
238	Areshchenko, Alexander	2705	2011	2685	24	2730	2768	99
239	Gavrikov, Viktor	2705	1987	2640	27	2577	2616	240
240	John, Walter	2705	1904	2485	19	2338	2354	2289

Top 2022 Chessplayers of All Time, by H. Melao Jr., www.saturnov.org

N	Nomes	R Defi	Ano	R Abs	Rank	FIDE	USCF	RA
241	Vyzmanavin, Alexey	2705	1993	2652	39	2544	2570	198
242	Ye, Jiangchuan	2705	2001	2666	21	2627	2662	154
243	Garcia Corada, Pedro	2704	1983	2632	67	2500	2531	279
244	Onischuk, Alexander	2704	1998	2660	17	2715	2760	175
245	Razuvaev, Yuri S	2704	1983	2632	32	2538	2572	278
246	Alekseev, Evgeny V	2703	2007	2676	19	2705	2747	120
247	Filip, Miroslav	2703	1961	2590	23	2485	2507	567
248	Fox, Maurice	2703	1929	2530	113	2339	2327	1311
249	Korneev, Oleg	2703	2000	2663	22	2657	2700	162
250	Mestel, A Jonathan	2703	1983	2631	21	2491	2521	284
251	Milos, Gilberto	2703	1999	2661	20	2647	2683	170
252	Van der Sterren, Paul	2703	1993	2650	57	2561	2598	204
253	Wojtaszek, Radoslaw	2703	2011	2683	16	2799	2837	101
254	Wojtkiewicz, Aleksander	2703	1997	2657	65	2578	2612	183
255	Adianto, Utut	2702	1995	2652	27	2567	2597	196
256	Baburin, Alexander	2702	1997	2656	31	2579	2612	187
257	Charousek, Rudolf Rezso	2702	1898	2471	3	2404	2422	2700
258	Rogers, Ian	2702	1998	2658	27	2616	2658	180
259	Schmid, Lothar	2702	1973	2611	12	2509	2526	423
260	Bu, Xiangzhi	2701	2005	2670	15	2765	2804	138
261	Lutz, Christopher	2701	1992	2646	32	2618	2655	214
262	Sakaev, Konstantin	2701	2004	2668	20	2651	2689	146
263	Timofeev, Artyom	2701	2008	2676	28	2687	2729	121
264	Vallejo Pons, Francisco	2701	2004	2668	17	2760	2797	145
265	Wei, Yi	2701	2017	2692	16	2787	2827	79
266	Greco, Gioacchino	2700	1620	2172	1	0	0	42696
267	Aleksandrov, Aleksej	2700	2001	2661	18	2696	2736	166
268	Boensch, Uwe	2700	1987	2635	35	2594	2636	263
269	Eingorn, Vereslav S	2700	1988	2637	19	2615	2650	257
270	Ni, Hua	2700	2008	2675	17	2744	2783	124
271	Cabarkapa, Milenko	2699	1970	2603	15	2430	2432	473
272	Naiditsch, Arkadij	2699	2012	2681	23	2775	2809	104
273	Pomar Salamanca, Arturo	2699	1966	2595	11	2487	2514	527
274	Shipov, Sergei	2699	1998	2655	32	2585	2620	190
275	Stoltz, Gosta	2699	1933	2533	9	2432	2448	1237
276	Fedorowicz, John P	2698	1989	2637	18	2520	2551	258
277	Kostic, Boris	2698	1922	2512	5	2436	2449	1625
278	Krylov, Sergey	2698	1981	2622	14	2494	2524	338
279	Matulovic, Milan	2698	1967	2596	28	2495	2512	520
280	Nielsen, Peter Heine	2698	2005	2667	23	2696	2742	153

N	Nomes	R Defl	Ano	R Abs	Rank	FIDE	USCF	RA
281	Sasikiran, Krishnan	2698	2006	2669	23	2735	2769	141
282	Spraggett, Kevin	2698	1983	2626	28	2634	2667	310
283	Gipslis, Aivars P	2697	1967	2595	17	2483	2503	529
284	Matanovic, Aleksandar	2697	1955	2572	17	2474	2496	738
285	Owen, John	2697	1858	2391	15	2298	2286	6852
286	De Firmian, Nick E	2696	1989	2635	46	2563	2598	264
287	Korobov, Anton	2696	2013	2680	12	2766	2805	108
288	Rotlewi, Georg A	2696	1911	2489	13	2362	2382	2163
289	Vescovi, Giovanni P	2696	2003	2661	51	2666	2697	168
290	Dake, Arthur William	2695	1936	2535	12	2420	2441	1210
291	Dvoirys, Semen I	2695	1997	2649	53	2601	2653	209
292	Kozul, Zdenko	2695	1993	2642	33	2702	2735	235
293	Le, Quang Liem	2695	2012	2677	13	2787	2828	118
294	Mieses, Jacques	2695	1907	2481	7	2405	2435	2416
295	Steiner, Endre	2695	1937	2537	12	2419	2449	1174
296	Vitiugov, Nikita	2695	2011	2675	14	2798	2839	123
297	Wolff, Patrick G	2695	1991	2638	30	2532	2556	253
298	Campora, Daniel Hugo	2694	1994	2642	62	2585	2618	230
299	Darga, Klaus	2694	1970	2598	11	2496	2517	511
300	Giorgadze, Giorgi	2693	1998	2649	50	2595	2626	210
301	Mikhalevski, Victor	2693	1998	2649	58	2643	2681	211
302	Murey, Jacob	2693	1987	2628	34	2544	2578	293
303	Nogueiras Santiago, Jesus	2693	1987	2628	40	2560	2597	294
304	Tolush, Alexander V	2693	1952	2563	27	2431	2448	848
305	Weiss, Miksa	2693	1890	2447	1	2403	2420	3639
306	Adorjan, Andras	2692	1983	2620	20	2508	2524	352
307	Bruzon Batista, Lazaro	2692	2005	2661	29	2732	2766	169
308	Djukanovic, Marko	2692	1978	2610	13	2441	2448	425
309	Dokhoian, Yury	2692	1988	2629	70	2513	2538	290
310	Kindermann, Stefan	2692	1987	2627	72	2562	2598	302
311	Landa, Konstantin	2692	2002	2655	35	2693	2740	188
312	Malaniuk, Vladimir P	2692	1992	2637	32	2627	2674	259
313	Motylev, Alexander	2692	2009	2668	15	2714	2760	143
314	Rossolimo, Nicolas	2692	1949	2556	15	2457	2478	918
315	Velimirovic, Dragoljub	2692	1985	2624	27	2484	2514	327
316	Hellers, Ferdinand	2691	1993	2638	50	2541	2577	255
317	Ibragimov, Ildar	2691	1999	2649	31	2612	2646	212
318	Sanguineti, Raul	2691	1965	2585	20	2499	2515	614
319	Van der Wiel, John	2691	1986	2624	36	2540	2579	322
320	Vukovic, Sava	2691	1936	2531	101	2323	2326	1294

Top 2022 Chessplayers of All Time, by H. Melao Jr., www.saturnov.org

N	Nomes	R Defl	Ano	R Abs	Rank	FIDE	USCF	RA
321	Alburt, Lev O	2690	1990	2631	35	2486	2518	283
322	Fedoseev, Vladimir1	2690	2017	2681	10	2772	2810	103
323	Novikov, Igor A	2690	1994	2638	29	2604	2635	248
324	Pinter, Jozsef	2690	1985	2622	26	2582	2621	340
325	Volkov, Sergey	2690	2003	2655	25	2687	2733	189
326	Atwood, George	2689	1798	2271	1	0	0	21508
327	Ivanov, Alexander	2689	1989	2628	20	2585	2619	298
328	Grau, Roberto	2688	1924	2505	13	2394	2411	1751
329	Hosmer, Henry	2688	1874	2412	5	2378	2361	5450
330	Santos Garcia, Fernando	2688	1987	2623	19	2469	2499	331
331	Sargissian, Gabriel	2688	2007	2661	24	2753	2789	171
332	Suetin, Alexey S	2688	1969	2590	17	2483	2504	569
333	Ekstrom, Folke	2687	1948	2549	10	2411	2423	1020
334	Frolov, Artur	2687	1993	2634	131	2546	2579	272
335	Kurajica, Bojan	2686	1994	2634	34	2628	2663	268
336	Suba, Mihai	2686	1986	2619	43	2560	2594	356
337	Damiano, Pedro	2686	1497	2081	1	0	0	65712
338	Berkes, Ferenc	2685	2012	2667	38	2733	2774	151
339	Hirschfeld, Philipp	2685	1864	2390	8	2336	2315	6916
340	Pirc, Vasja	2685	1938	2529	14	2439	2458	1330
341	Damljanovic, Branko	2684	1990	2625	36	2663	2702	318
342	Fridman, Daniel	2684	2005	2653	34	2733	2768	194
343	Giorgadze, Tamaz	2684	1979	2604	28	2470	2496	459
344	Makarichev, Sergey	2684	1981	2608	31	2476	2499	447
345	McShane, Luke J	2684	2003	2649	37	2740	2778	206
346	Pigusov, Evgeny	2684	1992	2629	49	2574	2607	292
347	Quinteros, Miguel Angel	2684	1976	2599	28	2522	2546	500
348	Riazantsev, Alexander	2684	2011	2664	22	2713	2756	157
349	Stean, Michael F	2684	1981	2608	30	2480	2506	446
350	Thomas, George Alan	2684	1923	2500	10	2416	2432	1884
351	Zhang, Zhong	2684	2001	2645	29	2676	2724	215
352	Avrukh, Boris	2683	2001	2644	33	2682	2725	220
353	Furman, Semen Abramovich	2683	1975	2596	20	2481	2505	521
354	Laznicka, Viktor	2683	2011	2663	45	2722	2762	160
355	O'Kelly de Galway, Alberic	2683	1956	2560	18	2472	2491	878
356	Rossetto, Hector	2683	1961	2570	19	2469	2489	765
357	Trifunovic, Petar	2683	1936	2523	18	2435	2452	1427
358	Minasian, Artashes	2682	1992	2627	71	2582	2630	305
359	Pindar, Edward	2682	1861	2382	6	2333	2322	7595
360	Rohde, Michael A	2682	1988	2619	53	2491	2514	357

N	Nomes	R Defl	Ano	R Abs	Rank	FIDE	USCF	RA
361	Shankland, Samuel L	2682	2018	2675	9	2773	2821	122
362	Williams, Elijah	2682	1844	2350	5	2333	2359	10568
363	Dlugy, Maxim	2681	1989	2620	27	2517	2556	350
364	Efimenko, Zahar	2681	2005	2650	25	2702	2744	202
365	Kudrin, Sergey	2681	1987	2616	32	2560	2590	380
366	Makogonov, Vladimir Andreevich	2681	1943	2534	13	2416	2437	1225
367	Magerramov, Elmar S	2680	1992	2625	44	2519	2550	320
368	Olafsson, Helgi	2680	1990	2621	39	2568	2606	345
369	Tarjan, James Edward	2680	1984	2610	22	2504	2541	432
370	Leitao, Rafael Duaillbe	2679	2000	2639	37	2728	2749	247
371	Loginov, Valery A	2679	1995	2629	33	2534	2566	288
372	Morovic Fernandez, Ivan	2679	1995	2629	49	2597	2636	289
373	Petrov, Alexander	2679	1863	2382	4	2315	2298	7533
374	Ragozin, Viacheslav	2679	1947	2539	25	2422	2444	1139
375	Wahls, Matthias	2679	1989	2618	24	2547	2584	365
376	Bilek, Istvan	2678	1966	2574	34	2461	2485	723
377	Boden, Samuel Standidge	2678	1853	2363	3	2330	2340	9274
378	Kharlov, Andrei	2678	1992	2623	36	2606	2641	334
379	Macieja, Bartlomiej	2678	2003	2643	38	2684	2730	224
380	Mason, James	2678	1883	2419	6	2398	2422	5030
381	Van den Doel, Erik	2678	2001	2639	26	2671	2704	244
382	Vogel, Robert	2678	1981	2602	1067	2375	2411	477
383	Gruenfeld, Yehuda	2677	1987	2612	62	2499	2530	413
384	Gunsberg, Isidor	2677	1890	2431	2	2402	2423	4389
385	Lundin, Erik	2677	1946	2536	12	2444	2462	1199
386	Lutikov, Anatoly S	2677	1967	2575	27	2468	2491	716
387	Strizhnev, Piotr	2677	1988	2614	27	2431	2440	394
388	Vaisser, Anatoli	2677	1993	2624	46	2582	2625	328
389	Barcza, Gedeon	2676	1957	2555	17	2449	2471	937
390	Donner, Jan Hein	2676	1958	2557	24	2454	2477	907
391	Hulak, Krunoslav	2676	1989	2615	35	2537	2571	384
392	Krogius, Nikolai V	2676	1970	2580	21	2477	2499	672
393	Matlakov, Maxim	2676	2013	2660	23	2771	2815	174
394	Ciric, Dragoljub M	2675	1966	2571	46	2453	2480	750
395	Kharitonov, Andrei Y	2675	1987	2610	80	2551	2592	426
396	Komarov, Dimitri	2675	1996	2627	36	2566	2607	303
397	Leonhardt, Paul Saladin	2675	1904	2455	16	2391	2416	3285
398	Rapport, Richard	2675	2013	2659	11	2800	2839	178
399	Serper, Grigory	2675	1992	2620	38	2535	2562	354
400	Yanofsky, Daniel Abraham	2675	1946	2534	11	2448	2467	1231

Top 2022 Chessplayers of All Time, by H. Melao Jr., www.saturnov.org

N	Nomes	R Defl	Ano	R Abs	Rank	FIDE	USCF	RA
401	Aseev, Konstantin N	2674	1992	2619	55	2525	2563	361
402	Becker, Albert	2674	1932	2506	10	2423	2447	1730
403	Bisguier, Arthur Bernard	2674	1957	2553	20	2449	2469	965
404	Filippov, Valerij	2674	2004	2641	69	2613	2659	238
405	Fressinet, Laurent	2674	2012	2656	28	2736	2780	186
406	Horwitz, Bernhard	2674	1846	2346	2	2278	2301	10990
407	Iordachescu, Viorel	2674	2003	2639	39	2660	2697	246
408	Lalic, Bogdan	2674	1994	2622	62	2590	2627	335
409	Petrovs, Vladimirs	2674	1938	2518	14	2429	2445	1517
410	Pfleger, Helmut	2674	1965	2568	30	2482	2505	789
411	Steiner, Lajos	2674	1937	2516	11	2427	2446	1541
412	Zemgalis, Elmars	2674	1952	2544	14	2436	2454	1084
413	Anderson, Frank Ross	2673	1956	2550	18	2435	2452	1008
414	Kobalia, Mihail	2673	2005	2642	60	2686	2733	233
415	Nei, Iivo	2673	1964	2565	22	2443	2473	824
416	Tregubov, Pavel V	2673	2004	2640	54	2650	2686	242
417	Yakovich, Yuri	2673	2001	2634	68	2597	2636	267
418	Asrian, Karen	2672	1998	2628	61	2623	2669	299
419	Berger, Johann Nepomuk	2672	1877	2402	13	2319	2343	6101
420	Cebalo, Miso	2672	1984	2602	49	2557	2592	479
421	Chekhov, Valery A	2672	1983	2600	34	2480	2507	494
422	Cvitan, Ognjen	2672	1992	2617	67	2591	2628	373
423	Duda, Jan Krzysztof	2672	2019	2667	16	2794	2840	150
424	Goldin, Alexander	2672	1992	2617	41	2596	2634	372
425	Greenfeld, Alon	2672	1993	2619	79	2621	2664	363
426	Gurevich, Dmitry	2672	1992	2617	81	2542	2572	374
427	Cladouras, Panagiotis	2671	1981	2595	78	2428	2463	526
428	Galdunts, Sergey	2671	1986	2604	229	2543	2575	458
429	Gimadeev, Anatoli	2671	1988	2608	23	2427	2440	444
430	Karlsson, Lars	2671	1984	2601	30	2541	2579	486
431	Lysyj, Igor	2671	2014	2657	25	2718	2769	184
432	Marco, Georg	2671	1903	2449	9	2386	2421	3524
433	Saemisch, Friedrich	2671	1928	2496	17	2411	2432	1977
434	Franco Ocampos, Zenon	2670	1982	2596	37	2560	2594	519
435	Jones, Gawain C B	2670	2018	2663	40	2780	2823	159
436	Miladinovic, Igor	2670	1999	2628	41	2621	2660	300
437	Polerio, Giulio Cesare	2669	1590	2122	1	0	0	55188
438	Fedoseev, Vladimir	2669	2014	2655	34	2706	2747	191
439	Mikhalchishin, Adrian	2669	1978	2587	38	2545	2582	592
440	Najer, Evgeniy	2669	2005	2638	27	2752	2799	251

N	Nomes	R Defl	Ano	R Abs	Rank	FIDE	USCF	RA
441	Namgilov, Sogto	2669	1991	2612	718	2422	2454	418
442	Pilnik, Hermann	2669	1955	2544	22	2449	2466	1080
443	Potkin, Vladimir	2669	2011	2649	60	2684	2728	207
444	Torman, Eric	2669	1994	2617	56	2511	2539	368
445	Bagirov, Vladimir	2668	1960	2553	27	2520	2552	974
446	Chuchelov, Vladimir	2668	1994	2616	39	2594	2637	379
447	Kochyev, Alexander	2668	1978	2586	31	2459	2480	602
448	Liberzon, Vladimir Mikhailovi	2668	1975	2581	30	2472	2492	657
449	Polgar, Zsuzsa	2668	1992	2613	94	2515	2548	406
450	Romanovsky, Peter Arsenievich	2668	1929	2495	11	2399	2415	2016
451	Ruban, Vadim	2668	1992	2613	44	2488	2524	404
452	Sunye Neto, Jaime	2668	1992	2613	59	2550	2583	405
453	Timoscenko, Gennadij A	2668	1977	2585	36	2545	2578	617
454	Vera Gonzalez Quevedo, Reynaldo	2668	1999	2626	95	2572	2607	311
455	Acs, Peter	2667	2002	2630	60	2642	2685	285
456	Gabriel, Christian	2667	1998	2623	74	2563	2602	333
457	Hickl, Joerg	2667	1992	2612	102	2600	2640	420
458	Lanka, Zigurds	2667	1993	2614	60	2547	2582	399
459	Lengyel, Levente	2667	1964	2559	29	2454	2475	884
460	Lerner, Konstantin Z	2667	1982	2593	28	2571	2606	540
461	Schlosser, Philipp	2667	1993	2614	110	2641	2682	400
462	Treysman, George Nelson	2667	1936	2507	73	2318	2306	1719
463	Alexopoulos, Georgios	2666	1975	2579	165	2411	2426	677
464	Byrne, Donald	2666	1956	2543	32	2425	2445	1093
465	Corral Suarez, Francisco Javier	2666	1979	2586	29	2417	2402	603
466	Fuderer, Andrija	2666	1959	2549	23	2443	2468	1027
467	Mariotti, Sergio	2666	1976	2581	53	2444	2484	658
468	Panchenko, Alexander N	2666	1980	2588	32	2458	2481	580
469	Ricardi, Pablo	2666	1995	2616	77	2561	2592	381
470	Rodshtein, Maxim	2666	2013	2650	40	2761	2807	203
471	Romi, Massimiliano	2666	1926	2487	45	2351	2336	2218
472	Stefansson, Hannes	2666	1994	2614	47	2634	2678	392
473	Domenico Ercole Del Rio	2666	1770	2230	1	0	0	29460
474	Artemiev, Vladislav	2665	2019	2660	9	2792	2830	173
475	Biyiasas, Peter	2665	1975	2578	48	2450	2471	686
476	Georgiev, Vladimir	2665	2000	2625	89	2611	2642	321
477	Grachev, Boris V	2665	2011	2645	41	2705	2746	216
478	Gurevich, Ilya	2665	1986	2598	92	2487	2518	505
479	Horowitz, Israel Albert	2665	1942	2516	13	2420	2434	1540
480	Izoria, Zviad	2665	2006	2636	32	2642	2681	261

Top 2022 Chessplayers of All Time, by H. Melao Jr., www.saturnov.org

N	Nomes	R Defl	Ano	R Abs	Rank	FIDE	USCF	RA
481	Jansa, Vlastimil	2665	1975	2578	35	2567	2616	685
482	Magem Badals, Jordi	2665	1994	2613	134	2595	2640	401
483	Pashikian, Arman	2665	2009	2641	89	2674	2711	237
484	Purdy, Cecil John Seddon	2665	1935	2503	18	2405	2416	1804
485	Rashkovsky, Nukhim N	2665	1979	2585	39	2536	2563	611
486	Rellstab, Ludwig Sr	2665	1937	2507	31	2419	2440	1724
487	Rodriguez Cespedes, Amador	2665	1987	2600	86	2506	2533	491
488	Smagin, Sergey	2665	1992	2610	58	2558	2604	433
489	Tinsley, Samuel	2665	1891	2421	13	2349	2340	4922
490	Von Bardeleben, Curt	2665	1883	2406	6	2372	2393	5822
491	Zhang, Pengxiang	2665	2005	2634	67	2631	2671	270
492	Zhigalko, Sergei	2665	2009	2641	61	2712	2752	236
493	Andriasian, Zaven	2664	2010	2642	104	2679	2716	231
494	Gufeld, Eduard	2664	1975	2577	25	2459	2484	698
495	Huzman, Alexander	2664	1994	2612	79	2629	2662	411
496	Walbrodt, Carl August	2664	1897	2431	7	2372	2396	4384
497	Ivanov, Igor Vasilievich	2663	1983	2591	46	2481	2503	560
498	Kieninger, Georg	2663	1938	2507	15	2413	2429	1728
499	Knaak, Rainer	2663	1978	2581	42	2505	2539	648
500	Kurnosov, Igor	2663	2009	2639	42	2681	2724	245
501	Loewenthal, Johann Jacob	2663	1862	2365	6	2330	2346	9100
502	Riumin, Nikolay Nikolaevich	2663	1934	2499	22	2381	2402	1894
503	Atalik, Suat	2662	1997	2616	64	2636	2678	382
504	Kazhgaleyev, Murtas	2662	2000	2622	52	2658	2701	339
505	Lichtenhein, Theodor	2662	1861	2362	11	2334	2316	9396
506	Parma, Bruno	2662	1965	2556	36	2470	2485	920
507	Popovic, Petar	2662	1985	2594	48	2524	2560	537
508	Roiz, Michael	2662	2007	2635	31	2676	2715	266
509	Showalter, Jackson Whipps	2662	1899	2433	17	2356	2394	4290
510	Sturua, Zurab	2662	1998	2618	46	2606	2638	367
511	Tringov, Georgi Petrov	2662	1968	2562	32	2459	2482	863
512	Vogt, Lothar	2662	1978	2580	41	2505	2532	661
513	Baklan, Vladimir	2661	2000	2621	59	2689	2729	348
514	Bauer, Christian	2661	2004	2628	82	2720	2759	297
515	Conquest, Stuart	2661	1994	2609	74	2584	2622	434
516	Mchedlishvili, Mikheil	2661	2013	2645	96	2708	2756	217
517	Palac, Mladen	2661	2000	2621	77	2669	2710	349
518	Savchenko, Stanislav	2661	1997	2615	41	2609	2645	385
519	Damjanovic, Mato	2660	1969	2562	72	2444	2467	865
520	Englisch, Berthold	2660	1885	2405	5	2389	2409	5912

N	Nomes	R Defl	Ano	R Abs	Rank	FIDE	USCF	RA
521	Ernst, Thomas	2660	1992	2605	98	2502	2531	456
522	Fedorchuk, Sergey A	2660	2009	2636	62	2720	2762	260
523	Kosten, Anthony C	2660	1991	2603	64	2555	2593	470
524	Lipschuetz, Salomon	2660	1900	2433	9	2390	2413	4302
525	Felgaer, Ruben Alejandro	2659	2004	2626	102	2658	2691	309
526	Johner, Paul F	2659	1925	2478	16	2404	2423	2485
527	Kuzmin, Alexey	2659	2000	2619	52	2568	2601	362
528	Lau, Ralf	2659	1987	2594	97	2519	2559	535
529	Lyman, Harry	2659	1948	2521	56	2359	2347	1449
530	Miroshnichenko, Evgenij	2659	2004	2626	40	2669	2704	308
531	Petrosian, Tigran L	2659	2014	2645	81	2719	2765	218
532	Vidit, Santosh Gujrathi	2659	2017	2650	30	2773	2807	201
533	Villegas, Benito H	2659	1922	2473	132	2332	2313	2639
534	Zapata, Alonso	2659	1992	2604	76	2567	2602	465
535	Arnason, Jon Loftur	2658	1986	2591	59	2499	2544	552
536	Barlov, Dragan	2658	1989	2597	92	2553	2599	512
537	Gurgenidze, Bukhuti	2658	1969	2560	51	2438	2464	881
538	Hecht, Hans Joachim	2658	1972	2565	50	2465	2494	826
539	Kuzubov, Yuriy	2658	2017	2649	68	2748	2793	205
540	Levenfish, Grigory	2658	1937	2500	17	2405	2425	1878
541	Schmidt, Paul Felix	2658	1943	2511	16	2416	2433	1647
542	Socko, Bartosz	2658	2013	2642	56	2708	2759	234
543	Yurtaev, Leonid	2658	1988	2595	89	2504	2547	525
544	Book, Eero	2657	1935	2495	33	2403	2423	2011
545	Canal, Esteban	2657	1948	2519	16	2426	2445	1496
546	Colle, Edgard	2657	1929	2484	20	2405	2427	2325
547	Donchev, Dimitar I	2657	1990	2598	68	2458	2490	506
548	Farago, Ivan	2657	1981	2581	61	2557	2597	653
549	Gleizerov, Evgeny	2657	2000	2617	62	2616	2645	375
550	Istratescu, Andrei	2657	2004	2624	48	2708	2748	326
551	Junge, Klaus	2657	1942	2508	23	2404	2421	1701
552	Khismatullin, Denis Rimovich	2657	2011	2637	56	2710	2756	256
553	Markowski, Tomasz	2657	2003	2622	89	2656	2696	336
554	Nijboer, Friso	2657	2000	2617	80	2612	2649	376
555	Xiong, Jeffery	2657	2019	2652	29	2765	2812	197
556	Von Bilguer, Paul Rudolf	2657	1840	2317	1	0	0	14401
557	Bolbochan, Jacobo	2656	1931	2487	18	2371	2394	2239
558	Howell, David	2656	2015	2644	26	2747	2784	222
559	Kalinitschew, Sergey	2656	1997	2610	144	2560	2595	429
560	Kovalev, Andrei	2656	1992	2601	60	2595	2635	487

Top 2022 Chessplayers of All Time, by H. Melao Jr., www.saturnov.org

N	Nomes	R Defl	Ano	R Abs	Rank	FIDE	USCF	RA
561	Lasker, Edward	2656	1910	2447	17	2389	2406	3617
562	Saric, Ivan	2656	2015	2644	42	2749	2792	223
563	Sermek, Drazen	2656	1997	2610	68	2586	2617	428
564	Sorokin, Maxim	2656	1998	2612	60	2568	2601	417
565	Stohl, Igor	2656	1993	2603	87	2572	2608	472
566	Ubilava, Elizbar	2656	1998	2612	52	2564	2593	416
567	Forintos, Gyozo Victor	2655	1970	2559	42	2439	2470	895
568	Golod, Vitali	2655	2000	2615	88	2616	2653	388
569	Lesiege, Alexandre	2655	1997	2609	109	2606	2637	437
570	Penrose, Jonathan	2655	1968	2555	34	2451	2473	945
571	Sadvakasov, Darmen	2655	2004	2622	47	2607	2645	337
572	Ulybin, Mikhail	2655	1991	2598	57	2603	2644	508
573	Cifuentes Parada, Roberto	2654	1987	2589	79	2560	2592	570
574	Ghinda, Mihail Viorel	2654	1987	2589	106	2442	2472	571
575	Hansen, Lars Bo	2654	1992	2599	86	2572	2604	501
576	Miton, Kamil	2654	2006	2625	88	2669	2710	319
577	Moskalenko, Viktor	2654	1992	2599	156	2578	2612	503
578	Shcherbakov, Ruslan	2654	1992	2599	109	2537	2583	502
579	Smirnov, Pavel	2654	2004	2621	44	2653	2692	343
580	Zelcic, Robert	2654	1998	2610	90	2620	2657	430
581	Cuellar Gacharna, Miguel	2653	1953	2525	30	2398	2414	1391
582	Dubov, Daniil	2653	2017	2644	43	2754	2793	221
583	Hebden, Mark	2653	2000	2613	69	2627	2664	407
584	Ikonnikov, Vyacheslav	2653	1997	2607	81	2648	2684	450
585	Kosashvili, Yona	2653	1994	2601	83	2513	2554	482
586	Kryvoruchko, Yuriy	2653	2016	2643	31	2761	2799	229
587	Malisauskas, Vidmantas	2653	1992	2598	130	2557	2595	510
588	Messing, Hrvoje	2653	1968	2553	52	2394	2392	978
589	Papaioannou, Ioannis	2653	1998	2609	70	2693	2732	438
590	Ragger, Markus	2653	2011	2633	38	2751	2792	273
591	Richter, Kurt Paul	2653	1935	2491	20	2418	2431	2120
592	Sakharov, Yuri N	2653	1968	2553	48	2442	2467	977
593	Watson, William N	2653	1992	2598	118	2499	2536	509
594	Antoshin, Vladimir S	2652	1963	2542	35	2449	2470	1104
595	Corden, Martyn J	2652	1969	2554	154	2354	2369	963
596	Foltys, Jan	2652	1938	2496	23	2420	2437	1987
597	Hammer, Jon Ludvig	2652	2015	2640	47	2732	2779	243
598	Kuijf, Marinus	2652	1989	2591	83	2471	2504	557
599	Lein, Anatoly	2652	1979	2572	35	2463	2487	740
600	Meier, Georg	2652	2010	2630	71	2718	2752	286

N	Nomes	R Defl	Ano	R Abs	Rank	FIDE	USCF	RA
601	Nguyen, Ngoc Truong Son	2652	2014	2638	54	2693	2737	252
602	Postny, Evgeny	2652	2008	2627	47	2723	2760	306
603	Xu, Jun	2652	1986	2585	41	2556	2597	610
604	Zarnicki, Pablo Adrian	2652	1995	2602	100	2534	2567	474
605	Zytogorski, Adolf	2652	1855	2340	9	2315	2295	11563
606	Addison, William	2651	1965	2545	40	2423	2450	1075
607	De Vere, Cecil Valentine	2651	1868	2364	9	2345	2361	9182
608	Kieseritzky, Lionel Adalbert BF	2651	1847	2324	3	2323	2321	13424
609	Muffang, Andre	2651	1923	2467	31	2337	2359	2835
610	Porges, Moritz	2651	1892	2409	26	2322	2315	5670
611	Sellman, Alexander	2651	1883	2392	27	2328	2322	6790
612	Sulskis, Sarunas	2651	2001	2612	51	2622	2660	410
613	Westerinen, Heikki MJ	2651	1975	2564	58	2454	2490	841
614	Alapin, Simon	2650	1902	2426	10	2365	2392	4633
615	Breyer, Gyula	2650	1920	2460	12	2390	2415	3060
616	Chiburdanidze, Maia	2650	1993	2597	114	2533	2574	515
617	Flear, Glenn C	2650	1988	2587	107	2568	2605	597
618	Groszpeter, Attila	2650	1996	2602	129	2565	2603	476
619	Gupta, Abhijeet	2650	2012	2632	85	2721	2763	277
620	Kempinski, Robert	2650	2005	2619	62	2664	2703	359
621	Kogan, Artur	2650	2001	2611	132	2617	2654	421
622	Koltanowski, George	2650	1935	2488	19	2416	2440	2195
623	Marjanovic, Slavoljub	2650	1983	2578	45	2502	2537	687
624	Nemet, Ivan	2650	1979	2570	102	2449	2477	756
625	Roedl, Ludwig	2650	1947	2510	20	2418	2441	1658
626	Steiner, Herman	2650	1945	2507	35	2407	2427	1725
627	Ulvestad, Olaf	2650	1939	2496	90	2325	2356	1991
628	Weinstein, Norman	2650	1973	2559	41	2427	2444	888
629	Acebal Muniz, Antonio	2649	1987	2584	379	2419	2451	620
630	Henley, Ron W	2649	1983	2577	48	2450	2473	699
631	Mamedov, Rauf	2649	2017	2640	38	2744	2789	239
632	Napier, William Ewart	2649	1904	2429	14	2386	2409	4498
633	Pleci, Isaias	2649	1939	2495	22	2395	2417	2021
634	Todorcevic, Miodrag	2649	1989	2588	83	2468	2495	584
635	Bartel, Mateusz	2648	2012	2630	99	2711	2754	287
636	Bauer, Johann Hermann	2648	1890	2402	7	2356	2370	6083
637	Bischoff, Klaus	2648	1999	2606	71	2589	2627	452
638	Bondarevsky, Igor Tsakharovich	2648	1940	2495	35	2396	2420	1997
639	Malich, Burkhard	2648	1976	2563	50	2458	2484	850
640	Schwartzman, Aaron	2648	1936	2488	34	2359	2342	2199

N	Nomes	R Defl	Ano	R Abs	Rank	FIDE	USCF	RA
641	Tate, Leslie S	2648	1967	2546	342	2321	2304	1066
642	Agrest, Evgenij	2647	2003	2612	63	2634	2666	414
643	Feller, Sebastien	2647	2010	2625	65	2661	2704	314
644	Hou, Yifan	2647	2014	2633	31	2720	2761	275
645	Ivanisevic, Ivan	2647	2009	2623	51	2720	2765	329
646	Luther, Thomas	2647	2001	2608	112	2619	2656	439
647	Wassin, Sergej	2647	1992	2592	544	2448	2482	549
648	Yates, Frederick Dewhurst	2647	1924	2464	12	2407	2421	2901
649	Csom, Istvan	2646	1976	2561	37	2463	2491	872
650	Elder, Frederic	2646	1874	2370	10	2335	2322	8594
651	Guimard, Carlos Enrique	2646	1951	2514	22	2422	2442	1574
652	Gyimesi, Zoltan	2646	2005	2615	46	2678	2724	386
653	Pavasovic, Dusko	2646	2002	2609	82	2612	2651	435
654	Saidy, Anthony Fred	2646	1967	2544	44	2432	2452	1083
655	Yrjola, Jouni	2646	1990	2587	71	2463	2495	599
656	Berlinsky, Vladimir	2645	1990	2586	220	2447	2467	607
657	Edouard, Romain	2645	2012	2627	65	2716	2753	304
658	Hamdouchi, Hicham	2645	1998	2601	62	2653	2694	484
659	Hector, Jonny	2645	1992	2590	64	2610	2653	568
660	Ivanovic, Bozidar	2645	1990	2586	55	2472	2511	606
661	Kovalenko, Igor	2645	2013	2629	49	2734	2773	291
662	Lima, Darcy Gustavo Macha	2645	2000	2605	91	2661	2691	457
663	Nyback, Tomi	2645	2008	2620	41	2664	2703	355
664	Shneider, Aleksandr	2645	1993	2592	86	2561	2594	551
665	Suder, Ryszard	2645	1991	2588	118	2439	2460	587
666	Tan, Hiong Liong	2645	1960	2530	87	2403	2409	1313
667	Vajda, Levente	2645	2002	2608	131	2655	2691	440
668	Wilder, Michael	2645	1987	2580	79	2457	2482	666
669	Zhou, Jianchao	2645	2011	2625	65	2673	2707	316
670	Boncourt, Hyacinthe Henri	2645	1836	2298	1	0	0	17239
671	Davies, Arthur William	2644	1914	2443	17	2353	2339	3817
672	Galliamova, Alisa	2644	1987	2579	211	2551	2596	675
673	Kacheishvili, Giorgi	2644	2001	2605	66	2622	2661	453
674	Kveinys, Aloyzas	2644	1991	2587	145	2625	2659	601
675	Lastin, Alexander	2644	2002	2607	78	2622	2660	449
676	Mainka, Romuald	2644	1994	2592	126	2562	2598	544
677	Pietzsch, Wolfgang	2644	1965	2538	37	2426	2458	1156
678	Reinderman, Dimitri	2644	1999	2602	136	2658	2702	478
679	Shamkovich, Leonid Alexandrovic	2644	1965	2538	41	2446	2466	1157
680	Spangenberg, Hugo	2644	1996	2596	138	2535	2562	518

N	Nomes	R Defl	Ano	R Abs	Rank	FIDE	USCF	RA
681	Bird, Henry Edward	2643	1880	2378	9	2344	2382	7873
682	Burmakin, Vladimir	2643	2003	2608	65	2651	2692	443
683	Dvoretzky, Mark	2643	1975	2556	42	2441	2466	923
684	Garcia Gonzales, Guillermo	2643	1975	2556	64	2440	2466	924
685	Kolev, Atanas	2643	1999	2601	74	2605	2643	485
686	Kupchik, Abraham	2643	1923	2459	16	2392	2409	3131
687	Marin, Mihail	2643	2000	2603	100	2645	2685	471
688	Mikenas, Vladas Ivanovich	2643	1939	2489	31	2396	2421	2181
689	Pelletier, Yannick	2643	2003	2608	61	2635	2676	442
690	Sandipan, Chanda	2643	2010	2621	76	2664	2707	341
691	Sigurjonsson, Gudmundur	2643	1976	2558	46	2450	2475	905
692	Slobodjan, Roman	2643	1998	2599	104	2566	2603	498
693	Denker, Arnold Sheldon	2642	1944	2497	15	2396	2421	1958
694	Gagunashvili, Merab	2642	2006	2613	106	2634	2663	402
695	Galkin, Alexander	2642	2000	2602	60	2621	2666	480
696	Ivanov, Sergey	2642	1995	2592	160	2557	2598	545
697	Rodriguez Vila, Andres	2642	1996	2594	83	2641	2668	536
698	Tyomkin, Dimitri	2642	2001	2603	197	2554	2595	467
699	Beim, Valery	2641	1998	2597	69	2546	2577	513
700	Engels, Ludwig	2641	1939	2487	29	2413	2430	2241
701	Ghaem Maghami, Ehsan	2641	2004	2608	124	2667	2701	445
702	Gharamian, Tigran	2641	2011	2621	48	2699	2742	342
703	Moller, Jorgen	2641	1901	2415	10	2361	2352	5232
704	Movsziszian, Karen	2641	1993	2588	207	2614	2649	590
705	Renet, Olivier	2641	1992	2586	94	2578	2624	609
706	Vukic, Milan	2641	1976	2556	63	2499	2534	928
707	Balla, Zoltan	2640	1911	2433	14	2328	2348	4270
708	Barry, John Finan	2640	1904	2420	26	2299	2289	4957
709	Keene, Raymond	2640	1975	2553	52	2452	2475	973
710	Kruppa, Yuri	2640	1995	2590	123	2547	2586	563
711	Lipnitsky, Isaak	2640	1950	2506	29	2384	2400	1741
712	Osnos, Viatcheslav	2640	1969	2542	50	2435	2457	1115
713	Predojevic, Borki	2640	2007	2613	73	2682	2722	403
714	Savchenko, Boris	2640	2008	2615	113	2662	2705	389
715	Smeets, Jan	2640	2009	2616	55	2671	2720	378
716	Baramidze, David	2639	2007	2612	141	2664	2702	419
717	Guseinov, Gadir	2639	2008	2614	51	2743	2786	397
718	Ilincic, Zlatko	2639	1997	2593	90	2542	2585	539
719	Malakhatko, Vadim	2639	2006	2610	104	2626	2662	431
720	Planinc, Albin	2639	1973	2548	67	2442	2468	1038

Top 2022 Chessplayers of All Time, by H. Melao Jr., www.saturnov.org

N	Nomes	R Defl	Ano	R Abs	Rank	FIDE	USCF	RA
721	Rustemov, Alexander	2639	2001	2600	85	2597	2637	490
722	Simagin, Vladimir Pavlovich	2639	1968	2539	38	2427	2454	1149
723	Viner, William Samuel	2639	1913	2436	26	2336	2355	4141
724	Yerhoff, Frank J	2639	1946	2498	100	2336	2321	1935
725	De Souza Mendes, Joao	2639	1930	2505	66	2327	2349	1760
726	Adhiban, Baskaran	2638	2015	2626	47	2743	2781	312
727	Ahues, Carl Oscar	2638	1930	2467	15	2401	2416	2831
728	Aronin, Lev Solomonovich	2638	1951	2506	35	2415	2434	1745
729	Delgado Ramirez, Neuris	2638	2015	2626	54	2759	2784	313
730	Dittmann, Sieghart	2638	1954	2512	93	2357	2371	1629
731	Fernandez de Pablo, Miguel Angel	2638	1989	2577	224	2383	2392	697
732	Fier, Alexandr	2638	2009	2614	92	2691	2727	391
733	Frydman, Paulino	2638	1938	2482	19	2410	2417	2389
734	Gustafsson, Jan	2638	2008	2613	57	2700	2732	408
735	Plaskett, H James	2638	1990	2579	59	2540	2579	676
736	Radulov, Ivan	2638	1972	2545	44	2451	2476	1072
737	Ree, Hans	2638	1979	2558	47	2444	2467	896
738	Schmidt, Wlodzimierz	2638	1976	2553	67	2446	2480	979
739	Schweber, Samuel	2638	1973	2547	53	2450	2473	1051
740	Thinnsen, James A	2638	1981	2562	1481	2339	2326	858
741	Wedberg, Tom Birger	2638	1984	2568	77	2517	2547	794
742	Babula, Vlastimil	2637	2003	2602	91	2639	2680	475
743	Brunner, Lucas	2637	1989	2576	188	2476	2507	704
744	Dao, Thien Hai	2637	1995	2587	74	2579	2614	595
745	Garcia Palermo, Carlos H	2637	1986	2570	103	2548	2580	754
746	Kubbel, Arvid Ivanovich K	2637	1924	2454	17	2334	2345	3311
747	Negi, Parimarjan	2637	2012	2619	86	2704	2741	358
748	Peng, Xiaomin	2637	2000	2597	81	2543	2581	514
749	Staudte, Hans Hilmar	2637	1951	2505	31	2380	2392	1762
750	Veingold, Aleksandr	2637	1998	2593	109	2567	2595	541
751	Aladjova, Katrin	2636	1987	2571	2313	2320	2305	746
752	Bobotsov, Milko Georgiev	2636	1968	2536	62	2439	2462	1195
753	Comas Fabrego, Luis	2636	1993	2583	79	2538	2573	636
754	Falkenhagen, Erich	2636	1987	2571	1188	2343	2327	745
755	Firouzja, Alireza	2636	2019	2631	24	2755	2792	281
756	Haba, Petr	2636	1996	2588	161	2569	2611	582
757	King, Daniel J	2636	1989	2575	115	2529	2566	713
758	Koehler, Gustav Henschel	2636	1905	2418	22	2341	2331	5090
759	London, Dimitri	2636	1985	2568	66	2405	2428	795
760	Mokry, Karel	2636	1991	2579	70	2476	2500	678

Top 2022 Chessplayers of All Time, by H. Melao Jr., www.saturnov.org

N	Nomes	R Defl	Ano	R Abs	Rank	FIDE	USCF	RA
761	Neverov, Valeriy	2636	1992	2581	93	2586	2625	659
762	Podgaets, Mikhail	2636	1972	2543	45	2449	2485	1094
763	Rajkovic, Dusan	2636	1982	2562	87	2487	2519	862
764	Solozhenkin, Evgeniy	2636	1993	2583	96	2527	2562	637
765	Volzhin, Alexander	2636	2000	2596	123	2555	2591	524
766	Zaitsev, Alexander N	2636	1968	2536	46	2434	2454	1194
767	Zherebukh, Yaroslav	2636	2012	2618	130	2663	2714	364
768	Abramovic, Bosko	2635	1983	2563	134	2534	2573	849
769	Anastasian, Ashot	2635	1994	2583	92	2603	2640	627
770	Arbakov, Valentin	2635	1990	2576	124	2517	2543	707
771	Bukic, Enver	2635	1962	2524	65	2431	2452	1415
772	Fishbein, Alexander	2635	1991	2578	174	2504	2539	688
773	Koneru, Humpy	2635	2009	2611	111	2658	2701	422
774	Kovalev, Vladislav	2635	2018	2628	93	2751	2787	295
775	Melkumyan, Hrant	2635	2014	2621	75	2730	2772	346
776	Rosenthal, Samuel	2635	1883	2376	4	2347	2376	8075
777	Schiffers, Emanuel Stepanovich	2635	1902	2411	12	2355	2386	5486
778	Shariyazdanov, Andrey	2635	1998	2591	156	2583	2617	559
779	Slipak, Sergio	2635	1995	2585	246	2548	2573	613
780	Strikovic, Aleksa	2635	1995	2585	82	2614	2649	612
781	De Labourdonnais, Louis Charles Mahe	2635	1834	2284	1	0	0	19402
782	Diez del Corral, Jesus	2634	1973	2543	53	2447	2467	1098
783	Fernandez Aguado, Juan Luis	2634	1987	2569	438	2358	2387	769
784	Ganguly, Surya Shekhar	2634	2010	2612	56	2723	2759	412
785	Horvath, Jozsef	2634	1990	2575	108	2575	2611	715
786	L'Ami, Erwin	2634	2013	2618	71	2697	2737	366
787	Lupulescu, Constantin	2634	2014	2620	66	2709	2747	353
788	Schussler, Harry	2634	1987	2569	107	2434	2453	768
789	Timoshenko, Georgy	2634	1998	2590	113	2591	2627	565
790	Turov, Maxim	2634	2011	2614	106	2683	2723	393
791	Vadasz, Laszlo	2634	1979	2554	119	2445	2472	953
792	Weinstein, Raymond Allen	2634	1963	2524	43	2416	2438	1398
793	Philidor, Francois Andre Dani	2634	1749	2185	1	0	0	39525
794	Cori, Jorge Moise	2633	2018	2626	27	2756	2790	307
795	Janjgava, Lasha	2633	1987	2568	322	2427	2459	786
796	Lu, Shanglei	2633	2015	2621	104	2689	2728	347
797	Miezis, Normunds	2633	2000	2593	107	2632	2671	543
798	Rudenskij, Nikolai	2633	1988	2570	61	2440	2455	761
799	Sherwin, James T	2633	1957	2512	49	2416	2435	1614
800	Sjugirov, Sanan	2633	2013	2617	56	2722	2768	370

Top 2022 Chessplayers of All Time, by H. Melao Jr., www.saturnov.org

N	Nomes	R Defl	Ano	R Abs	Rank	FIDE	USCF	RA
801	Spasov, Vasil	2633	1996	2585	98	2621	2657	615
802	Wen, Yang	2633	2012	2615	89	2664	2703	383
803	Amin, Bassem	2632	2018	2625	61	2760	2798	315
804	Antunes, Antonio	2632	1996	2584	105	2511	2542	621
805	Bachmann, Axel	2632	2017	2623	88	2738	2780	330
806	Degraeve, Jean Marc	2632	2001	2593	93	2655	2690	538
807	Ionescu, Constantin	2632	1994	2580	99	2488	2522	663
808	Knezevic, Milorad	2632	1976	2547	44	2440	2462	1053
809	Padevsky, Nikola Bochev	2632	1964	2524	42	2435	2453	1403
810	Pinkus, Albert Sidney	2632	1940	2479	42	2342	2348	2454
811	Amonatov, Farrukh	2631	2007	2604	70	2717	2751	463
812	Barbero, Gerardo F	2631	1987	2566	153	2448	2482	811
813	Borovikov, Vladislav	2631	2002	2594	110	2624	2654	533
814	Cela, Altin	2631	1998	2587	229	2505	2544	600
815	Gofshtein, Leonid D	2631	1999	2589	190	2561	2597	576
816	Kmoch, Hans	2631	1930	2460	37	2387	2411	3078
817	Kuppe, Wilhelm	2631	1939	2477	22	2329	2323	2541
818	Machulsky, Anatoly D	2631	1991	2574	92	2450	2476	726
819	Rechlis, Gad	2631	1988	2568	93	2498	2546	788
820	San Segundo Carrillo, Pablo	2631	1995	2581	194	2542	2582	651
821	Shchekachev, Andrei	2631	2002	2594	122	2592	2629	534
822	Stangl, Markus	2631	1995	2581	139	2500	2538	650
823	Stellwagen, Daniel	2631	2007	2604	58	2640	2679	462
824	Wolf, Heinrich	2631	1904	2411	16	2364	2391	5506
825	Leonardo, Giovanni Da Cutro	2630	1580	2077	1	0	0	66815
826	Anton Guijarro, David	2630	2019	2625	37	2759	2798	317
827	Antonio, Rogelio Jr	2630	1991	2573	139	2573	2616	735
828	Arencibia Rodriguez, Walter	2630	1996	2582	175	2560	2603	642
829	Belov, Vladimir	2630	2005	2599	91	2640	2688	497
830	Blatny, Pavel	2630	1996	2582	111	2521	2560	640
831	Cukierman, Josef	2630	1930	2459	26	2351	2350	3126
832	Czerniak, Moshe	2630	1954	2504	34	2407	2422	1792
833	Dizdarevic, Emir	2630	1988	2567	101	2602	2643	803
834	Djurhuus, Rune	2630	1996	2582	157	2543	2577	641
835	Garcia, Raimundo	2630	1963	2520	77	2429	2454	1471
836	Grandelius, Nils	2630	2018	2623	55	2752	2793	332
837	Khairullin, Ildar	2630	2010	2608	82	2679	2720	441
838	Parligras, Mircea Emilian	2630	2011	2610	84	2716	2752	427
839	Rogoff, Kenneth	2630	1978	2548	74	2448	2465	1035
840	Rukavina, Josip	2630	1973	2539	54	2489	2524	1143

N	Nomes	R Defl	Ano	R Abs	Rank	FIDE	USCF	RA
841	Alexander, Conel Hugh O'Donel	2629	1956	2506	50	2411	2428	1735
842	Balogh, Csaba	2629	2014	2615	63	2698	2745	387
843	Frias Pablaza, Victor J	2629	1988	2566	77	2472	2508	813
844	Gallagher, Joseph G	2629	1989	2568	145	2564	2598	791
845	Gareyev, Timur	2629	2012	2611	60	2680	2716	424
846	Heinicke, Herbert	2629	1949	2493	47	2408	2427	2057
847	Ilivitzki, Georgi A	2629	1956	2506	38	2396	2415	1734
848	Littlewood, Paul E	2629	1981	2553	109	2424	2451	968
849	Maghsoodloo, Parham	2629	2019	2624	51	2744	2786	324
850	Michel, Paul	2629	1945	2486	21	2404	2424	2270
851	Nagy, Geza1	2629	1926	2450	26	2365	2384	3483
852	Stephan, Werner	2629	1950	2495	103	2345	2356	2010
853	Vasquez Schroder, Rodrigo Rafael	2629	1994	2577	155	2612	2644	693
854	Zaitsev, Igor A	2629	1970	2533	66	2431	2460	1258
855	Cramling, Pia	2628	1996	2580	117	2580	2618	667
856	Crepan, Marjan	2628	1989	2567	589	2431	2466	804
857	Djuric, Stefan	2628	1983	2556	141	2527	2561	925
858	Giardelli, Sergio Carlos	2628	1994	2576	135	2494	2523	701
859	Golubev, Mikhail	2628	1999	2586	113	2527	2566	608
860	Hartston, William R	2628	1973	2537	60	2435	2455	1167
861	Ionov, Sergey	2628	1996	2580	133	2556	2590	668
862	Klovans, Janis	2628	1969	2530	49	2560	2593	1314
863	Rey Ardid, Ramon	2628	1936	2468	25	2383	2398	2790
864	Azarov, Sergei Nikolaevich	2627	2012	2609	81	2674	2718	436
865	Corzo y Prinzipe, Juan	2627	1901	2401	21	2291	2277	6113
866	Dobierzin, Olaf	2627	1980	2549	73	2380	2389	1022
867	Garcia, Gildardo	2627	1994	2575	193	2480	2511	710
868	Kantsler, Boris	2627	1987	2562	110	2508	2548	855
869	Marovic, Drazen	2627	1973	2536	98	2432	2457	1187
870	Mason, William Edward	2627	1912	2422	29	2338	2331	4857
871	Rowson, Jonathan	2627	2006	2598	121	2615	2655	507
872	Safarli, Eltaj	2627	2016	2617	37	2742	2775	377
873	Shulman, Yuri	2627	2007	2600	89	2631	2664	495
874	Vazquez Igarza, Renier	2627	1991	2570	141	2653	2690	764
875	Averkin, Orest Nikolaevich	2626	1969	2528	118	2405	2421	1346
876	Bocharov, Dmitry	2626	2008	2601	135	2636	2675	488
877	Dgebuadze, Alexandre	2626	1999	2584	120	2614	2645	624
878	Gelashvili, Tamaz	2626	2001	2587	104	2621	2657	591
879	Gutman, Lev	2626	1984	2556	107	2574	2603	929
880	Hillarp Persson, Tiger	2626	1999	2584	124	2648	2683	625

Top 2022 Chessplayers of All Time, by H. Melao Jr., www.saturnov.org

N	Nomes	R Defl	Ano	R Abs	Rank	FIDE	USCF	RA
881	Minic, Dragoljub	2626	1971	2531	50	2431	2456	1283
882	Naumkin, Igor	2626	1990	2567	87	2560	2601	805
883	Nikolaidis, Ioannis	2626	1996	2578	121	2636	2667	683
884	Nyzhnyk, Illya	2626	2012	2608	74	2718	2753	448
885	Piorun, Kacper	2626	2015	2614	63	2735	2775	396
886	Dizdar, Goran	2625	1995	2575	157	2583	2624	711
887	Enders, Peter	2625	1998	2581	192	2530	2575	655
888	Gilg, Karl	2625	1939	2471	40	2394	2414	2708
889	Kohler, Anton	2625	1940	2472	25	2378	2402	2650
890	Kuczynski, Robert	2625	1992	2570	108	2509	2544	767
891	Loewenborg, Otto	2625	1916	2428	64	2299	2285	4566
892	Otero Martin, Enrique	2625	1974	2536	127	2363	2374	1190
893	Pogorelov, Ruslan	2625	1994	2573	176	2524	2562	730
894	Voitsekhovsky, Stanislav	2625	1998	2581	221	2523	2558	656
895	Al Modiahki, Mohamad	2624	2003	2589	121	2576	2612	572
896	Baratz, Abraham	2624	1930	2453	22	2367	2387	3377
897	Barua, Dibyendu	2624	1990	2565	151	2514	2549	830
898	Braude, Mikhail	2624	1992	2569	338	2358	2358	779
899	Fernandez Garcia, Jose Luis	2624	1990	2565	161	2598	2631	831
900	Flamberg, Alexander Dawidowic	2624	1912	2419	32	2300	2332	5014
901	Komljenovic, Davorin	2624	1996	2576	124	2565	2596	703
902	Korotylev, Alexey	2624	2004	2591	95	2604	2643	555
903	Orlov, Georgi	2624	1992	2569	132	2522	2567	776
904	Palatnik, Semon	2624	1978	2542	60	2465	2494	1103
905	Pavey, Max	2624	1948	2486	33	2391	2407	2246
906	Rivas Pastor, Manuel	2624	1992	2569	186	2565	2601	778
907	Sahovic, Dragutin	2624	1980	2546	101	2437	2459	1060
908	Sher, Miron Naumovich	2624	1993	2571	170	2493	2518	753
909	Skembris, Spyridon	2624	1992	2569	177	2535	2564	777
910	McDonnell, Alexander	2624	1826	2258	1	0	0	23938
911	Blehm, Pawel	2623	2000	2583	177	2538	2571	635
912	Broadbent, Reginald Joseph	2623	1945	2480	109	2309	2333	2442
913	Johansen, Darryl Keith	2623	1990	2564	134	2547	2584	840
914	Mareco, Sandro	2623	2016	2613	64	2740	2775	409
915	Seret, Jean Luc	2623	1984	2553	95	2455	2490	981
916	Tischbierek, Raj	2623	1987	2558	123	2537	2571	897
917	Bledow, Ludwig Erdmann	2622	1835	2274	1	0	0	21069
918	Alekseenko, Kirill	2622	2019	2617	41	2747	2790	369
919	Drozdovskij, Yuri	2622	2006	2593	99	2648	2686	542
920	Emma, Jaime	2622	1980	2544	81	2434	2457	1081

N	Nomes	R Defl	Ano	R Abs	Rank	FIDE	USCF	RA
921	Falkbeer, Ernst Karl	2622	1854	2309	8	2290	2298	15674
922	Gaprindashvili, Nona	2622	1963	2512	63	2435	2469	1604
923	Martius, Ottokar	2622	1958	2503	109	2345	2333	1803
924	Milic, Borislav	2622	1953	2494	44	2401	2418	2048
925	Opocensky, Karel	2622	1935	2460	35	2392	2410	3056
926	Pavlovic, Milos	2622	1998	2578	211	2573	2617	684
927	Quesada Perez, Yuniesky	2622	2013	2606	73	2708	2746	451
928	Rausis, Igors	2622	1997	2576	132	2698	2728	705
929	Roca, Petronio	2622	1990	2563	110	2413	2432	847
930	Tatai, Stefano	2622	1978	2540	84	2474	2507	1132
931	Waters, Peter John	2622	1973	2531	303	2360	2341	1290
932	Lopez de Segura, Ruy	2622	1575	2066	1	0	0	69532
933	Chistiakov, Alexander Nikolaevi	2621	1936	2461	53	2338	2374	3022
934	Ciocaltea, Victor	2621	1963	2511	51	2429	2453	1632
935	Erenburg, Sergey	2621	2005	2590	134	2620	2658	564
936	Gossip, George Hatfeild	2621	1887	2369	62	2296	2287	8669
937	Gretarsson, Helgi Ass	2621	1999	2579	109	2526	2563	680
938	Hansen, Sune Berg	2621	1999	2579	97	2640	2672	679
939	Janata, Michael	2621	1963	2511	76	2388	2408	1633
940	Lederman, Leon S	2621	1975	2534	168	2430	2464	1228
941	Meduna, Eduard	2621	1987	2556	100	2497	2537	917
942	Mukhin, Mikhail A	2621	1972	2528	90	2411	2432	1336
943	Oratovsky, Michael	2621	2002	2584	150	2569	2603	619
944	Schmaltz, Roland	2621	2000	2581	111	2559	2601	660
945	Tolnai, Tibor	2621	1993	2568	137	2491	2527	796
946	Bohatirchuk, Fedor Parfenovich	2620	1946	2479	19	2389	2412	2473
947	Braga, Fernando Alberto	2620	1987	2555	234	2472	2507	935
948	De la Villa Garcia, Jesus Maria	2620	1994	2568	252	2539	2568	784
949	Deacon, Frederic	2620	1860	2318	16	2317	2305	14331
950	Emms, John M	2620	1997	2574	172	2556	2595	725
951	Hoffman, Alejandro	2620	1998	2576	268	2593	2631	708
952	Horvath, Csaba	2620	1995	2570	250	2605	2636	759
953	Izeta Txabarri, Felix	2620	1993	2567	361	2495	2528	809
954	Koshnitsky, Gregory Simon	2620	1934	2456	26	2372	2391	3238
955	Marchand, Max	2620	1917	2424	34	2327	2349	4740
956	Nevednichy, Vladislav	2620	2000	2580	134	2654	2691	670
957	Oral, Tomas	2620	1999	2578	172	2568	2609	689
958	Podzielny, Karl Heinz	2620	2001	2581	104	2575	2610	646
959	Popov, Valerij	2620	2001	2581	170	2589	2624	647
960	Salgado Lopez, Ivan	2620	2013	2604	73	2712	2752	461

Top 2022 Chessplayers of All Time, by H. Melao Jr., www.saturnov.org

N	Nomes	R Defl	Ano	R Abs	Rank	FIDE	USCF	RA
961	Simonson, Albert Charles	2620	1940	2467	31	2366	2390	2806
962	Zeitlein, Michael	2620	1981	2544	71	2459	2483	1082
963	Zhidkov, Valery S	2620	1977	2537	51	2418	2442	1177
964	Ziatdinov, Raset	2620	1997	2574	169	2493	2525	724
965	Bielicki, Carlos	2619	1959	2502	157	2371	2398	1832
966	Dydyshko, Viacheslav	2619	1995	2569	124	2585	2625	770
967	Gajewski, Grzegorz	2619	2012	2601	95	2695	2736	483
968	Georgiev, Krum	2619	1993	2566	132	2523	2557	821
969	Grefe, John Alan	2619	1974	2530	56	2418	2436	1309
970	Kiik, Kalle	2619	1997	2573	98	2528	2559	733
971	Maksimenko, Andrei	2619	1995	2569	159	2590	2641	771
972	Markus, Robert	2619	2005	2588	65	2716	2755	585
973	Meijers, Viesturs	2619	2000	2579	139	2581	2619	682
974	Motwani, Paul	2619	1988	2556	172	2550	2584	919
975	Nikolac, Juraj	2619	1979	2539	80	2464	2495	1142
976	Pantsulaia, Levan	2619	2006	2590	93	2686	2725	566
977	Petrosian, Arshak B	2619	1984	2549	96	2471	2500	1031
978	Zagorskis, Darius	2619	1996	2571	147	2541	2581	749
979	Berg, Emanuel	2618	2007	2591	120	2659	2690	561
980	Forgacs, Leo	2618	1907	2404	13	2352	2377	5964
981	Ghitescu, Theodor	2618	1956	2495	60	2410	2428	2002
982	Guliyev, Namig	2618	2006	2589	189	2621	2656	574
983	Jonkman, Harmen	2618	2001	2579	247	2532	2566	673
984	Khasin, Abram Iosifovich	2618	1969	2520	54	2429	2450	1492
985	Kokarev, Dmitry	2618	2012	2600	116	2690	2726	492
986	Nataf, Igor Alexandre	2618	2000	2578	107	2584	2628	691
987	Novotelnov, Nikolay Alexandrovi	2618	1947	2478	118	2304	2295	2478
988	Platonov, Igor V	2618	1972	2525	59	2425	2450	1384
989	Ruck, Robert	2618	2002	2581	98	2619	2657	649
990	Staller, Peter	2618	1969	2520	101	2384	2407	1493
991	Berelowitsch, Alexander	2617	2002	2580	104	2614	2651	664
992	Bukavshin, Ivan	2617	2015	2605	76	2688	2732	455
993	Davies, Nigel Rodney	2617	1994	2565	196	2513	2549	822
994	Fichtl, Jiri	2617	1958	2498	60	2408	2431	1924
995	Hebert, Jean	2617	1985	2549	133	2527	2556	1033
996	Ismailova, Parvana	2617	1992	2562	333	2392	2407	864
997	Kottnauer, Cenek	2617	1952	2487	42	2422	2437	2231
998	Mednis, Edmar John	2617	1978	2535	58	2427	2450	1201
999	Meyer, Eugene B	2617	1973	2526	111	2400	2423	1368
1000	Ornstein, Axel	2617	1974	2528	107	2432	2458	1342

N	Nomes	R Defl	Ano	R Abs	Rank	FIDE	USCF	RA
1001	Ostermeyer, Peter	2617	1988	2554	111	2442	2479	956
1002	Peralta, Fernando	2617	2004	2584	129	2671	2711	622
1003	Vukcevich, Milan R	2617	1975	2530	54	2419	2434	1310
1004	Wisker, John	2617	1870	2334	18	2270	2290	12378
1005	Ye, Rongguang	2617	1990	2558	121	2484	2510	901
1006	Jinova, Lucie	2616	1993	2563	615	2383	2376	852
1007	Judd, Max	2616	1875	2342	10	2339	2357	11405
1008	Konstantinopolsky, Alexander Markovich	2616	1948	2478	42	2372	2393	2484
1009	Mastrovasilis, Dimitrios	2616	2004	2583	94	2665	2700	631
1010	Matisons, Hermanis	2616	1931	2447	24	2361	2385	3652
1011	Ogaard, Leif	2616	1976	2531	94	2453	2492	1299
1012	Rachels, Stuart	2616	1989	2555	120	2440	2461	940
1013	Romero Holmes, Alfonso	2616	1990	2557	157	2557	2591	910
1014	Rotstein, Arkadij	2616	2002	2579	243	2594	2632	674
1015	Schumacher, Olaf	2616	1990	2557	790	2376	2408	911
1016	Shimanov, Aleksandr	2616	2013	2600	64	2693	2732	493
1017	Stocek, Jiri	2616	2003	2581	151	2667	2705	652
1018	Swiderski, Rudolf	2616	1904	2396	21	2345	2370	6492
1019	Vitolinsh, Alvis	2616	1983	2544	84	2423	2442	1086
1020	Apicella, Manuel	2615	1995	2565	175	2570	2609	825
1021	Gilberg, Charles Alexander	2615	1870	2332	10	2340	2345	12603
1022	Gomez Esteban, Juan Mario	2615	1993	2562	202	2539	2577	866
1023	Kotsur, Pavel	2615	1999	2573	127	2601	2638	736
1024	Levitt, Jonathan	2615	1988	2552	162	2444	2478	987
1025	Murshed, Niaz	2615	1988	2552	217	2525	2554	988
1026	Niephaus, Walter	2615	1954	2489	37	2400	2419	2179
1027	Plachetka, Jan	2615	1979	2535	85	2477	2513	1202
1028	Robatsch, Karl	2615	1960	2500	41	2411	2431	1877
1029	Solak, Dragan	2615	2004	2582	96	2686	2724	643
1030	Teschner, Rudolf	2615	1951	2483	50	2401	2425	2353
1031	Vladimirov, Boris T	2615	1966	2511	48	2412	2433	1646
1032	Wainwright, George Edward Sr	2615	1909	2404	25	2324	2313	5916
1033	Zinner, Emil	2615	1938	2459	44	2363	2396	3129
1034	Brenninkmeijer, Joris	2614	1990	2555	179	2480	2514	942
1035	Budnikov, Alexandar	2614	1993	2561	143	2470	2492	874
1036	Delorme, Alban	2614	1996	2566	2692	2452	2481	814
1037	Gifford, Henry William B	2614	1878	2345	26	2279	2272	11009
1038	Kapengut, Albert Z	2614	1974	2525	66	2421	2441	1387
1039	Kristiansen, Jens	2614	1983	2542	144	2524	2567	1113
1040	Lupu, Mircea Sergiu	2614	1989	2553	388	2477	2516	969

N	Nomes	R Defl	Ano	R Abs	Rank	FIDE	USCF	RA
1041	Prie, Eric	2614	1990	2555	238	2566	2600	943
1042	Prins, Lodewijk	2614	1951	2482	29	2409	2422	2382
1043	Spiridonov, Nikola	2614	1975	2527	121	2413	2445	1360
1044	Sulava, Nenad	2614	2002	2577	177	2593	2631	694
1045	Teske, Henrik	2614	1993	2561	170	2618	2655	876
1046	Xie, Jun	2614	1993	2561	161	2531	2569	875
1047	Yandemirov, Valeri	2614	1995	2564	185	2494	2530	836
1048	Zagrebelny, Sergey	2614	1994	2562	192	2535	2573	854
1049	Akobian, Varuzhan	2613	2008	2588	91	2695	2735	589
1050	Dimitrov, Vladimir	2613	1995	2563	149	2522	2559	844
1051	Fominyh, Alexander	2613	1999	2571	142	2536	2571	751
1052	Godena, Michele	2613	1998	2569	222	2582	2617	773
1053	Goloshchapov, Alexander	2613	2002	2576	161	2584	2620	702
1054	Hellsten, Johan	2613	2005	2582	138	2590	2621	644
1055	Kanikevich, Alexander	2613	1991	2556	338	2368	2361	926
1056	Lukacs, Peter	2613	1986	2546	195	2468	2498	1058
1057	Pelikan, Jorge	2613	1937	2455	42	2378	2399	3293
1058	Perlis, Julius	2613	1909	2402	18	2350	2373	6052
1059	Schmittdiel, Eckhard	2613	1994	2561	214	2527	2554	867
1060	Vovk, Andrey	2613	2014	2599	134	2708	2744	499
1061	Zontakh, Andrey	2613	1999	2571	206	2573	2614	752
1062	Anikaev, Yuri N	2612	1982	2538	117	2409	2434	1160
1063	Demchenko, Anton	2612	2018	2605	57	2743	2776	454
1064	Ginsburg, Gennadij	2612	1997	2566	140	2569	2607	815
1065	Legky, Nikolay A	2612	1994	2560	201	2537	2571	877
1066	Lenic, Luka	2612	2011	2592	79	2713	2749	546
1067	Norwood, David	2612	1990	2553	122	2498	2535	971
1068	Piskov, Yury	2612	1992	2557	192	2457	2482	914
1069	Ruzele, Darius	2612	2001	2573	157	2541	2578	729
1070	Rytshagov, Mikhail	2612	1997	2566	222	2535	2568	816
1071	Sagalchik, Gennadij	2612	1995	2562	257	2462	2492	856
1072	Sarapu, Ortvin	2612	1949	2476	43	2353	2380	2546
1073	Thorsteins, Karl	2612	1993	2559	175	2454	2482	894
1074	De Saint Amant, Pierre Charles Four	2612	1836	2265	2	0	0	22664
1075	Albin, Adolf	2611	1890	2365	23	2292	2311	9078
1076	Hamann, Svend	2611	1973	2520	71	2420	2445	1480
1077	Hernandez Guerrero, Gilberto Eduardo	2611	1999	2569	155	2631	2668	774
1078	Keitlinghaus, Ludger	2611	1997	2565	209	2525	2561	829
1079	Klinger, Josef	2611	1989	2550	162	2451	2477	1015
1080	Makarov, Marat	2611	1992	2556	171	2522	2560	930

N	Nomes	R Defl	Ano	R Abs	Rank	FIDE	USCF	RA
1081	Poluljahov, Aleksandr	2611	1998	2567	243	2512	2545	806
1082	Rabar, Braslav	2611	1953	2483	44	2404	2420	2356
1083	Robson, Ray	2611	2016	2601	57	2722	2762	489
1084	Romanov, Evgeny	2611	2011	2591	102	2694	2734	554
1085	Schwartzman, Gabriel	2611	1994	2559	287	2469	2496	883
1086	Szen, Josef	2611	1852	2294	8	2281	2306	17808
1087	Toran Albero, Roman	2611	1951	2479	38	2399	2415	2465
1088	Van Beers, Eddy	2611	1991	2554	1463	2400	2428	960
1089	Weenink, Henri Gerard	2611	1930	2440	36	2355	2378	3966
1090	Zannoni, Fermo	2611	1883	2352	14	2332	2319	10354
1091	Zhou, Weiqi	2611	2009	2587	77	2658	2703	593
1092	Antoniewski, Rafal	2610	2010	2588	89	2638	2684	578
1093	Dobosz, Henryk	2610	1976	2525	244	2493	2522	1390
1094	Esling, Frederick Karl	2610	1895	2373	38	2293	2279	8304
1095	Gruenberg, Hans Ulrich	2610	1989	2549	131	2447	2481	1023
1096	Howell, James C	2610	1988	2547	198	2474	2499	1049
1097	Iturrizaga Bonelli, Eduardo	2610	2016	2600	68	2729	2767	496
1098	Kaplan, Julio P	2610	1980	2532	74	2421	2446	1265
1099	Kramer, Haije J	2610	1940	2457	59	2337	2359	3182
1100	Martinovic, Slobodan	2610	1980	2532	105	2477	2516	1266
1101	Shaw, Terrey Ian	2610	1968	2510	150	2349	2366	1668
1102	Sokolsky, Alexey Pavlovich	2610	1944	2465	37	2359	2381	2888
1103	Turner, Abe	2610	1955	2485	157	2317	2323	2279
1104	Wang, Zili	2610	1991	2553	143	2483	2512	976
1105	Zakharov, Alexander V	2610	1977	2527	88	2460	2493	1365
1106	Bertok, Mario	2609	1960	2494	63	2400	2417	2044
1107	Blumenfeld, Benjamin Markovich	2609	1906	2393	104	2297	2289	6724
1108	Bunzmann, Dimitrij	2609	2000	2569	163	2568	2603	780
1109	Danielsen, Henrik	2609	1995	2559	175	2589	2625	885
1110	David, Alberto	2609	2008	2584	160	2650	2689	626
1111	Filguth, Rubens Alberto	2609	1976	2524	469	2363	2399	1414
1112	Haik, Aldo	2609	1985	2541	104	2455	2480	1130
1113	Hovhannisyan, Robert	2609	2012	2591	89	2701	2737	556
1114	Ipatov, Alexander	2609	2016	2599	81	2703	2742	504
1115	Kagan, Shimon	2609	1977	2526	138	2417	2445	1376
1116	Kornev, Alexei	2609	2003	2574	234	2537	2576	721
1117	Ligterink, Gert	2609	1979	2529	97	2423	2448	1319
1118	Martirosyan, Haik M	2609	2019	2604	70	2715	2757	460
1119	Meyer, Heinz Dieter	2609	1992	2554	888	2345	2329	962
1120	Miralles, Gilles	2609	1990	2550	184	2522	2569	1017

N	Nomes	R Defl	Ano	R Abs	Rank	FIDE	USCF	RA
1121	Perunovic, Milos	2609	2014	2595	185	2687	2729	530
1122	Tisdall, Jonathan D	2609	1996	2561	147	2478	2515	870
1123	Varga, Zoltan	2609	1995	2559	237	2557	2592	886
1124	Vaulin, Alexander	2609	1994	2557	167	2515	2543	906
1125	Yemelin, Vasily	2609	1999	2567	172	2623	2661	807
1126	Zheliandinov, Viktor	2609	1967	2507	64	2406	2428	1721
1127	Albareda, Miguel Crues	2608	1946	2467	52	2369	2388	2834
1128	Bagaturov, Giorgi	2608	1997	2562	162	2562	2597	861
1129	Becerra Rivero, Julio	2608	1999	2566	188	2593	2627	817
1130	Chatalbashev, Boris	2608	2010	2586	90	2636	2681	604
1131	Divinsky, Nathan Joseph	2608	1951	2476	243	2310	2298	2553
1132	Fernandez Coria, Valentin	2608	1922	2422	239	2298	2284	4875
1133	Fiorito, Fabian	2608	1993	2555	210	2500	2535	947
1134	Henderson, John	2608	1844	2276	5	2260	2256	20707
1135	Inkiov, Ventzislav	2608	1984	2538	118	2564	2597	1163
1136	Kouatly, Bachar	2608	1988	2545	239	2424	2453	1074
1137	Littlewood, Norman	2608	1963	2498	238	2334	2360	1913
1138	Olland, Adolf Georg	2608	1891	2364	21	2358	2382	9175
1139	Onischuk, Vladimir	2608	2015	2596	105	2692	2729	523
1140	Pribyl, Josef	2608	1977	2525	78	2463	2500	1393
1141	Troeger, Paul	2608	1950	2474	47	2376	2403	2600
1142	Velikov, Petar	2608	1981	2532	109	2503	2531	1270
1143	Wells, Peter K	2608	1990	2549	144	2550	2591	1028
1144	Winants, Luc	2608	1991	2551	148	2588	2632	1001
1145	Zaichik, Gennadi	2608	1983	2536	128	2464	2497	1193
1146	Baretic, Dragoljub	2607	1981	2531	69	2405	2424	1291
1147	Levin, Felix	2607	2000	2567	200	2596	2627	808
1148	Naroditsky, Daniel	2607	2015	2595	106	2682	2721	531
1149	Naumann, Alexander	2607	2003	2572	237	2631	2672	741
1150	Paehtz, Thomas Sr	2607	1987	2542	179	2482	2506	1106
1151	Pokorny, Amos	2607	1912	2402	29	2323	2333	6075
1152	Polgar, Sofia	2607	1994	2555	148	2455	2486	933
1153	Sorin, Ariel	2607	1994	2555	199	2537	2571	934
1154	Stripunsky, Alexander	2607	2004	2574	165	2574	2612	722
1155	Verlinsky, Boris	2607	1929	2434	24	2338	2361	4237
1156	Zimmermann, Otto	2607	1929	2434	73	2312	2303	4238
1157	Andrianov, Nikolai Ivanovich	2606	1982	2532	80	2436	2469	1275
1158	Barczay, Laszlo	2606	1967	2504	94	2417	2443	1785
1159	Basman, Michael J	2606	1973	2515	120	2391	2419	1555
1160	Campos Moreno, Javier B	2606	1996	2558	198	2535	2562	899

N	Nomes	R Defl	Ano	R Abs	Rank	FIDE	USCF	RA
1161	Caro, Horatio	2606	1889	2358	22	2275	2286	9728
1162	Chernyshov, Konstantin	2606	1994	2554	148	2602	2647	949
1163	Filippov, Anton	2606	2012	2588	171	2646	2692	583
1164	Khodos, German L	2606	1962	2495	69	2397	2418	2020
1165	Kunte, Abhijit	2606	2000	2566	227	2583	2620	818
1166	Lobzhanidze, Davit	2606	2000	2566	259	2541	2577	819
1167	Meyer, E.	2606	1988	2543	151	2384	2412	1096
1168	Mohr, Stefan	2606	1988	2543	159	2422	2448	1097
1169	Shanava, Konstantine	2606	2011	2586	176	2618	2664	605
1170	Soos, Bela	2606	1965	2500	78	2383	2412	1873
1171	Van Foreest, Dirk	2606	1888	2356	7	2362	2369	9919
1172	Yegiazarian, Arsen	2606	2001	2567	139	2520	2561	797
1173	Zhao, Jun	2606	2014	2592	98	2668	2706	548
1174	Brodsky, Michail	2605	1994	2553	159	2600	2636	964
1175	Crepinsek, Ljubomir	2605	1966	2501	277	2314	2329	1848
1176	Drimer, Dolfi	2605	1958	2486	52	2376	2400	2262
1177	Ermenkov, Evgenij	2605	1979	2525	121	2503	2534	1380
1178	Fiala, Jaroslav	2605	1987	2540	672	2319	2366	1134
1179	Gershon, Alik	2605	2000	2565	226	2556	2590	833
1180	Grigorian, Karen Ashotovich	2605	1973	2514	80	2416	2434	1571
1181	Helmers, Knut Jaran	2605	1982	2531	238	2412	2439	1293
1182	Johannessen, Leif Erlend	2605	2002	2568	170	2578	2623	785
1183	Kravtsiv, Martyn	2605	2017	2596	70	2715	2752	516
1184	Landau, Salo	2605	1931	2436	41	2369	2388	4160
1185	Moiseev, Oleg Leonidovich	2605	1953	2477	41	2379	2401	2538
1186	Popov, Ivan1	2605	2016	2595	93	2702	2737	532
1187	Rubinetti, Jorge Alberto	2605	1973	2514	56	2446	2470	1570
1188	Saltaev, Mihail	2605	1995	2555	154	2541	2575	936
1189	Schneider, Lars Ake	2605	1986	2538	114	2424	2449	1154
1190	Schories, Georg	2605	1905	2387	44	2298	2324	7162
1191	Seidman, Herbert	2605	1956	2482	64	2375	2395	2366
1192	Sumets, Andrey	2605	2013	2589	109	2677	2717	573
1193	Douven, Rudy C	2604	1988	2541	216	2420	2451	1120
1194	Grigoriants, Sergey	2604	2006	2575	143	2641	2679	717
1195	Grigoryan, Avetik	2604	2010	2582	138	2631	2675	638
1196	Karaklajic, Nikola	2604	1965	2498	47	2398	2420	1921
1197	Kritz, Leonid	2604	2009	2580	111	2639	2678	662
1198	Maletin, Pavel	2604	2010	2582	142	2641	2675	639
1199	Martinez, Carlos Alejandro	2604	1974	2515	654	2497	2523	1557
1200	Nedobora, Mikhail	2604	1994	2552	227	2461	2483	984

Top 2022 Chessplayers of All Time, by H. Melao Jr., www.saturnov.org

N	Nomes	R Defl	Ano	R Abs	Rank	FIDE	USCF	RA
1201	Ninov, Kiril	2604	1989	2543	126	2417	2437	1099
1202	Polovodin, Igor A	2604	1984	2534	99	2416	2443	1230
1203	Schandorff, Lars	2604	1997	2558	132	2583	2620	900
1204	Sozin, Veniamin	2604	1925	2423	143	2285	2278	4782
1205	Stojanovic, Mihajlo	2604	2007	2577	165	2610	2645	700
1206	Treybal, Karel	2604	1925	2423	21	2363	2385	4781
1207	Walter, Max	2604	1923	2420	80	2289	2278	4977
1208	Cochrane, John	2604	1818	2223	1	0	0	30933
1209	Arutinian, David	2603	2007	2576	121	2592	2639	709
1210	Brody, Miklos	2603	1900	2376	45	2273	2280	8091
1211	Galego, Luis	2603	2002	2566	304	2612	2645	810
1212	Gomez Polo, Vicente	2603	1982	2529	145	2395	2395	1322
1213	Honfi, Karoly	2603	1965	2497	108	2413	2434	1951
1214	Kaminski, Marcin	2603	1996	2555	143	2490	2523	939
1215	Maiwald, Jens Uwe	2603	2003	2568	232	2551	2591	787
1216	Maric, Rudolf	2603	1972	2510	60	2409	2431	1661
1217	Mueller, Karsten	2603	1997	2557	199	2542	2583	909
1218	Ortiz Suarez, Isan Reynaldo	2603	2014	2589	112	2676	2711	575
1219	Rejfir, Josef	2603	1933	2437	34	2362	2388	4086
1220	Schallopp, Emil	2603	1887	2351	15	2324	2348	10403
1221	Sethuraman, SP.	2603	2018	2596	42	2723	2762	517
1222	Suttles, Duncan	2603	1969	2505	68	2419	2438	1768
1223	Swiercz, Dariusz	2603	2012	2585	61	2707	2746	616
1224	Titov, German1	2603	1992	2548	198	2448	2471	1042
1225	Akesson, Ralf	2602	1998	2558	163	2546	2585	902
1226	Andersen, Erik Sr	2602	1927	2425	44	2335	2351	4705
1227	Birnboim, Nathan	2602	1978	2520	125	2488	2525	1468
1228	Cortlever, Nicolaas	2602	1952	2472	48	2385	2404	2674
1229	De la Riva Aguado, Oscar	2602	2003	2567	168	2570	2604	802
1230	Espig, Lutz	2602	1983	2530	148	2456	2487	1312
1231	Gausel, Einar	2602	2002	2565	210	2549	2588	823
1232	Gentil Junior, Luiz	2602	1951	2470	49	2381	2374	2730
1233	Gopal, Geetha Narayanan	2602	2010	2580	163	2658	2694	665
1234	Herrmann, Hans	2602	1937	2444	106	2334	2350	3774
1235	Iashvili, Akaki	2602	1991	2545	764	2340	2357	1077
1236	Kosintseva, Tatiana	2602	1996	2554	138	2613	2657	957
1237	Lugovoi, Aleksei	2602	1997	2556	135	2522	2558	922
1238	Markovic, Miroslav	2602	1998	2558	236	2556	2603	903
1239	Medley, George Webb	2602	1850	2281	8	2273	2264	19819
1240	Salem, AR Saleh	2602	2016	2592	97	2708	2746	550

N	Nomes	R Defl	Ano	R Abs	Rank	FIDE	USCF	RA
1241	Svetushkin, Dmitry	2602	2004	2569	159	2672	2716	772
1242	Vysochin, Spartak	2602	2003	2567	116	2607	2649	801
1243	Lucena, Luis Ramirez	2601	1515	2008	1	0	0	82907
1244	Barnes, Richard James	2601	1914	2400	26	2365	2362	6242
1245	Dueckstein, Andreas	2601	1975	2514	75	2413	2436	1580
1246	Dyner, Israel	2601	1936	2441	102	2297	2288	3917
1247	Franot, Philippe	2601	1987	2536	555	2347	2352	1180
1248	Fuchs, Reinhart	2601	1966	2497	74	2407	2426	1955
1249	Garcia Ilundain, David	2601	1995	2551	202	2508	2536	998
1250	Hearst, Eliot Sanford	2601	1954	2475	86	2329	2346	2587
1251	Iuldachev, Saidali	2601	1996	2553	191	2526	2560	967
1252	Khamdamov, Suhrob	2601	1990	2542	884	2343	2380	1111
1253	Kogan, Boris Markovich	2601	1985	2533	108	2409	2431	1255
1254	Lisitsin, Georgy M	2601	1948	2463	54	2362	2377	2930
1255	Marangunic, Srdjan	2601	1977	2518	89	2427	2456	1518
1256	Paunovic, Dragan	2601	2002	2564	227	2586	2622	835
1257	Platz, Joseph	2601	1941	2450	239	2309	2293	3480
1258	Sacconi, Antonio	2601	1926	2422	108	2318	2307	4851
1259	Urday Caceres, Henry	2601	1991	2544	152	2477	2503	1087
1260	Ward, Christopher	2601	1997	2555	266	2532	2563	941
1261	Zhu, Chen	2601	1996	2553	170	2527	2565	966
1262	Sarratt, Jacob Henry	2601	1818	2220	1	0	0	31648
1263	Arkell, Keith C	2600	1989	2539	216	2589	2626	1145
1264	Cohn, Erich	2600	1911	2393	30	2320	2354	6688
1265	Garcia, R.	2600	1977	2517	260	2345	2334	1532
1266	German, Eugenio Maciel	2600	1952	2470	63	2392	2412	2734
1267	German, Gustavo	2600	1997	2554	303	2478	2518	959
1268	Gordievsky, Dmitry	2600	2017	2591	131	2691	2736	553
1269	Irimia, Mihai	2600	1972	2507	162	2319	2313	1715
1270	Kan, Ilia Abramovich	2600	1935	2438	43	2352	2368	4049
1271	Lytchak, Alexander	2600	1996	2552	250	2479	2519	991
1272	MacDonnell, George Alcock	2600	1867	2311	16	2300	2307	15324
1273	Maeder, Karl Heinz	2600	1967	2498	208	2345	2369	1930
1274	Mohr, Georg	2600	1995	2550	255	2552	2589	1011
1275	Nilsson, Allan	2600	1924	2417	34	2308	2313	5105
1276	Petrienko, Vladimir	2600	1989	2539	169	2436	2467	1144
1277	Popov, Luben	2600	1974	2511	132	2416	2440	1650
1278	Przepiorka, Dawid	2600	1927	2423	26	2352	2377	4793
1279	Rakhmanov, Alexander	2600	2015	2588	114	2709	2749	588
1280	Sedlak, Nikola	2600	2008	2575	111	2677	2716	718

Top 2022 Chessplayers of All Time, by H. Melao Jr., www.saturnov.org

N	Nomes	R Defl	Ano	R Abs	Rank	FIDE	USCF	RA
1281	Shirazi, Kamran	2600	1987	2535	228	2497	2538	1203
1282	Banikas, Hristos	2599	2013	2583	94	2675	2712	632
1283	Bezgodov, Alexei	2599	1999	2557	259	2538	2572	913
1284	Clerc, Albert	2599	1880	2334	11	2314	2309	12302
1285	Commons, Kim S	2599	1976	2514	134	2406	2429	1585
1286	Danielsson, Gosta	2599	1939	2445	58	2351	2375	3735
1287	Efimov, Igor	2599	1997	2553	272	2548	2577	970
1288	Erdos, Viktor	2599	2013	2583	96	2685	2724	633
1289	Kalme, Charles I	2599	1964	2491	59	2381	2404	2113
1290	Kuligowski, Adam	2599	1978	2517	108	2409	2436	1519
1291	Milev, Zdravko	2599	1962	2488	58	2403	2423	2207
1292	Nguyen, Anh Dung	2599	2003	2564	205	2554	2593	837
1293	Pfeiffer, Gerhard	2599	1951	2467	52	2385	2404	2824
1294	Ragozin, Evgeni	2599	1992	2544	226	2450	2483	1090
1295	Simic, Radoslav	2599	1981	2523	147	2421	2447	1424
1296	Stanec, Nikolaus	2599	2000	2559	227	2570	2613	893
1297	Stupica, Janesz	2599	1958	2480	195	2319	2342	2433
1298	Tseitlin, Mark D	2599	1996	2551	84	2518	2551	999
1299	Ward, William	2599	1901	2373	31	2286	2298	8287
1300	Zhao, Zong Yuan	2599	2010	2577	128	2625	2661	695
1301	Barsov, Alexei	2598	2002	2561	186	2562	2599	868
1302	Belavenets, Sergey Vesevolodovi	2598	1939	2444	43	2355	2371	3793
1303	Bellon Lopez, Juan Manuel	2598	1995	2548	179	2505	2535	1037
1304	Brestian, Egon	2598	1987	2533	276	2419	2449	1238
1305	Brunello, Sabino	2598	2014	2584	116	2670	2715	623
1306	Christoffel, Martin	2598	1945	2455	178	2316	2330	3296
1307	Gomez Baillo, Jorge H	2598	1989	2537	237	2463	2491	1169
1308	Halkias, Stelios	2598	2004	2565	176	2665	2706	828
1309	Hantke, Rolf	2598	1964	2490	69	2406	2419	2136
1310	Mascarinas, Rico	2598	1989	2537	217	2426	2444	1168
1311	Michell, Reginald Pryce	2598	1905	2380	33	2292	2314	7728
1312	Milov, Leonid	2598	1994	2546	180	2604	2639	1059
1313	Pavlov, Mircea Sergiu	2598	1960	2483	272	2348	2384	2355
1314	Rodriguez Vargas, Orestes	2598	1974	2509	92	2523	2559	1681
1315	Rogozenco, Dorian	2598	1999	2556	208	2594	2634	927
1316	Schapiro, Morris Abraham	2598	1923	2414	47	2307	2294	5346
1317	Trapl, Jindrich	2598	1961	2485	193	2393	2423	2300
1318	Von Holzhausen, Walther	2598	1926	2419	101	2310	2301	5000
1319	Znosko Borovsky, Eugene	2598	1907	2384	22	2340	2363	7428
1320	Cafferty, Bernard	2597	1956	2474	117	2345	2355	2592

N	Nomes	R Defi	Ano	R Abs	Rank	FIDE	USCF	RA
1321	Diesen, Mark C	2597	1978	2515	150	2414	2431	1549
1322	Dinh, Duc Trong	2597	1995	2547	1067	2445	2482	1048
1323	Dragun, Nicola	2597	1972	2504	100	2386	2404	1779
1324	Ernst, Wilhelm	2597	1936	2437	61	2320	2322	4102
1325	Feuerstein, Arthur William	2597	1956	2474	49	2348	2352	2591
1326	Gorelov, Sergey G	2597	1982	2523	152	2419	2444	1426
1327	Kestler, Hans Guenter	2597	1976	2512	103	2413	2436	1628
1328	Kumaran, Dharshan	2597	1994	2545	264	2461	2494	1068
1329	Lichtenstein, Bernhard	2597	1928	2422	165	2291	2288	4863
1330	Lopez Garcia Riano, Maximo	2597	1959	2480	535	2337	2323	2440
1331	Ma, Qun	2597	2014	2583	78	2698	2740	634
1332	Oparin, Grigoriy	2597	2019	2592	50	2723	2764	547
1333	Root, Douglas	2597	1987	2532	157	2423	2440	1262
1334	Santo Roman, Marc	2597	1990	2538	149	2461	2485	1161
1335	Vajda, Arpad	2597	1929	2424	33	2356	2372	4766
1336	Velasco Valentin, Leopoldo	2597	1976	2512	98	2423	2444	1627
1337	Werle, Jan	2597	2006	2568	251	2634	2669	792
1338	Zoler, Dan	2597	1998	2553	231	2546	2584	972
1339	Antunac, Goran	2596	1963	2486	151	2399	2432	2243
1340	Chlaifer, Roman	2596	1993	2543	280	2411	2414	1102
1341	Crakanthorp, Spencer	2596	1913	2393	27	2337	2356	6718
1342	Donaldson, John W	2596	1987	2531	187	2490	2524	1284
1343	Farre Mallofre, Miguel	2596	1958	2477	83	2381	2405	2528
1344	Kallai, Gabor	2596	1999	2554	229	2508	2544	961
1345	Khamrakulov, Ibragim S	2596	2007	2569	161	2602	2642	775
1346	Lechtynsky, Jiri	2596	1981	2520	147	2492	2529	1482
1347	Leveille, Francois	2596	1983	2524	422	2418	2433	1412
1348	List, Paul M	2596	1927	2419	32	2332	2351	5011
1349	Nedeljkovic, Aleksandar	2596	1952	2466	84	2356	2353	2858
1350	Oleksienko, Mikhailo	2596	2014	2582	111	2674	2714	645
1351	Safin, Shukhrat	2596	1998	2552	244	2516	2549	994
1352	Shamaev, Leonid Ivanovich	2596	1938	2440	152	2307	2297	3968
1353	Supi, Luis Paulo	2596	2017	2587	66	2717	2746	594
1354	Szmetan, Jorge	2596	1975	2509	98	2447	2469	1685
1355	Sznapik, Aleksander	2596	1981	2520	209	2415	2436	1483
1356	Vuckovic, Bojan	2596	2010	2574	154	2633	2673	720
1357	Yudovich, Mikhail Mikhailovic	2596	1937	2438	32	2344	2365	4060
1358	Yukhtman, Jacob	2596	1964	2488	54	2408	2427	2191
1359	Arkhipov, Sergey	2595	1991	2538	198	2465	2492	1162
1360	Casas Casas, Jaime	2595	1932	2427	139	2347	2339	4571

Top 2022 Chessplayers of All Time, by H. Melao Jr., www.saturnov.org

N	Nomes	R Defl	Ano	R Abs	Rank	FIDE	USCF	RA
1361	Dely, Peter	2595	1965	2489	95	2402	2420	2165
1362	Finkel, Alexander	2595	1997	2549	158	2496	2528	1024
1363	Foisor, Ovidiu Doru	2595	1988	2532	206	2476	2510	1267
1364	Gibson, William	2595	1919	2403	38	2307	2298	6007
1365	Janosevic, Dragoljub	2595	1967	2493	74	2398	2424	2065
1366	Kovalyov, Anton	2595	2010	2573	124	2688	2728	731
1367	Kuporosov, Viktor	2595	1995	2545	261	2467	2499	1071
1368	Lehmann, Heinz	2595	1964	2487	64	2406	2419	2215
1369	Liss, Eran	2595	1996	2547	273	2463	2502	1050
1370	Muse, Mladen	2595	1993	2542	179	2490	2529	1116
1371	Nabaty, Tamir	2595	2018	2588	64	2728	2772	579
1372	Rychagov, Andrey	2595	2007	2568	308	2635	2669	793
1373	Shaked, Tal	2595	1997	2549	205	2496	2527	1025
1374	Amigo Roman, Pedro	2594	1986	2527	166	2440	2469	1350
1375	Bass, Leonid	2594	1989	2533	145	2431	2459	1246
1376	Eslon, Jaan	2594	1993	2541	290	2459	2482	1131
1377	Giaccio, Alfredo Gustavo	2594	2001	2555	187	2537	2572	931
1378	Hennings, Artur	2594	1971	2499	94	2415	2438	1892
1379	Ilyin Zhenevsky, Alexander	2594	1927	2417	30	2316	2348	5139
1380	Jonas, William Henry	2594	1905	2376	69	2247	2232	8067
1381	Kevitz, Alexander	2594	1936	2434	55	2317	2316	4232
1382	Kishnev, Sergey	2594	1992	2539	218	2504	2540	1151
1383	Martz, William E	2594	1976	2509	90	2411	2428	1687
1384	Mirumian, Vigen	2594	1999	2552	185	2543	2586	995
1385	Monosson, Leon	2594	1938	2438	64	2306	2302	4067
1386	Noteboom, Daniel	2594	1930	2423	43	2344	2366	4816
1387	Peters, Jack	2594	1978	2512	90	2456	2480	1603
1388	Roiz Baztan, David	2594	1987	2529	436	2486	2520	1320
1389	Stevic, Hrvoje	2594	2008	2569	176	2672	2711	781
1390	Sydor, Andrzej	2594	1959	2477	267	2348	2374	2531
1391	Berndtsson Kullberg, Karl	2593	1917	2397	64	2290	2293	6392
1392	Brooks, Michael A	2593	1989	2532	262	2492	2517	1271
1393	Cherepkov, Alexander V	2593	1961	2480	75	2370	2397	2444
1394	De Fotis, Gregory	2593	1973	2502	101	2382	2408	1824
1395	Doettling, Fabian	2593	2003	2558	163	2611	2655	898
1396	Dus Chotimirsky, Fedor Ivanovich	2593	1911	2386	23	2319	2352	7215
1397	Maric, Dragan	2593	1988	2530	323	2336	2368	1307
1398	Nenarokov, Vladimir Ivanovich	2593	1909	2382	33	2305	2304	7531
1399	Predke, Alexandr	2593	2019	2588	47	2731	2766	581
1400	Rabiega, Robert	2593	2000	2553	191	2581	2620	983

N	Nomes	R Defl	Ano	R Abs	Rank	FIDE	USCF	RA
1401	Rapparlie, Werner	2593	1978	2511	1297	2328	2344	1631
1402	Soltis, Andrew E	2593	1971	2498	78	2404	2422	1915
1403	Szily, Jozsef	2593	1949	2457	55	2376	2402	3190
1404	Tunik, Gennady	2593	1994	2541	334	2509	2560	1117
1405	Zubarev, Alexander2	2593	1998	2549	154	2643	2681	1029
1406	Bohm, Hans	2592	1984	2522	126	2405	2426	1446
1407	Buecker, Stefan	2592	1983	2520	242	2394	2430	1489
1408	Bukal, Vladimir Sr	2592	1987	2527	275	2472	2504	1353
1409	Cabrilo, Goran	2592	1992	2537	194	2502	2537	1176
1410	Flores, Diego	2592	2010	2570	103	2691	2725	757
1411	Hess, Robert L	2592	2010	2570	177	2609	2656	758
1412	Jakubiec, Artur	2592	2004	2559	180	2594	2634	890
1413	Kiriakov, Petr	2592	1998	2548	253	2546	2583	1039
1414	Kots, Yury Isakovich	2592	1962	2481	129	2380	2406	2424
1415	Krakops, Maris	2592	1995	2542	283	2508	2548	1107
1416	Kulaots, Kaido	2592	2004	2559	178	2652	2689	889
1417	Lagarde, Maxime	2592	2019	2587	148	2733	2765	598
1418	Letelier Martner, Rene	2592	1954	2466	50	2392	2416	2865
1419	Mamedov, Nidjat	2592	2013	2576	137	2664	2703	706
1420	Manor, Ilan	2592	1991	2535	285	2468	2513	1212
1421	Martynov, Pavel	2592	1999	2550	297	2506	2543	1019
1422	Mortensen, Erling	2592	1982	2518	122	2486	2516	1512
1423	Nikitin, Aleksander S	2592	1958	2473	79	2378	2404	2634
1424	Ostenstad, Berge	2592	1990	2533	166	2512	2557	1248
1425	Poliak, Abram Borisovich	2592	1935	2430	160	2293	2286	4439
1426	Prohaszka, Peter	2592	2015	2580	175	2686	2723	669
1427	Prusikin, Michael	2592	2004	2559	191	2598	2638	891
1428	Tempone, Marcelo	2592	1991	2535	218	2505	2527	1211
1429	Wyvill, Marmaduke	2592	1851	2273	9	2266	2260	21162
1430	Adla, Diego Gustavo	2591	2002	2554	258	2556	2584	951
1431	Bezold, Michael	2591	1997	2545	231	2548	2584	1076
1432	Dos Santos, Haroldo Cunha Jr	2591	1984	2521	781	2462	2491	1460
1433	Fleming, W.	2591	1993	2538	4229	2341	2322	1164
1434	Grigore, George Gabriel	2591	1999	2549	267	2579	2614	1030
1435	Grivas, Efstratios	2591	1992	2536	250	2535	2563	1198
1436	Handke, Florian	2591	2002	2554	330	2604	2641	952
1437	Hauchard, Arnaud	2591	2000	2551	190	2558	2599	1003
1438	Havasi, Kornel	2591	1935	2429	63	2353	2380	4500
1439	Jaracz, Pawel	2591	2002	2554	197	2603	2639	950
1440	Kononenko, Dmitry	2591	2008	2566	172	2622	2663	820

Top 2022 Chessplayers of All Time, by H. Melao Jr., www.saturnov.org

N	Nomes	R Defl	Ano	R Abs	Rank	FIDE	USCF	RA
1441	Kupper, Josef	2591	1959	2474	61	2378	2405	2606
1442	Lenderman, Aleksandr	2591	2015	2579	101	2691	2728	681
1443	Lopez Martinez, Josep Manuel	2591	2009	2567	191	2656	2694	798
1444	Mekhitarian, Krikor Sevag	2591	2013	2575	100	2706	2735	714
1445	Mitkov, Nikola	2591	2000	2551	196	2555	2593	1004
1446	Ostojic, Predrag	2591	1969	2493	102	2409	2433	2067
1447	Qi, Jingxuan	2591	1985	2523	130	2413	2435	1433
1448	Sharif, Mershad	2591	1978	2509	134	2468	2497	1672
1449	Toth, Bela	2591	1985	2523	101	2456	2496	1432
1450	Bluebaum, Matthias	2590	2016	2580	111	2706	2748	671
1451	Bok, Benjamin	2590	2018	2583	122	2704	2746	629
1452	Bykhovsky, Avigdor	2590	1992	2535	256	2455	2488	1213
1453	Cubas, Jose Fernando	2590	2012	2572	187	2650	2682	743
1454	Fuller, Maxwell L	2590	1974	2501	131	2404	2422	1849
1455	Grigoryan, Karen H	2590	2015	2578	132	2700	2735	690
1456	Hastings, George Henry	2590	1936	2430	48	2317	2311	4446
1457	Lanc, Alois	2590	1986	2523	154	2479	2522	1417
1458	Maljutin, Evgeni	2590	1992	2535	320	2446	2470	1214
1459	Medina Garcia, Antonio Angel	2590	1962	2479	58	2398	2419	2474
1460	Pascual Arevalo, Antonio Ruben	2590	1990	2531	256	2362	2399	1296
1461	Ponkratov, Pavel	2590	2011	2570	129	2689	2732	760
1462	Sarana, Alexey	2590	2018	2583	54	2712	2749	628
1463	Skalicka, Carlos	2590	1927	2413	71	2340	2363	5375
1464	Soffer, Ram	2590	1996	2542	187	2563	2592	1108
1465	Solodovnichenko, Yuri	2590	2012	2572	125	2689	2725	742
1466	Veresov, Gavriil N	2590	1965	2484	47	2391	2415	2317
1467	Brasket, Curt Justin	2589	1959	2472	64	2371	2392	2671
1468	Brien, Robert Barnett	2589	1855	2277	10	2283	2283	20432
1469	Carlier, Bruno	2589	1987	2524	222	2436	2479	1402
1470	Dziuba, Marcin	2589	2010	2567	229	2649	2683	799
1471	Fox, Albert Whiting	2589	1904	2369	52	2275	2291	8692
1472	Hug, Werner	2589	1976	2504	107	2507	2542	1788
1473	Josefsson, Kenneth	2589	1976	2504	2484	2317	2306	1789
1474	Kluger, Gyula	2589	1954	2463	103	2367	2390	2951
1475	Nikolic, Zivoslav	2589	1985	2521	162	2417	2436	1465
1476	Shvidler, Eliahu	2589	1986	2522	229	2404	2425	1435
1477	Stefanova, Antoaneta	2589	2004	2556	168	2597	2636	921
1478	Zhigalko, Andrey	2589	2013	2573	143	2658	2700	734
1479	Botterill, George Steven	2588	1975	2501	117	2394	2422	1853
1480	Djurasevic, Bozidar	2588	1962	2477	74	2385	2409	2540

N	Nomes	R Defl	Ano	R Abs	Rank	FIDE	USCF	RA
1481	Jakobsen, Ole	2588	1973	2497	94	2455	2480	1954
1482	Krivoshey, Sergei	2588	2000	2548	213	2544	2583	1043
1483	Lin, Ta	2588	1990	2529	173	2450	2483	1325
1484	Martin, Andrew D	2588	1989	2527	286	2437	2465	1359
1485	Monier, Raul	2588	1981	2512	393	2412	2436	1617
1486	Novikov, Stanislav	2588	2007	2561	411	2582	2625	873
1487	Polland, David S	2588	1937	2430	103	2284	2285	4455
1488	Riemersma, Liafbern	2588	1987	2523	339	2515	2549	1418
1489	Sevian, Samuel	2588	2019	2583	78	2718	2758	630
1490	Sisniega, Marcel	2588	1984	2518	169	2412	2437	1516
1491	Verduga Zavala, Denis	2588	1987	2523	447	2359	2402	1419
1492	Zubov, Alexander	2588	2009	2564	142	2681	2719	834
1493	Arnous de Riviere, Jules	2587	1867	2298	17	2285	2298	17198
1494	Badea, Bela	2587	1997	2541	242	2516	2551	1123
1495	Bleiman, Yaacov	2587	1978	2505	148	2405	2425	1752
1496	Brkic, Ante	2587	2009	2563	202	2675	2715	843
1497	Cicak, Slavko	2587	2006	2558	212	2587	2623	904
1498	Dueball, Juergen	2587	1968	2487	106	2410	2431	2234
1499	Groenegress, Wilfried	2587	1970	2491	77	2416	2444	2131
1500	Jelen, Iztok	2587	1973	2496	286	2389	2419	1974
1501	Kalod, Radek	2587	2000	2547	237	2521	2562	1054
1502	Kirov, Nino	2587	1974	2498	155	2425	2448	1926
1503	Koehnlein, Friedrich	2587	1910	2378	43	2279	2272	7865
1504	Lange, Wilfried	2587	1950	2453	67	2362	2384	3358
1505	Olexa, Vilém	2587	1936	2427	111	2319	2310	4607
1506	Santasiere, Anthony Edward	2587	1948	2449	60	2381	2399	3520
1507	Sayson, Alan	2587	1997	2541	1242	2365	2365	1124
1508	Schlage, Willi	2587	1920	2397	33	2305	2314	6422
1509	Theissl Pokorna, Regina	2587	1993	2534	1799	2449	2482	1234
1510	Udovcic, Mijo	2587	1963	2477	71	2390	2409	2519
1511	Vesely, Jiri	2587	1950	2453	392	2305	2306	3359
1512	Zaltsman, Vitaly F	2587	1980	2509	150	2373	2396	1677
1513	Bakhtadze, Giorgi	2586	1993	2533	516	2419	2454	1256
1514	Borisenko, Georgy Konstantinov	2586	1955	2461	54	2367	2384	2992
1515	Firman, Nazar	2586	2009	2562	143	2600	2638	853
1516	Gdanski, Jacek	2586	1999	2544	221	2550	2594	1088
1517	Hansen, Eric	2586	2017	2577	157	2687	2733	692
1518	Hazai, Laszlo	2586	1983	2514	160	2422	2443	1581
1519	Ivanov, Alexey	2586	1993	2533	664	2384	2418	1257
1520	Jumabayev, Rinat	2586	2015	2574	62	2703	2746	727

Top 2022 Chessplayers of All Time, by H. Melao Jr., www.saturnov.org

N	Nomes	R Defl	Ano	R Abs	Rank	FIDE	USCF	RA
1521	Kiselev, Sergey	2586	1991	2529	257	2453	2478	1328
1522	Lukov, Valentin	2586	1988	2523	371	2456	2481	1422
1523	Muco, Fatos	2586	1979	2506	284	2390	2414	1733
1524	Ovsejevitsch, Sergei	2586	2000	2546	143	2657	2698	1067
1525	Raicevic, Vladimir	2586	1977	2503	104	2409	2436	1814
1526	Rantanen, Yrjo A	2586	1973	2495	232	2463	2505	2009
1527	Schumacher, Gottfried	2586	1987	2521	1833	2451	2481	1451
1528	Vokac, Marek	2586	1998	2542	211	2529	2566	1112
1529	Votava, Jan	2586	1995	2536	220	2595	2645	1182
1530	Zinn, Lothar	2586	1961	2473	80	2394	2418	2640
1531	Zuckerman, Bernard	2586	1968	2486	92	2400	2420	2269
1532	Alatortsev, Vladimir	2585	1936	2425	59	2336	2361	4716
1533	Bagheri, Amir	2585	2004	2552	269	2557	2594	993
1534	Buhmann, Rainer	2585	2015	2573	145	2687	2728	737
1535	Cochrane, John	2585	1857	2277	10	2331	2376	20482
1536	Danielian, Oganes	2585	1994	2533	291	2454	2491	1236
1537	Garcia Martinez, Silvino	2585	1978	2503	105	2431	2462	1796
1538	Gritsak, Orest	2585	1998	2541	217	2565	2616	1126
1539	Helling, Karl	2585	1936	2425	39	2347	2367	4715
1540	Mirzoev, Azer	2585	2008	2560	172	2617	2649	882
1541	Notkin, Maksim	2585	1995	2535	279	2462	2488	1204
1542	Paragua, Mark	2585	2004	2552	191	2570	2610	992
1543	Rath, Ulrik	2585	1975	2498	170	2379	2404	1931
1544	Rogers, Bradley K	2585	1989	2524	2345	2335	2340	1407
1545	Rytov, Boris	2585	1971	2490	281	2332	2348	2134
1546	Schebler, Gerhard	2585	2000	2545	300	2541	2571	1079
1547	Szabo, Iuliu	2585	1960	2470	112	2321	2312	2739
1548	Vinuesa, Juan	2585	1935	2423	100	2310	2312	4795
1549	Wahltuch, Victor Leonard	2585	1911	2378	39	2273	2288	7874
1550	Wallace, Albert Edward	2585	1896	2350	19	2309	2322	10533
1551	Weil, Wolfgang	2585	1937	2427	232	2309	2305	4611
1552	Wexler, Bernardo	2585	1960	2470	92	2399	2423	2738
1553	Zakhartsov, Viacheslav V	2585	2011	2565	144	2614	2657	827
1554	Zilberman, Yaacov	2585	1998	2541	241	2483	2515	1127
1555	Batyrov, Sapar	2584	1996	2536	212	2416	2422	1186
1556	Beveridge, Allan	2584	1994	2532	4296	2342	2323	1261
1557	Chellstorp, Craig V	2584	1973	2493	153	2364	2381	2061
1558	El Debs, Felipe de Cresce	2584	2015	2572	147	2690	2720	744
1559	Gereben, Erno	2584	1951	2452	68	2376	2397	3408
1560	Hermesmann, Hans	2584	1986	2517	952	2381	2409	1520

N	Nomes	R Defi	Ano	R Abs	Rank	FIDE	USCF	RA
1561	Kopaev, Nikolay Antonovich	2584	1938	2428	164	2287	2276	4558
1562	Lazarev, Vladimir	2584	2000	2544	308	2555	2588	1091
1563	Maurian, Charles Amedee	2584	1866	2293	20	2253	2243	17925
1564	Moroz, Alexander	2584	1996	2536	201	2483	2515	1185
1565	Narciso Dublan, Marc	2584	2006	2555	250	2626	2662	944
1566	Neiksans, Arturs	2584	2016	2574	181	2684	2724	728
1567	Orbach, Wilhelm	2584	1929	2411	125	2309	2298	5524
1568	Radashkovich, Itchak	2584	1976	2499	148	2390	2414	1909
1569	Rogulj, Branko	2584	1979	2504	215	2502	2535	1775
1570	Selezniev, Alexey Sergeevich	2584	1924	2401	22	2333	2356	6112
1571	Semkov, Semko	2584	1993	2531	182	2449	2466	1302
1572	Sokolin, Leonid M	2584	1997	2538	201	2452	2488	1159
1573	Soppe, Guillermo	2584	1994	2532	186	2503	2530	1260
1574	Van Scheltinga, Theo D	2584	1950	2450	65	2373	2401	3487
1575	Varavin, Viktor	2584	1993	2531	288	2446	2473	1303
1576	Adly, Ahmed	2583	2017	2574	116	2706	2742	719
1577	Alonso Garcia Pimentel, Santiago	2583	1975	2496	373	2339	2323	1981
1578	Asztalos, Lajos	2583	1931	2414	29	2337	2364	5349
1579	Bouwmeester, Hans	2583	1964	2475	93	2402	2423	2567
1580	Dubinin, Peter Vasilievich	2583	1940	2430	56	2331	2351	4417
1581	Ekstroem, Roland	2583	1988	2520	183	2512	2559	1476
1582	Fairhurst, William Albert	2583	1937	2425	50	2357	2373	4720
1583	Fogarasi, Tibor	2583	1995	2533	242	2488	2526	1240
1584	Fuentes, Juan Manuel	2583	1945	2440	47	2321	2314	3965
1585	Gil Matilla, Constantino	2583	1976	2498	110	2388	2403	1933
1586	Gonzalez de Vega, Juan	2583	1952	2453	86	2344	2358	3372
1587	Gual Pascual, Antonio	2583	1997	2537	369	2499	2527	1171
1588	Guseinov, Aidyn	2583	1998	2539	241	2462	2495	1147
1589	Holst, Allan	2583	1990	2524	1154	2368	2404	1409
1590	Irzhanov, Ruslan	2583	1998	2539	200	2475	2506	1146
1591	Jackelen, Thomas	2583	1988	2520	342	2458	2497	1478
1592	Kraidman, Yair	2583	1973	2492	103	2411	2428	2084
1593	Lukin, Andrei M	2583	1989	2522	180	2422	2444	1438
1594	Martinovsky, Eugene Simeon	2583	1969	2485	140	2375	2394	2303
1595	Pavlovic, Dragan	2583	1983	2511	1119	2333	2357	1651
1596	Piasetski, Leon David	2583	1977	2500	146	2434	2464	1885
1597	Puc, Stojan	2583	1949	2447	77	2347	2373	3625
1598	Ryskin, Alexander	2583	1994	2531	431	2435	2463	1282
1599	Vila Dupla, Aurelio	2583	1988	2520	307	2369	2369	1477
1600	Watson, Charles Gilbert	2583	1931	2414	43	2335	2359	5350

Top 2022 Chessplayers of All Time, by H. Melao Jr., www.saturnov.org

N	Nomes	R Defl	Ano	R Abs	Rank	FIDE	USCF	RA
1601	Zakharevich, Igor	2583	1997	2537	249	2479	2506	1170
1602	Appel, Ralf	2582	1992	2527	245	2556	2599	1364
1603	Chajes, Oscar	2582	1918	2388	32	2336	2357	7050
1604	Cramton, Steven	2582	2005	2551	197	2436	2420	1000
1605	Ernst, Sipke	2582	2012	2564	145	2644	2686	839
1606	Gonzalez Rodriguez, Jorge Armando	2582	1978	2500	469	2478	2520	1863
1607	Jansson, Borje	2582	1971	2487	80	2404	2421	2213
1608	Kuijpers, Frans	2582	1975	2495	131	2402	2424	2015
1609	Kuzmin, Gennady	2582	1983	2510	210	2408	2428	1665
1610	Lie, Kjetil A	2582	2007	2555	202	2606	2646	946
1611	Minev, Nikolay Nikolaev	2582	1958	2463	97	2386	2409	2941
1612	Morawietz, Dieter	2582	1994	2530	265	2507	2537	1305
1613	Nedeljkovic, Srecko	2582	1957	2461	70	2364	2385	3007
1614	Neumann, Augustin	2582	1905	2364	22	2316	2345	9152
1615	Nikolaevsky, Yuri V	2582	1959	2465	63	2388	2410	2887
1616	Ochoa de Echaguen, Francisco Javier	2582	1987	2517	329	2437	2460	1524
1617	Palkovi, Jozsef	2582	1995	2532	290	2487	2523	1263
1618	Palmer, Wilfred Charles	2582	1908	2370	47	2298	2290	8636
1619	Peptan, Corina Isabela	2582	1997	2536	319	2532	2566	1189
1620	Rivera Kuzawka, Daniel	2582	1987	2517	201	2432	2461	1523
1621	Shoker, Samy	2582	1996	2534	248	2554	2599	1222
1622	Van Kampen, Robin	2582	2015	2570	82	2692	2732	766
1623	Vouldis, Angelos	2582	2002	2545	262	2531	2566	1069
1624	Warnecke, Carsten	2582	1995	2532	9741	2342	2323	1264
1625	Winter, William	2582	1929	2409	34	2332	2354	5664
1626	Wittek, Alexander	2582	1881	2319	13	2289	2311	14154
1627	Deschapelles, Alexandre	2582	1836	2234	3	0	0	28579
1628	Bosiocic, Marin	2581	2017	2572	150	2692	2731	739
1629	Fontaine, Robert	2581	2005	2550	255	2573	2616	1016
1630	Gerusel, Mathias	2581	1957	2460	92	2392	2413	3048
1631	Gomez Olmedo, Julio	2581	1974	2492	163	2324	2314	2091
1632	Handoko, Edhi	2581	1992	2526	270	2438	2464	1375
1633	Herrmann, Ludwig	2581	1937	2423	121	2286	2288	4812
1634	Jackson, Edward Mackenzie	2581	1931	2412	133	2307	2300	5473
1635	Jezierski, Piotr	2581	1987	2516	1831	2299	2286	1537
1636	Kovchan, Alexander	2581	2012	2563	169	2658	2694	846
1637	Maki, Veijo	2581	1990	2522	199	2453	2484	1440
1638	Marciano, David	2581	1999	2539	274	2521	2560	1150
1639	Popel, Stephan A	2581	1955	2456	61	2393	2412	3225
1640	Portisch, Ferenc	2581	1977	2498	175	2411	2438	1937

N	Nomes	R Defl	Ano	R Abs	Rank	FIDE	USCF	RA
1641	Rajlich, Iweta	2581	1993	2528	220	2516	2557	1348
1642	Schaefer, Norbert	2581	1989	2520	735	2323	2309	1484
1643	Spassov, Liuben	2581	1976	2496	125	2481	2512	1984
1644	Ter Sahakyan, Samvel	2581	2011	2561	103	2700	2731	869
1645	Thipsay, Praveen Mahadeo	2581	1984	2511	137	2483	2512	1655
1646	Van den Bosch, Johannes	2581	1936	2421	55	2353	2371	4914
1647	Whitehead, Jay E	2581	1985	2513	181	2384	2410	1601
1648	Abasov, Nijat Azad	2580	2019	2575	57	2720	2758	712
1649	Doncevic, Dario	2580	1977	2497	161	2361	2381	1964
1650	Gabrielian, Artur	2580	2012	2562	178	2605	2659	859
1651	Griffiths, Peter Charles	2580	1962	2469	219	2324	2345	2771
1652	Kaufman, Larry C	2580	1972	2487	243	2440	2476	2217
1653	Li, Shilong	2580	2005	2549	236	2556	2598	1026
1654	McCambridge, Vincent	2580	1984	2510	147	2405	2423	1670
1655	Mohrlok, Dieter A	2580	1959	2463	103	2383	2412	2943
1656	Ramayrat, Cris	2580	1986	2513	361	2350	2341	1590
1657	Shengelia, Davit	2580	2007	2553	205	2633	2674	980
1658	Shipman, Walter	2580	1957	2459	104	2360	2393	3105
1659	Shomoev, Anton	2580	2012	2562	268	2618	2661	860
1660	Webb, Simon	2580	1973	2489	120	2391	2408	2166
1661	Zude, Arno	2580	1995	2530	451	2506	2546	1306
1662	Abramov, Lev Yakovlevich	2579	1946	2438	245	2295	2282	4071
1663	Bialas, Wolfram	2579	1979	2499	132	2373	2407	1893
1664	Elieff, Kosta	2579	1991	2522	680	2394	2417	1444
1665	Eliseev, Urii	2579	2016	2569	143	2649	2699	782
1666	Hoi, Carsten	2579	1990	2520	265	2481	2518	1485
1667	Iotov, Valentin Dimitrov	2579	2009	2555	221	2607	2644	932
1668	Joppen, Egon	2579	1953	2451	140	2347	2362	3464
1669	Karpeshov, Oleg Mikhailovich	2579	1983	2507	388	2422	2451	1723
1670	Milner Barry, Philip Stuart	2579	1950	2445	78	2349	2378	3709
1671	Monticelli, Mario	2579	1926	2400	40	2327	2333	6207
1672	Rhodin, Bodo	2579	1958	2460	211	2299	2290	3055
1673	Rodriguez Perez, Miguel Angel	2579	1994	2527	234	2480	2518	1352
1674	Schiwarth, Nino	2579	1999	2537	2488	2350	2330	1175
1675	Schoeneberg, Manfred	2579	1972	2486	89	2393	2426	2253
1676	Seeman, Tarvo	2579	1997	2533	274	2503	2544	1247
1677	Strugatsky, Vladimir	2579	1991	2522	470	2395	2421	1443
1678	Yewdokimov, Oleg	2579	1990	2520	367	2394	2410	1486
1679	Anagnostopoulos, Dimitrios	2578	1997	2532	355	2477	2512	1273
1680	Bernstein, Sidney Norman	2578	1959	2461	81	2373	2400	3021

N	Nomes	R Defl	Ano	R Abs	Rank	FIDE	USCF	RA
1681	Byvshev, Vasily Mikhailovich	2578	1954	2452	142	2339	2362	3420
1682	Chabanon, Jean Luc	2578	2002	2541	411	2519	2559	1118
1683	Fleissig, Maximilian	2578	1873	2300	26	2254	2252	16887
1684	Glavina, Pablo	2578	1993	2525	318	2524	2556	1396
1685	Gonzalez, JA.	2578	1991	2521	947	2314	2321	1458
1686	Gozzoli, Yannick	2578	2018	2571	154	2689	2732	747
1687	Hoffmann, Michael	2578	1989	2517	312	2562	2602	1526
1688	Karasev, Vladimir I	2578	1974	2489	146	2477	2509	2168
1689	Kovacevic, Aleksandar	2578	2007	2551	221	2611	2651	1002
1690	Mista, Aleksander	2578	2010	2556	169	2667	2709	916
1691	Moiseev, Viktor	2578	1990	2519	262	2416	2433	1498
1692	Moranda, Wojciech	2578	2009	2554	202	2650	2691	948
1693	Mueller, Hans	2578	1933	2412	39	2352	2372	5417
1694	Okhotnik, Vladimir	2578	1999	2536	227	2560	2593	1196
1695	Polak, Tomas	2578	1997	2532	260	2621	2659	1272
1696	Raetsky, Alexander	2578	1995	2528	449	2473	2509	1335
1697	Sunilduth Lyna, Narayanan	2578	2019	2573	81	2702	2742	732
1698	Tan, Zhongyi	2578	2001	2539	415	2620	2656	1140
1699	Wirthensohn, Heinz	2578	1981	2502	186	2434	2466	1826
1700	Abou el Zein, Eid Mahmoud	2577	1990	2518	1354	2334	2361	1513
1701	Borisek, Jure	2577	2008	2552	180	2646	2686	996
1702	Bradford, Joseph M	2577	1987	2512	189	2431	2458	1610
1703	Cyborowski, Lukasz	2577	2006	2548	147	2615	2659	1040
1704	Degerman, Lars	2577	1994	2525	333	2470	2498	1377
1705	Dervishi, Erald	2577	1998	2533	222	2609	2655	1249
1706	Foygel, Igor	2577	2001	2538	203	2503	2538	1153
1707	Guliev, Sarhan	2577	1994	2525	510	2526	2565	1378
1708	Har Zvi, Ronen	2577	1995	2527	329	2442	2469	1355
1709	Kozma, Julius	2577	1958	2458	69	2376	2397	3161
1710	Lalith, Babu MR	2577	2013	2561	160	2656	2692	871
1711	Lokvenc, Josef	2577	1939	2423	52	2349	2374	4825
1712	Paulsen, Wilfried	2577	1868	2290	22	2257	2250	18393
1713	Pekarek, Ales	2577	1988	2514	244	2411	2435	1568
1714	Regan, Kenneth	2577	1976	2492	195	2359	2385	2098
1715	Reyes Larena, Juan	2577	1992	2522	262	2464	2508	1447
1716	Sjoberg, Mats	2577	1981	2501	305	2405	2443	1846
1717	Stoutenborough, Ross	2577	1971	2482	137	2359	2354	2365
1718	Szabo, Stefan	2577	1952	2447	112	2335	2347	3643
1719	Van Foreest, Jorden	2577	2017	2568	158	2704	2739	783
1720	Vovk, Yuri	2577	2015	2565	113	2684	2723	832

N	Nomes	R Defl	Ano	R Abs	Rank	FIDE	USCF	RA
1721	Wiedenkeller, Michael	2577	1985	2509	149	2532	2566	1691
1722	Yevseev, Denis	2577	2002	2540	278	2567	2614	1133
1723	Arakhamia Grant, Ketevan	2576	1996	2528	384	2524	2561	1340
1724	Bannik, Anatolij	2576	1958	2457	93	2376	2403	3200
1725	Borik, Otto	2576	1978	2494	148	2440	2473	2026
1726	Chekhover, Vitaly A	2576	1939	2422	56	2326	2345	4884
1727	Curdo, John	2576	1977	2493	729	2416	2428	2069
1728	Engalicev, Nicolas	2576	1953	2448	311	2323	2311	3604
1729	Esipenko, Andrey	2576	2019	2571	155	2716	2753	748
1730	Frolyanov, Dmitry	2576	2008	2551	238	2625	2659	1005
1731	Gross, Stefan	2576	1990	2517	215	2429	2464	1530
1732	Jirovsky, Milos	2576	2003	2541	196	2535	2570	1119
1733	Keller, Wolfgang	2576	1972	2483	1145	2301	2287	2342
1734	Kolarov, Atanas Stefanov	2576	1958	2457	86	2380	2405	3199
1735	Kosyrev, Vladimir	2576	2000	2536	324	2508	2545	1200
1736	Langeweg, Kick	2576	1974	2487	119	2397	2419	2225
1737	Lempert, Igor	2576	1993	2523	363	2433	2462	1434
1738	Prieto Hernandez, Jesus	2576	1979	2496	159	2404	2423	1969
1739	Pytel, Krzysztof	2576	1994	2524	169	2479	2507	1400
1740	Rocha, Antonio Cavilhas	2576	1963	2466	113	2371	2391	2837
1741	Sammalvuo, Tapani	2576	1998	2532	481	2513	2549	1276
1742	Siegel, Georg	2576	1997	2530	219	2480	2515	1308
1743	Sliwa, Bogdan Stanislaw	2576	1954	2450	73	2365	2394	3511
1744	Strekalovski, Viktor	2576	1958	2457	11763	2290	2281	3201
1745	Womacka, Mathias	2576	2002	2539	242	2539	2569	1141
1746	Lewis, William	2575	1840	2236	1	0	0	28315
1747	Ambroz, Jan	2575	1980	2497	237	2416	2438	1950
1748	Andruet, Gilles	2575	1988	2512	310	2396	2420	1615
1749	Banusz, Tamas	2575	2012	2557	157	2696	2733	908
1750	Blau, Max	2575	1949	2439	56	2353	2375	3993
1751	Bobras, Piotr	2575	2007	2548	153	2587	2625	1041
1752	Brychta, Ivan	2575	1988	2512	418	2346	2331	1616
1753	Debarnot, Roberto Luis	2575	1973	2484	129	2397	2418	2318
1754	Donchenko, Alexander	2575	2019	2570	114	2710	2755	762
1755	Drasko, Milan	2575	2000	2535	192	2552	2586	1215
1756	Dyachkov, Sergej	2575	1995	2525	250	2541	2580	1382
1757	Feigins, Movsas	2575	1936	2415	62	2349	2372	5277
1758	Hase, Juan Carlos	2575	1980	2497	197	2409	2431	1949
1759	Hay, Trevor	2575	1972	2482	183	2372	2393	2372
1760	Hergott, Deen	2575	1995	2525	347	2450	2482	1383

N	Nomes	R Defl	Ano	R Abs	Rank	FIDE	USCF	RA
1761	Jasnikowski, Zbigniew	2575	1993	2522	329	2464	2495	1448
1762	Kekelidze, Mikheil	2575	2000	2535	222	2518	2559	1216
1763	Kroeger, Martin	2575	1989	2514	2276	2302	2286	1573
1764	Leussen, Benjamin	2575	1902	2351	23	2305	2315	10399
1765	Matamoros Franco, Carlos S	2575	2003	2540	178	2608	2640	1135
1766	Mazukevich, AA.	2575	1968	2475	285	2311	2305	2582
1767	Roeder, Mathias	2575	1996	2527	273	2503	2537	1356
1768	Sefc, Jan	2575	1955	2450	151	2351	2382	3471
1769	Sengupta, Deep	2575	2011	2555	149	2657	2689	938
1770	Shipley, Walter Penn	2575	1897	2342	39	2275	2268	11383
1771	Stoica, Valentin	2575	1981	2499	184	2393	2415	1897
1772	Tabatabaei, Mohammad Amin	2575	2019	2570	222	2700	2737	763
1773	Thorhallsson, Throstur	2575	1991	2518	357	2522	2557	1515
1774	Valkesalmi, Kimmo	2575	1987	2510	271	2397	2430	1660
1775	Yanvarjov, Igor	2575	1984	2505	1017	2366	2397	1766
1776	Zaja, Ivan	2575	2000	2535	285	2555	2589	1217
1777	Zhukhovitsky, Samuel	2575	1940	2422	106	2352	2381	4837
1778	Basin, Leonid	2574	1992	2519	331	2423	2443	1500
1779	Bellaiche, Antony	2574	1996	2526	567	2535	2573	1367
1780	Conde, Adrian Garcia	2574	1922	2388	39	2296	2295	7095
1781	Dzevlan, Miralem	2574	1987	2509	1004	2397	2426	1674
1782	Enklaar, Bert F	2574	1972	2481	112	2388	2416	2402
1783	Ervin, Roy C	2574	1971	2479	233	2349	2383	2458
1784	Garcia, L.	2574	1987	2509	1308	2330	2322	1675
1785	Goganov, Aleksey	2574	2016	2564	110	2678	2715	842
1786	Gormally, Daniel	2574	2000	2534	207	2605	2640	1232
1787	Henrich, Thomas	2574	1988	2511	1359	2458	2489	1640
1788	Hernandez Onna, Roman	2574	1978	2492	123	2419	2450	2071
1789	Kennedy, Hugh Alexander	2574	1851	2255	8	2252	2243	24508
1790	Koch, Jean Rene	2574	1990	2515	269	2493	2533	1558
1791	Kryakvin, Dmitry	2574	2011	2554	177	2679	2718	955
1792	Levin, Jacob	2574	1942	2425	51	2343	2365	4703
1793	Meister, Jakob	2574	1990	2515	299	2556	2591	1559
1794	Nigalidze, Gaioz	2574	2014	2560	114	2614	2661	880
1795	Pollock, William Henry Kraus	2574	1886	2320	24	2289	2301	13963
1796	Radulski, Julian	2574	2010	2552	235	2625	2666	986
1797	Ramirez, Gilbert	2574	1959	2457	382	2310	2304	3209
1798	Relange, Eloi	2574	1997	2528	394	2502	2538	1341
1799	Sanikidze, Tornike	2574	2009	2550	313	2605	2648	1006
1800	Sevillano, Enrico	2574	1995	2524	246	2547	2581	1404

N	Nomes	R Defl	Ano	R Abs	Rank	FIDE	USCF	RA
1801	Vidmar, Milan Jr	2574	1950	2440	57	2351	2381	3948
1802	Welling, Gerard J	2574	1983	2502	281	2449	2483	1835
1803	Yilmaz, Mustafa	2574	2018	2567	118	2705	2742	800
1804	Aloni, Izak	2573	1956	2450	86	2349	2366	3475
1805	Balshan, Amikam	2573	1969	2475	105	2387	2413	2585
1806	Brynell, Stellan	2573	2002	2536	301	2553	2591	1178
1807	Calvo Minguez, Ricardo	2573	1976	2488	109	2405	2429	2202
1808	Cordova, Emilio	2573	2014	2559	123	2674	2709	892
1809	Dinu, Dumitru Daniel	2573	2001	2534	2000	2372	2382	1218
1810	Dragun, Kamil	2573	2016	2563	133	2660	2706	851
1811	Dunlop, John B	2573	1922	2387	170	2316	2297	7175
1812	Factor, Samuel D	2573	1924	2390	40	2329	2322	6904
1813	Iglesias Valle, Julian	2573	1989	2512	463	2342	2365	1618
1814	Jamieson, Robert Murray	2573	1982	2499	170	2408	2428	1903
1815	Johner, Hans	2573	1930	2402	60	2328	2349	6093
1816	Komliakov, Viktor	2573	1995	2523	412	2438	2465	1420
1817	Kotanjian, Tigran	2573	2008	2548	240	2579	2623	1044
1818	Lagno, Kateryna	2573	2006	2544	296	2656	2696	1085
1819	Limp, Eduardo Thelio	2573	2000	2533	231	2549	2584	1254
1820	Martinez Alcantara, Jose Eduardo	2573	2019	2568	64	2696	2735	790
1821	Muehlberg, Siegfried	2573	1954	2447	127	2324	2344	3651
1822	Parker, Jonathan	2573	2000	2533	225	2544	2588	1253
1823	Rogic, Davor	2573	1999	2531	327	2601	2639	1298
1824	Solleveld, Maarten	2573	2003	2538	204	2557	2598	1155
1825	Thompson, Dean	2573	1990	2514	294	2390	2411	1576
1826	Tichy, Vladimir	2573	1971	2478	125	2369	2406	2483
1827	Tomczak, Jacek	2573	2018	2566	137	2696	2737	812
1828	Torre Mayo, Jesus	2573	1983	2501	126	2379	2393	1854
1829	Varga, Z.	2573	1998	2529	281	2451	2467	1326
1830	Von Scheve, Theodor	2573	1887	2321	27	2292	2324	13828
1831	Wagner, Heinrich	2573	1931	2404	37	2337	2351	5972
1832	Whiteley, Andrew Jonathan	2573	1966	2469	186	2370	2395	2761
1833	Ashley, Maurice	2572	1998	2528	342	2487	2520	1344
1834	Bely, Miklos	2572	1955	2447	100	2348	2368	3613
1835	Brond, Victor	2572	1976	2487	114	2390	2420	2236
1836	Casey, Kevin	2572	1993	2519	1294	2344	2330	1502
1837	Corrales Jimenez, Fidel	2572	2008	2547	202	2607	2647	1056
1838	Iljushin, Alexei	2572	2005	2541	318	2550	2587	1125
1839	Ioseliani, Nana	2572	1988	2509	223	2494	2527	1678
1840	Isaxon, Alf	2572	1991	2515	17763	2317	2303	1560

N	Nomes	R Defl	Ano	R Abs	Rank	FIDE	USCF	RA
1841	Katetov, Miroslav	2572	1943	2425	61	2348	2360	4712
1842	Markos, Jan	2572	2007	2545	226	2643	2682	1078
1843	Maze, Sebastien	2572	2008	2547	137	2687	2724	1055
1844	Mikhalevski, Alexander	2572	1998	2528	244	2470	2509	1343
1845	Milovanovic, Rade	2572	1989	2511	345	2395	2417	1645
1846	Neikirkh, Oleg	2572	1957	2451	72	2370	2395	3435
1847	Nikolov, Momchil	2572	2010	2550	236	2660	2692	1009
1848	Pannekoek, Johannes	2572	1926	2393	146	2292	2284	6685
1849	Richter, Emil	2572	1933	2406	68	2351	2376	5793
1850	Takacs, Sandor	2572	1930	2401	42	2338	2354	6165
1851	Villamayor, Buenaventura	2572	2000	2532	348	2472	2503	1280
1852	Zifroni, Dov	2572	1997	2526	343	2490	2538	1369
1853	Andrews, Steven	2571	1988	2508	828	2337	2350	1700
1854	Barle, Janez	2571	1975	2484	132	2467	2508	2324
1855	Carretero Ajo, Jesus	2571	1982	2497	134	2420	2440	1956
1856	Durarbayli, Vasif	2571	2014	2557	157	2689	2729	912
1857	Faibisovich, Vadim Z	2571	1982	2497	138	2449	2479	1957
1858	Groeller, William	2571	1984	2501	709	2322	2336	1858
1859	Ivanov, Mikhail M	2571	1999	2529	320	2545	2583	1329
1860	Janz, Frerik	2571	1995	2521	1279	2434	2466	1452
1861	Kosic, Dragan	2571	1991	2514	260	2574	2616	1583
1862	Lowcki, Moishe Leopoldowicz	2571	1910	2362	26	2312	2310	9307
1863	Matnadze, Ana	2571	1994	2519	282	2517	2557	1495
1864	Matsuura, Everaldo	2571	1988	2508	217	2692	2720	1699
1865	Peev, Peicho Chonev	2571	1972	2478	138	2374	2408	2490
1866	Shoosmith, Hector William	2571	1904	2351	70	2271	2262	10429
1867	Shtyrenkov, Veniamen	2571	1992	2516	258	2459	2501	1543
1868	Ujtelky, Maximilian	2571	1960	2456	96	2374	2393	3253
1869	Van Mil, Johan	2571	1997	2525	248	2456	2490	1386
1870	Velickovic, Sasa	2571	1969	2473	539	2445	2481	2642
1871	Wolk, Sigmund	2571	1962	2460	99	2368	2387	3085
1872	Zuidema, Coen	2571	1976	2486	117	2397	2422	2273
1873	Belkhodja, Slim	2570	2000	2530	295	2529	2566	1315
1874	Fedder, Steen	2570	1982	2496	139	2392	2421	1978
1875	Friedemann, Gunnar	2570	1940	2417	60	2323	2341	5110
1876	Fries Nielsen, Jens Ove	2570	1982	2496	366	2488	2531	1979
1877	Garbarino, Rodolfo	2570	1993	2517	328	2426	2452	1534
1878	Garcia Quesada, Matias	2570	1979	2490	190	2342	2325	2135
1879	Grabarczyk, Miroslaw	2570	1995	2520	291	2564	2604	1473
1880	Hasangatin, Ramil	2570	2003	2535	401	2569	2600	1205

N	Nomes	R Defl	Ano	R Abs	Rank	FIDE	USCF	RA
1881	Hodges, Albert Beauregard	2570	1893	2330	20	2312	2315	12836
1882	Janev, Evgeni	2570	2001	2531	391	2534	2572	1281
1883	Klarenbeek, Hans	2570	1991	2513	256	2406	2430	1597
1884	Liebert, Heinz	2570	1966	2466	150	2410	2427	2850
1885	Martin, Raymond	2570	1951	2438	436	2283	2277	4054
1886	Mnatsakanian, Eduard A	2570	1980	2492	177	2372	2406	2083
1887	Mukhametov, Eldar	2570	1997	2524	408	2456	2494	1408
1888	Nunez Perea, Jose Antonio	2570	1993	2517	276	2384	2401	1533
1889	Olszewski, Michal	2570	2009	2546	159	2620	2663	1057
1890	Panov, Vasily N	2570	1943	2423	75	2338	2356	4797
1891	Raizman, Maurice	2570	1934	2406	65	2365	2380	5802
1892	Schwarz, Adolf	2570	1882	2309	12	2294	2319	15617
1893	Stolberg, Mark Moiseevich	2570	1940	2417	66	2304	2314	5111
1894	Wang, Yu A	2570	1998	2526	524	2439	2481	1370
1895	Belozerov, Andrei	2569	2003	2534	308	2532	2572	1220
1896	Blazek, Josef	2569	1964	2461	1385	2332	2323	3004
1897	Carleton, John Joseph	2569	1972	2476	142	2414	2440	2545
1898	Deviatkin, Andrei	2569	2010	2547	181	2595	2631	1047
1899	Formanek, Edward W	2569	1973	2478	181	2382	2408	2493
1900	Hennigan, Michael	2569	1993	2516	508	2437	2473	1548
1901	Holloway, Nigel John	2569	1973	2478	263	2315	2321	2494
1902	Hromadka, Karel	2569	1937	2411	46	2344	2369	5525
1903	Kaila, Osmo Ilmari	2569	1946	2428	193	2287	2295	4562
1904	Kebrdle, Michael	2569	1984	2499	783	2332	2359	1910
1905	Krause, Orla Hermann	2569	1907	2355	39	2274	2282	10080
1906	Liang, Jinrong	2569	1997	2523	336	2461	2488	1425
1907	Ma, Hongding	2569	1987	2504	378	2334	2330	1776
1908	Mariano, Nelson	2569	1994	2517	542	2443	2481	1521
1909	Martinez, Dion M	2569	1882	2308	34	2242	2244	15759
1910	Nikcevic, Nebojsa	2569	1996	2521	239	2513	2552	1453
1911	Panchenko, Alexandar G	2569	1995	2519	400	2470	2495	1497
1912	Qveliashvili, Tinatin	2569	1993	2516	394	2362	2341	1547
1913	Supatashvili, Khvicha	2569	2001	2530	250	2483	2519	1304
1914	Wachs, Saul	2569	1957	2448	89	2313	2308	3576
1915	Wu, Wenjin	2569	2004	2536	215	2502	2543	1188
1916	Abbasov, Farid	2568	2008	2543	210	2576	2610	1101
1917	Balinas, Rosendo Carrean	2568	1966	2464	125	2379	2412	2916
1918	Belikov, Vladimir	2568	1995	2518	267	2525	2560	1505
1919	Bosboom, Manuel	2568	1997	2522	419	2513	2549	1439
1920	Braun, Arik	2568	2008	2543	195	2663	2704	1100

Top 2022 Chessplayers of All Time, by H. Melao Jr., www.saturnov.org

N	Nomes	R Defl	Ano	R Abs	Rank	FIDE	USCF	RA
1921	Bricard, Emmanuel	2568	1993	2515	490	2520	2560	1563
1922	Bronstein, Luis Marcos	2568	1975	2481	233	2447	2472	2415
1923	Eiber, Manfred	2568	1988	2505	486	2354	2386	1757
1924	Eisinger, Max Jr	2568	1949	2432	70	2351	2369	4322
1925	Ghizdavu, Dumitru	2568	1974	2479	133	2399	2419	2464
1926	Hausner, Ivan	2568	1985	2500	224	2517	2555	1887
1927	Hernandez Carmenates, Holden	2568	2012	2550	234	2619	2658	1014
1928	Kasparov, Sergey	2568	2006	2539	349	2574	2603	1148
1929	Kosteniuk, Alexandra	2568	2004	2535	278	2639	2677	1208
1930	Kozlov, V.	2568	1981	2492	227	2326	2318	2086
1931	Majorovas, Vitalijus	2568	1980	2490	205	2367	2399	2138
1932	Mellado Trivino, Juan	2568	1998	2524	310	2501	2525	1410
1933	Mikhaletz, Lubomir	2568	1998	2524	363	2505	2544	1411
1934	Nedev, Trajce	2568	2003	2533	316	2565	2606	1241
1935	Nikolaev, Sergej	2568	1990	2509	665	2357	2365	1683
1936	Nouro, Mikael	2568	1989	2507	1186	2420	2445	1718
1937	Paravyan, David	2568	2019	2563	108	2695	2736	845
1938	Scheeren, Peter MJ	2568	1984	2498	235	2391	2415	1934
1939	Schill, William	2568	1980	2490	311	2350	2382	2139
1940	Shaw, John	2568	2001	2529	431	2517	2550	1316
1941	Szilagyi, Gyorgy	2568	1957	2447	106	2351	2375	3627
1942	Todorovic, Goran M	2568	1990	2509	411	2529	2567	1682
1943	Zezulkin, Jurij	2568	1999	2526	241	2529	2564	1373
1944	Alster, Ladislav	2567	1963	2457	103	2367	2394	3181
1945	Avshalumov, Alex	2567	1990	2508	361	2406	2426	1703
1946	Bluvshtein, Mark	2567	2010	2545	171	2610	2650	1070
1947	Carls, Carl Johan Margot	2567	1933	2401	68	2329	2354	6128
1948	Doda, Zbigniew	2567	1968	2467	139	2385	2411	2829
1949	Horner, Jeff	2567	1974	2478	167	2382	2422	2496
1950	Kapetanovic, Armin	2567	1991	2510	344	2409	2431	1666
1951	Karpman, Vadim	2567	1988	2504	438	2380	2406	1780
1952	Karthikeyan, Murali	2567	2019	2562	143	2697	2740	857
1953	Kramer, George Mortimer	2567	1948	2429	67	2362	2377	4485
1954	Leoncini, Mario	2567	1987	2502	1554	2324	2337	1820
1955	Markov, Jurij	2567	1991	2510	456	2399	2426	1667
1956	Novak, Ervin	2567	1964	2459	227	2321	2335	3098
1957	Perez Perez, Francisco Jose	2567	1958	2448	101	2363	2385	3584
1958	Pritchett, Craig William	2567	1981	2491	149	2456	2488	2119
1959	Pugachov, Alexey	2567	1993	2514	433	2432	2456	1588
1960	Sajtar, Jaroslav	2567	1948	2429	79	2347	2372	4486

N	Nomes	R Defl	Ano	R Abs	Rank	FIDE	USCF	RA
1961	Sargos, Patrick	2567	1984	2497	2754	2340	2326	1961
1962	Shevelev, Sergei	2567	1993	2514	368	2427	2451	1587
1963	Skripchenko, Almira	2567	2001	2528	418	2554	2591	1332
1964	Speijer, Abraham	2567	1913	2364	24	2308	2335	9158
1965	Ujtumen, Tudev	2567	1970	2471	95	2378	2411	2709
1966	Valledor Martinez, Luis Antonio	2567	1993	2514	6294	2317	2300	1589
1967	Yu, Shaoteng	2567	2001	2528	293	2494	2539	1331
1968	Zhao, Xue	2567	2014	2553	271	2640	2683	975
1969	Ardiansyah, Haji	2566	1982	2492	172	2385	2416	2092
1970	Braeunlin, Herbert	2566	1981	2490	919	2334	2351	2145
1971	Cuenya de la Iglesia, Carlos	2566	1985	2498	210	2415	2441	1938
1972	Feygin, Michael	2566	2008	2541	179	2575	2616	1129
1973	Fish, Gennadij	2566	2004	2533	218	2548	2586	1245
1974	Golombek, Harry	2566	1949	2430	68	2347	2375	4431
1975	Maedler, Juergen	2566	1960	2451	211	2331	2355	3457
1976	Maiorov, Nikita	2566	2011	2546	334	2642	2680	1061
1977	Matlak, Marek	2566	1994	2514	415	2495	2531	1565
1978	Popchev, Milko	2566	1985	2498	509	2502	2544	1939
1979	Ramirez Alvarez, Alejandro	2566	2003	2531	205	2626	2656	1286
1980	Ruben, Carl	2566	1930	2395	63	2336	2327	6580
1981	Sandum, Kjell Tore	2566	1991	2509	1449	2338	2326	1686
1982	Schulte, Oliver	2566	1988	2503	365	2374	2408	1801
1983	Steinberg, Mikhail	2566	1968	2466	105	2341	2339	2860
1984	Stone, Raymond	2566	1985	2498	509	2380	2414	1940
1985	Urusov, Sergey Semenovich	2566	1866	2275	19	2253	2236	20839
1986	Van Riemsdijk, Herman Claudius	2566	1989	2505	241	2494	2526	1761
1987	Van Wijgerden, Cornelis	2566	1980	2488	167	2382	2409	2192
1988	Vorobiov, Evgeny E	2566	2002	2529	195	2659	2694	1318
1989	Zurakhov, Vladlen Y	2566	1954	2440	151	2346	2365	3974
1990	Berliner, Hans Jack	2565	1962	2454	93	2337	2366	3336
1991	Bojkov, Dejan	2565	2011	2545	188	2607	2644	1073
1992	Chigaev, Maksim	2565	2019	2560	111	2702	2742	879
1993	Cmilyte, Viktorija	2565	2004	2532	329	2598	2637	1269
1994	Fernandes, Antonio ETG	2565	1996	2517	319	2560	2600	1525
1995	Flesch, Janos	2565	1966	2461	104	2381	2405	3018
1996	Gabuzyan, Hovhannes	2565	2015	2553	136	2677	2712	982
1997	Gluzman, Mikhail	2565	2000	2525	388	2469	2489	1392
1998	Klaric, Zlatko	2565	1989	2504	399	2417	2448	1781
1999	Moreno Carnero, Javier	2565	2002	2528	309	2544	2574	1333
2000	Rico Gonzalez, Antonio	2565	1947	2425	82	2332	2324	4682

Top 2022 Chessplayers of All Time, by H. Melao Jr., www.saturnov.org

N	Nomes	R Defl	Ano	R Abs	Rank	FIDE	USCF	RA
2001	Shishkin, Vadim	2565	2005	2534	305	2587	2626	1227
2002	Zita, Frantisek	2565	1939	2411	69	2361	2374	5546
2003	Caldas Vianna, Joao	2565	1905	2347	76	0	0	10855
2004	Adamski, Jan	2564	1976	2479	144	2454	2498	2468
2005	Beggi, Pierluigi	2564	1963	2454	874	2300	2291	3314
2006	Belous, Vladimir	2564	2014	2550	243	2636	2674	1018
2007	Bogdanovic, Rajko	2564	1965	2458	105	2366	2387	3158
2008	Castaldi, Vincenzo	2564	1954	2438	96	2362	2389	4073
2009	Cuartas, Carlos Enrique	2564	1980	2486	192	2389	2413	2256
2010	Cuasnicu, Oscar	2564	1975	2477	138	2393	2417	2533
2011	Dukaczewski, Piotr	2564	1986	2497	211	2475	2508	1942
2012	Hevendehl, Hanns Adolf	2564	1990	2505	614	2341	2329	1764
2013	Jianu, Vlad Cristian	2564	1994	2512	203	2626	2662	1605
2014	Kinzel, Anton	2564	1952	2434	194	2317	2338	4236
2015	Loman, Rudolf Johannes	2564	1892	2322	20	2329	2348	13780
2016	Magomedov, Magaram	2564	1990	2505	313	2438	2467	1763
2017	Mangini, Jose Thiago	2564	1950	2430	263	2312	2333	4437
2018	Marsalek, Josef	2564	1960	2449	152	2355	2378	3546
2019	Martin Gonzalez, Angel	2564	1993	2511	377	2444	2483	1657
2020	Megaranto, Susanto	2564	2008	2539	202	2613	2646	1152
2021	Ortega, Lexy	2564	1998	2520	376	2528	2563	1487
2022	Ost Hansen, Jacob	2564	1983	2492	232	2390	2416	2094
2023	Sherzer, Alex	2564	1992	2509	341	2486	2524	1689
2024	Shmuter, Leonid	2564	1995	2514	278	2427	2461	1566
2025	Taulbut, Shaun M	2564	1978	2482	215	2386	2407	2361
2026	Tzermiadianos, Andreas	2564	1997	2518	268	2490	2531	1508
2027	Bellin, Robert	2563	1976	2478	210	2455	2485	2508
2028	Bernadskiy, Vitaliy	2563	2013	2547	213	2687	2717	1052
2029	Blees, Albert	2563	1996	2515	279	2465	2511	1553
2030	Bochkarev, Alexander	2563	1998	2519	1361	2391	2414	1499
2031	Boidman, Yuri	2563	2000	2523	425	2506	2536	1431
2032	Cvetkovic, Srdjan	2563	1977	2480	156	2443	2481	2448
2033	Degen, Wladimir	2563	1988	2500	1136	2333	2319	1872
2034	Fauland, Alexander	2563	1989	2502	375	2500	2545	1828
2035	Flores Alvarez, Rodrigo	2563	1961	2450	109	2377	2398	3503
2036	Foguelman, Alberto	2563	1966	2459	101	2386	2409	3110
2037	Gonzalez Lopez, Jorge	2563	2001	2524	2492	2399	2387	1397
2038	Gutman, Gennadi	2563	2003	2528	275	2521	2560	1337
2039	Horvath, Tamas	2563	1987	2498	399	2469	2498	1918
2040	Illa, Rolando	2563	1922	2377	52	2291	2282	7992

N	Nomes	R Defl	Ano	R Abs	Rank	FIDE	USCF	RA
2041	Iskusnyh, Sergei	2563	1995	2513	645	2524	2563	1592
2042	Khasin, Alexander	2563	1990	2504	338	2451	2479	1784
2043	Lafuente, Pablo	2563	2011	2543	255	2605	2651	1095
2044	Luckans, Arnolds	2563	1992	2508	2372	2375	2419	1709
2045	Nikolenko, Oleg	2563	1996	2515	321	2531	2571	1554
2046	Perez Candelario, Manuel	2563	2005	2532	185	2662	2698	1274
2047	Post, Ehrhardt	2563	1925	2382	43	2327	2353	7545
2048	Rakic, Tomislav	2563	1957	2442	186	2373	2408	3856
2049	Ravagnati, Walter	2563	1989	2502	497	2344	2357	1829
2050	Reefschlaeger, Helmut	2563	1989	2502	292	2419	2444	1827
2051	Schoen, Wolfram	2563	1987	2498	297	2398	2425	1917
2052	Shereshevski, Mikhail	2563	1971	2468	165	2390	2419	2779
2053	Vaisman, Volodia	2563	1988	2500	151	2445	2474	1871
2054	Valerga, Diego	2563	1997	2517	335	2547	2583	1527
2055	Vergara, Pablo	2563	1964	2455	865	2293	2284	3272
2056	Zagoriansky, Evgeny	2563	1953	2435	114	2334	2356	4195
2057	Zlochevskij, Alexander	2563	1992	2508	292	2439	2468	1708
2058	Bednarski, Jacek B	2562	1966	2458	145	2377	2413	3162
2059	Biebinger, Gerhard	2562	1982	2488	302	2427	2454	2198
2060	Blatny, Frantisek	2562	1954	2436	112	2359	2381	4159
2061	Cao, Sang	2562	2002	2525	256	2560	2596	1379
2062	Cuijpers, Frans Andre	2562	1987	2497	360	2512	2545	1947
2063	Czarnota, Pawel	2562	2006	2533	195	2628	2670	1250
2064	De Wel, Herman	2562	1999	2520	384	2446	2464	1490
2065	Dumitrache, Dragos Nicolae	2562	1995	2512	460	2530	2567	1612
2066	Evans, Larry D	2562	1972	2469	393	2327	2319	2755
2067	Gamboa, Nelson	2562	1991	2505	399	2415	2434	1765
2068	Gromer, Aristide	2562	1939	2408	71	2345	2375	5730
2069	Haag, Ervin	2562	1967	2460	123	2384	2407	3069
2070	Jimenez Zerquera, Eleazar	2562	1969	2464	114	2384	2411	2925
2071	Michalik, Peter	2562	2013	2546	186	2670	2711	1065
2072	Moradiabadi, Elshan	2562	2006	2533	244	2633	2665	1251
2073	Morin, Yves	2562	1986	2495	980	2326	2325	1996
2074	Palo, Davor	2562	2005	2531	301	2571	2607	1292
2075	Pfrommer, Christoph	2562	1989	2501	837	2422	2456	1847
2076	Pupols, Viktors	2562	1975	2475	234	2362	2392	2577
2077	Romani, Elio	2562	1951	2430	567	2287	2277	4445
2078	Sale, Srdjan	2562	1995	2512	740	2518	2557	1613
2079	Shaboian, Vladimir	2562	1984	2492	1446	2321	2310	2099
2080	Shianovsky, Vladislav I	2562	1963	2452	125	2375	2402	3386

Top 2022 Chessplayers of All Time, by H. Melao Jr., www.saturnov.org

N	Nomes	R Defl	Ano	R Abs	Rank	FIDE	USCF	RA
2081	Spaan, Tigran	2562	1986	2495	203	2335	2328	1995
2082	Summerscale, Aaron	2562	1995	2512	287	2501	2531	1611
2083	Veltmander, Iogannes G	2562	1952	2432	150	2294	2282	4345
2084	Volpert, Larisa	2562	1957	2441	262	2304	2292	3902
2085	Zagorovsky, Vladimir Pavlovich	2562	1947	2422	147	2311	2337	4829
2086	Philipp Stamma	2561	1737	2105	1	0	0	59463
2087	Boi, Paolo	2561	1575	2005	1	0	0	83485
2088	Besser, Hans	2561	1954	2435	125	2358	2383	4201
2089	Caselli, Luigi	2561	1991	2504	1038	2347	2334	1787
2090	Fenoglio, Virgilio	2561	1931	2392	96	2322	2342	6807
2091	Garbisu de Goni, Unai	2561	1992	2506	510	2506	2539	1748
2092	Hawelko, Marek	2561	1988	2498	404	2390	2416	1920
2093	Levtchouk, George	2561	1987	2496	301	2381	2405	1970
2094	Li, Zunian	2561	1985	2493	196	2382	2412	2070
2095	Nielsen, Bjorn	2561	1942	2412	72	2340	2362	5435
2096	Renman, Nils Gustaf	2561	1986	2494	264	2466	2501	2027
2097	Salai, Ladislav	2561	1997	2515	583	2462	2500	1556
2098	Tarasov, Vitaly Georgievich	2561	1961	2448	100	2342	2370	3605
2099	Tipary, Lajos	2561	1946	2420	151	2304	2315	4976
2100	Williams, Arthur Howard	2561	1973	2470	154	2382	2407	2727

www.ingramcontent.com/pod-product-compliance
Ingram Content Group UK Ltd.
Pitfield, Milton Keynes, MK11 3LW, UK
UKHW021957190726
13853UKWH00004B/1589

9 786500 377002